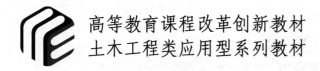

高等教育课程改革创新教材

土木工程类应用型系列教材

工程测量学

主 编 冉志红 张 翔 林 帆

科学出版社

北 京

内 容 简 介

本书主要涵盖工程测量的基本原理、主要测量方法和仪器设备、控制测量、地形图测绘、施工测量几部分，按照理论、方法、技术、应用的逻辑顺序编写而成。本书结合《工程测量标准》（GB 50026—2020）有关内容编写，切合工程实际，对实际工程测量工作具有一定的指导意义。考虑到测绘仪器设备日新月异，本书重点论述了工程测量的基础知识，删除了针对仪器的具体介绍，这样便于初学者快速抓住工程测量学科的重点和难点。每章均配习题，书后配测量实验与实习指导附录，其中带"*"的实验为选做部分。

本书可供高等院校土木工程、城乡规划、建筑学、工程管理等专业师生，以及土木类施工和管理等工程技术人员使用。

图书在版编目（CIP）数据

工程测量学/冉志红，张翔，林帆主编. —北京：科学出版社，2023.12
（高等教育课程改革创新教材·土木工程类应用型系列教材）
ISBN 978-7-03-072770-1

Ⅰ.①工… Ⅱ.①冉… ②张… ③林… Ⅲ.①工程测量-高等学校-教材 Ⅳ.①TB22

中国版本图书馆 CIP 数据核字（2022）第 127922 号

责任编辑：张振华 刘建山 / 责任校对：赵丽杰
责任印制：吕春珉 / 封面设计：东方人华平面设计部

科 学 出 版 社 出版
北京东黄城根北街 16 号
邮政编码：100717
http://www.sciencep.com
天津翔远印刷有限公司印刷
科学出版社发行 各地新华书店经销
*
2023 年 12 月第 一 版 开本：787×1092 1/16
2023 年 12 月第一次印刷 印张：17 1/2
字数：380 000
定价：69.00 元
（如有印装质量问题，我社负责调换〈翔远〉）
销售部电话 010-62136230 编辑部电话 010-62135120-2005

前　言

测量学的研究内容包括确定地球的形状、大小和重力场，并在此基础上建立一个统一的坐标系统，利用各种测量仪器、传感器及其组合系统获取地球在一定坐标系中有关空间定位和分布的信息，制成各种地形图和专题图，建立地理、土地等空间信息系统，为研究地球自然和人文现象，解决人口、资源、环境等社会可持续发展中的重大问题，发展国民经济和国防建设提供技术支撑和数据保障。

工程测量学是测量学的一个重要分支，主要任务包括测定和测设两个方面。测定是使用测量仪器和工具、通过测量和计算将地球表面各种物体的位置按一定的比例尺缩小绘制成地形图，供科学研究、国防和工程建设规划设计使用。测设（也称为施工放样）是将地形图上设计出的工程建筑物和构筑物的位置在实地中标定出来，作为施工的依据。

工程测量学主要研究工程建设和自然资源开发中各阶段进行控制测量、地形测绘、测设和变形监测的理论和技术，是测绘学在国民经济和国防建设中的直接应用。工程测量的发展可概括为"四化"和"十六字"。"四化"即测量内外业作业一体化、数据获取及处理自动化、测量过程控制和系统行为智能化、测量成果和产品数字化；"十六字"即连续、动态、遥测、实时、精确、可靠、快速、简便。

本书编写贯彻党的二十大报告、《普通高等学校教材管理办法》和《高等学校课程思政建设指导纲要》等相关文件精神，紧紧围绕"培养什么人、怎样培养人、为谁培养人"这一教育的根本问题，以落实立德树人为根本任务。本书经过 10 余年在实际教学中试用，历经多轮次修订及章节内容不断调整完善而形成，对测量实验与实习指导部分进行了试用、分析、评价，针对每次实践教学的目的和要求、方法和步骤等进行了详细的规定，尽量做到每次实践教学均完成一定的任务量，且完成后有定量指标可对学生进行考核，对实践教学效果进行评价。编者在编写本书的过程中也到相关院校、生产单位进行了考察，尽量使本书内容涵盖土木工程、城乡规划等相关学科的工程测量应用领域。

工程测量学的基本理论已经发展几十年甚至上百年，知识体系较为完备，本书作为教材，引用了很多行业的参考书籍和有关资料，在此对参考书籍及有关资料的原创作者表示感谢！本书得到了云南大学 2018 年度校级教材建设项目的资助，在此一并致谢。

本书由云南大学冉志红、张翔、林帆担任主编。具体分工如下：冉志红编写第 1～4 章和附录，张翔编写第 5～8 章和第 11 章，林帆编写第 9～10 章，全书由冉志红统稿。丁驰、苏小培、王国萍、窦雁辉、韩晶晶、胡博、赵路畅等硕士研究生文字整理和图表绘制。

和飞对本书的编写提出了很多宝贵意见，在此表示感谢。

由于编者水平有限，疏漏之处在所难免，恳请读者批评指正。

目　　录

第 1 章

绪 论

1.1 工程测量学概述

1.1.1 测量学及其分类

测量学是研究并获取反映地球的形状，地球重力场，地球上自然要素和社会要素的位置、空间关系、区域空间结构数据的科学与技术。测绘是以计算机技术、光电技术、网络通信技术、空间科学、信息科学为基础，以全球定位系统（global positioning system，GPS）、遥感（remote sensing，RS）、地理信息系统（geographic information system，GIS）为技术核心，测量地面已有的特征点和界线，获得反映地面现状的图形和位置信息，将其用于工程建设的规划设计和行政管理工作中。根据研究的具体对象及任务的不同，测量学分为以下几个主要分支学科。

大地测量学（geodesy）是研究和确定地球形状、大小、重力场、整体与局部运动、地表面点的几何位置，以及变化理论和技术的学科。其基本任务是建立国家大地控制网，测定地球的形状、大小和重力场，为地形测图和各种工程测量提供基础起算数据；为研究空间科学、军事科学及地壳变形、地震预报等提供重要资料。按照测量手段的不同，大地测量学分为常规大地测量学、卫星大地测量学及物理大地测量学等。

地形测量学（topography）是研究将地球表面局部区域内的地物、地貌及其他有关信息测绘成地形图的理论、方法和技术的学科。按成图方式的不同，地形测量学可分为模拟地形测量学和数字地形测量学。

摄影测量与遥感学（photogrammetry and remote sensing）是研究利用电磁波传感器获取目标物的影像数据，从中提取语义和非语义信息，并用图形、图像和数字形式表达的学科。其基本任务是对摄影像片或遥感图像进行处理、量测、解译，以测定物体的形状、大小和位置并将其制成图。根据获得影像的方式及遥感距离的不同，摄影测量与遥感学又分为地面摄影测量学、航空摄影测量学和航天遥感测量学等。

工程测量学（engineering surveying）是研究地球表面局部地区内测绘工作的基本理论、技术、方法和应用的学科，主要为工程建设的设计、施工和管理各阶段服务。工程测量是测绘科学与技术在国民经济和国防建设中的直接应用，是综合性的应用测绘科学与技术。

地图制图学（cartography）是研究模拟地图和数字地图的基础理论、设计、编绘、复制的技术、方法及应用的学科。它的基本任务是利用各种测量成果编制各类地图，其内容一般包括地图投影、地图编制、地图整饰和地图制印等分支。

1.1.2　测量学在国家经济建设和发展中的作用

测量学是国家经济建设的先行技术。随着科学技术的飞速发展，测量学在国家经济建设和发展的各个领域发挥着越来越重要的作用。工程测量学是直接为工程建设服务的，它的服务和应用范围包括城建、地质、铁路、公路、房地产管理、水利、能源、航天和国防等各种工程建设部门，列举如下。

1）城乡规划和发展离不开测量学。我国城乡面貌日新月异，城乡的建设与发展离不开科学的规划与指导，而搞好城乡建设规划，首先要有现势性良好的地图，以掌握城乡面貌的动态信息，从而促进城乡建设的协调发展。

2）资源勘查与开发离不开测量学。地球蕴藏着丰富的自然资源，勘探人员在野外进行资源勘探时，离不开地图，从确定勘探地域到最后绘制地质图、地貌图、矿藏分布图等，都需要合理利用测量技术手段。随着测量技术的发展，重力测量可以直接用于资源勘探，工程师和科学家根据测量取得的重力场数据可以分析地下是否存在重要矿藏，如石油、天然气等。

3）交通运输、水利建设离不开测量学。铁路、公路的建设从选线、勘测设计到施工建设都离不开测量学。此外，大、中型水利工程也是先在地形图上选定河流渠道和水库的位置，划定流域面积、流量，再测得更详细的地图（或平面图）作为河渠布设、水库及坝址选择、库容计算和工程设计的依据，如三峡水利枢纽工程，在从选址、移民到设计大坝等过程中测量工作都发挥了重要作用。

4）国土资源调查、土地利用和土壤改良离不开测量学。建设现代化的农业，首先要进行土地资源调查，摸清土地"家底"，还要充分认识各地区的具体条件，进而制订出切实可行的发展规划。测量为这些工作提供了有效的工具：地貌图，反映地表的各种形态特征、发育过程、发育程度等，对土地资源的开发利用具有重要的参考价值；土壤图，反映各类土壤及其在地表的分布特征，为土地资源评价和估算、土壤改良、农业区划提供科学依据。

1.1.3　工程测量学的发展概况

工程测量学是一门历史悠久的学科，是从人类生产实践中逐渐发展起来的，随着近代工程建设的大规模发展，逐渐发展成应用性极强的学科。

1. 工程测量学的早期发展

公元前 26 世纪建造的埃及大金字塔，其形状与方向都很准确，这在一定程度上反映了当时已有放样的工具和方法。我国早在夏商时代，为了治水就开始了水利工程测量工作。司马迁在《史记》中对夏禹治水有这样的描述"陆行乘车，水行乘船，泥行乘橇，山行乘槼。左准绳，右规矩，载四时，以开九州，通九道，陂九泽，度九山。"这里所记录的就是当时的工程勘测情景，准绳和规矩就是当时所用的测量工具，准是可揲平的水准器，绳是丈量距离的工具，规是画圆的器具，矩则是一种可定平，测长度、高度、深度，画圆和矩形的通用测量仪器。早期的水利工程多为河道的疏导，以利防洪和灌溉，其主要的测量工作是确定水位和堤坝的高度。战国时期，秦国的蜀郡太守李冰领导修建都江堰水利枢纽工程时，曾用一个石头人标定水位：当水位超过石头人的肩时，下游将受到洪水的威胁；当水位低于石头人的脚背时，下游将出现干旱。这种标定水位的办法与现代水位测量的原理如出一辙。北宋科学家沈括为了治理汴渠，测得"京师之地比泗州凡高十九丈四尺八寸六分"，这是水准测量的结果。

公元前 14 世纪，在幼发拉底河与尼罗河流域曾进行过土地边界的划分测量。据记载，我国的地籍管理和土地测量最早出现在商周时期；秦、汉过渡到私田制；隋唐实行均田制，建立户籍册；宋朝按乡登记和清丈土地，出现地块图；明朝洪武十四年，全国进行土地大清查和勘丈，编制了鱼鳞图册，是世界最早的较为成熟的地籍图册。

公元前 1000 多年以前，我国就诞生了地图。《汉书·志·郊祀志上》中有"禹收九牧之金，铸九鼎，象九州"的记载。《左传》中有"昔夏方有德也，远方图物，贡金九牧，铸鼎象物，百物而为之备，使民知神奸"的记载。这里所记录的铸有各种图案的鼎就是一种原始地图。

据宋代思想家朱熹推断，后来的《山海经图》是从夏代九鼎图像演变而来的，也是一种原始地图。《山海经图》的"五藏三经图"中画着山、水、动物、植物、矿物等，而且注有道路的方位，是较规范的地图形式。由此可见，中国在夏朝就已经有了原始的地图。

军事发展在一定程度上促进了工程测量学的发展。战国时期我国修筑的午道、公元前 210 年我国修建的"堑山堙谷，千八百里"的直道、古罗马构筑的兵道以及公元前 218 年欧洲修建的"汉尼拔通道"等著名的军用道路，在修建中都或多或少地应用了测量工具进行地形勘测、定线测量和隧道定向开挖测量。唐代李筌指出，"以水佐攻者，强，……先设水平，测其高下，可以漂城、灌军、浸营、败将也"，说明了测量地势高低对军事成败的作用。中华民族的伟大象征——长城修筑于秦汉时期，这一规模巨大的军事防御工事，从整体布局到修筑，都进行了详细的勘察测量和测设工作。

2. 近代工程测量学的发展

在早期的很长一段时间内，工程测量学的发展是非常缓慢的。随着第一、二次工业革命和工程建设规模的不断扩大，工程测量学才逐渐受到人们的重视，并发展成为测绘学的一个重要分支。以原子能、电子计算机、空间技术和生物工程的发明和应用为主要标志的第三次工业革命，使工程测量学获得了迅速的发展。20 世纪 50 年代，世界各国在建设大型水工建筑物、长隧道、城市地铁中，对工程测量提出了一系列要求；20 世纪 60 年代，空间技术的发展和导弹发射场的建设促使工程测量进一步发展；20 世纪 70 年代以来，高能物理、天体物理、人造卫星、宇宙飞行、远程武器发射等需要各种巨型实验室，从测量精度和仪器自动化方面都对工程测量提出了更高的要求；20 世纪末，人类科学技术不断向着宏观宇宙和微观粒子世界延伸，如核电站、摩天大楼、海底隧道、跨海大桥、大型正负电子对撞机等，测量对象也深入宇宙深处、微观世界。随着测量仪器的不断发展和测量精度的不断提高，工程测量的领域日益扩大，除了传统的工程建设三阶段的测量工作，在地震观测、海底探测、大型设备的荷载试验、高大建筑物（电视发射塔、冷却塔）变形观测、文物保护，甚至在医学和罪证调查中，都逐渐应用了最新的精密工程测量仪器和方法。1964 年，国际测量师联合会（International Federation of Surveyors，FIG）为了促进工程测量的发展，成立了工程测量委员会（第六委员会），从此，工程测量学在国际上成为一门独立的学科。

现代工程测量已经突破了为工程建设服务的狭窄概念，而向所谓的"广义工程测量学"发展。苏黎世联邦理工学院马西斯教授指出："一切不属于地球测量、不属于国家地图集范畴的地形测量和不属于官方的测量，都属于工程测量。"

3. 工程测量学在具体工程中的应用

从工程测量学的发展历史可以看出，它经历了一条从简单到复杂、从手工操作到测量自动化、从常规测量到精密测量的发展道路，它的发展始终与当时的生产力水平同步，并且能够满足大型特种精密工程提出的越来越高的测量需求。例如，举世瞩目的三峡水利枢纽工程，小浪底、二滩和溪洛渡等水利枢纽工程，杭州湾大桥和东海大桥工程，已竣工的秦岭隧道（长约 18.4km），山西省引黄工程南干线 5 号隧洞（长约 26.5km）、7 号隧洞（长约 42.6km），辽宁省大伙房引水工程隧道（长约 85.3km），上海磁悬浮铁路，以及北京国家大剧院等大型精密特种工程，这些工程都是基于当时测量技术水平的发展程度来规划构建的。大型特种精密工程建设和对测绘的要求是工程测量学发展的动力。下面结合国内外相关工程予以说明。

（1）国内相关工程

三峡水利枢纽工程变形监测和库区地壳形变、滑坡、岩崩及水库诱发地震监测，其规模之大，监测项目之多，都堪称世界之最。例如，滑坡计算机智能仿真系统、三峡库区边坡稳态 3S（RS、GIS、GPS）实时工程分析系统等都涉及精密工程测量，隔河岩大坝外部变形 GPS 实时持续自动监测系统对监测点的位置监测精度达到亚毫米级，变形监测网的最弱点精度优于±1.5mm。

北京正负电子对撞机的精密控制网的点位精度达到±0.3mm，设备定位精度优于±0.2mm，200m 长的直线段漂移管准直精度达到±0.1mm。

大亚湾核电站控制网的最弱点点位精度达到±2mm。

秦山核电站的环形测量控制网的精度达到±0.1mm。

武汉长江二桥全桥的贯通精度（跨距和墩中心偏差）达到毫米级。

桥长约 36km 的杭州湾跨海大桥的 GPS 首级控制网的最弱点点位精度达到±1.4mm。

高约 468m 的上海东方明珠广播电视塔，其长约 114m、质量约 300t 的钢桅杆天线安装的铅垂准直误差仅为±9mm。

长约 18.4km 的秦岭隧道，洞外 GPS 网的平均点位精度优于±3mm，一等精密水准线路长度超过 120km。已贯通的辅助隧道在仅有一个贯通面的情况下，贯通后实测的横向贯通误差为 12mm，高程方向的贯通误差只有 3mm。

（2）国外相关工程

德国汉堡的粒子加速器研究中心堪称特种精密工程测量的历史博物馆：1959 年建造的同步加速器，直径约为 100m；1978 年建造的正负电子储存环，直径约为 743m；1990 年建造的电子质子储存环，直径约为 2000m。为了减少能量损失，改用直线加速器代替环形加速器。德国汉堡兴建的 TESLA 大型粒子直线加速器长约 30km，100～300m 的磁件相邻精度要求优于±0.1mm，磁件的精密定位精度仅为几微米，并能以纳米级的精度确定直线度。

美国的超导超级对撞机直径约为 27km，为保证椭圆轨道上的投影变形最小且位于一个平面上，采用了一种双重正形投影；所做的各种精密测量，均考虑了重力和潮汐的影响；主网和加密网采用 GPS 测量，精度优于 1mm/km。

德国克虏伯公司生产的 Bagger 288 超大型轮斗挖掘机，其开挖量的动态测量计算系统是 GPS 技术和 GIS 技术在大型特种工程中科学结合的一个典型例子。该挖掘机长约 240m、高约 96m、质量约 13500t，其挖斗轮的直径约 22m，每天挖煤量可达 24 万 t。为了实时动态地得到挖煤机的采煤量，其上安装了 3 台 GPS 接收机，与参考站进行无线电实时数据传输和差分动态定位，挖掘机上两点间距离的精度可达±1.5cm，根据 3 台接收机的坐标，按一定几何模型可计算出挖掘机挖斗轮的位置及采煤层的截面，其平面精度为±3cm，高程精度为±2cm。结合露天煤矿的数字地面模型，可计算出采煤量，经对比试验，其精度可达 4%。

位于瑞士阿尔卑斯山的戈特哈德铁路隧道长达 57km，为修建该工程，专门做了国家大地测量（LV95），采用 GPS 技术施测的控制网以厘米级的精度确定了整个地区的大地水准面。为加快修建进度和避开不良地质段，隧道中间设了 3 个竖井，共 4 个贯通面，较只设 1 个贯通面可缩短 11 年工期。整个工程的测量工作集中反映了当时工程测量的诸多新技术。

1.1.4　工程测量学的展望

工程测量的发展趋势可概括为测量内外业作业一体化、数据获取及处理自动化、测量过程控制和系统行为智能化、测量成果和产品数字化。此外，工程测量还有测量信息管理可视化、信息共享和传播网络化的发展趋势。现代工程测量发展的特点可概括为连续、动态、遥测、实时、精确、可靠、快速、简便。

测量内外业作业一体化是指测量内业和外业工作已无明确的界限，过去只能在内业完成的工作现在在外业也可以很方便地完成。测图时可在野外编辑修改图形，控制测量时可在测站上平差和得到坐标，测设数据可在放样过程中随时计算。数据获取及处理自动化主要指数据的自动化流程。例如，全站型电子测速仪（total station electronic tachometer，简称全站仪）、电子水准仪、GPS 接收机都可自动化地进行数据获取，大比例尺测图系统、水下地形测量系统、大坝变形监测系统等都可实现数据获取及处理的自动化，测量机器人还可实现无人观测（测量过程的自动化）。测量过程控制和系统行为智能化主要指通过程序实现对自动化观测仪器的智能化控制。测量成果和产品数字化是指成果的形式和提交方式，只有数字化才能实现计算机处理和管理。测量信息管理可视化包含图形可视化、三维可视化和虚拟现实等。信息共享和传播网络化是在数字化的基础上实现的，包括在局域网和国际互联网上实现。从整个学科的发展来看，精密工程测量的理论技术与方法、工程的形变监测分析与灾害预报、工程信息系统的建立与应用是工程测量学发展的三个主要方向。

展望未来，工程测量学将在以下方面显著发展。

1）测量机器人将作为多传感器集成系统在人工智能方面进一步发展，其应用范围将进一步扩大，影像、图形和数据处理方面的能力将进一步增强。

2）在变形观测数据处理和大型工程建设中，将形成基于知识的信息系统，并进一步与大地测量、地球物理、工程与水文地质及土木建筑等学科结合，解决工程建设中及运行期间的安全监测、灾害防治和环境保护等各种问题。

3）将从土木工程测量、三维工业测量扩展到人体科学测量，如人体各器官或部位的显微测量和显微图像处理。

4）多传感器的混合测量系统将得到迅速发展和广泛应用，如 GPS 接收机与全站仪或测量机器人集成，可在大区域乃至全国范围内进行无控制网的各种测量工作。

5）GPS 技术、GIS 技术将与工程项目紧密结合，在勘测、设计、施工管理一体化方面发挥重大作用。

6）大型和复杂结构建筑、设备的三维测量、几何重构及质量控制将是工程测量学发展的一个热点。固定式、移动式三维激光扫描仪将成为快速获取被测物体（如地面建筑物、构筑物）及地形信息的重要仪器。

7）数据处理中数学物理模型的建立、分析和辨识将成为工程测量学的重要内容。

综上所述，工程测量学的发展主要表现在从一维、二维到三维乃至四维，从点信息获取到面信息获取，从静态到动态，从后处理到实时处理，从大型特种工程到人体测量工程，从高空到地面、地下及水下，从人工量测到无接触遥测，从周期观测到持续测量等方面。测量精度从毫米级发展到微米级乃至纳米级。

1.2　工程测量的阶段划分、分类及基本内容

1.2.1　工程测量的阶段划分

按工程建设的进行程序，工程测量可分为规划设计阶段的测量、施工兴建阶段的测量和竣工后运营管理阶段的测量。

规划设计阶段的测量的主要任务是提供地形资料。取得地形资料的方法是，在所建立的控制测量的基础上进行地面测图或航空摄影测量。

施工兴建阶段的测量的主要任务是，按照设计要求在实地准确地标定建筑物各部分的平面位置和高程，将其作为施工与安装的依据。一般要求先建立施工控制网，然后根据工程的要求进行各种测量工作。

竣工后运营管理阶段的测量包括竣工测量和为监视工程安全状况设置的变形观测与维修养护等测量工作。

1.2.2 工程测量的分类

按工程测量服务的工程种类，工程测量可分为建筑工程测量、线路测量、桥梁与隧道测量、矿山测量、城市测量和水利工程测量等。

此外，工程测量还可分为高精度工程测量（用于大型设备的高精度定位和变形观测）、工程摄影测量（将摄影测量技术应用于工程建设的测量）、三维工程测量（以全站仪或地面摄影仪作为传感器在电子计算机支持下的测量）。

1.2.3 工程测量的基本内容

工程测量的内容包含基础理论、技术方法、测量仪器三部分。

基础理论包括地面点位的表示方法、高程坐标的建立、平面坐标的解算、误差评定与消减等。

技术方法包括水准测量高程的技术、水平角及竖直角测量的方法、距离测量的方法、直线定向的方法和技术、地形图的测绘技术等。

测量仪器包括水准仪、经纬仪、钢直尺、陀螺仪、全站仪等。

1.3 工程测量的主要任务及基本原则

1.3.1 工程测量的主要任务

工程测量的主要任务如下。

（1）测绘大比例尺地形图

将工程建设区域内的高低起伏的地貌和各种人工建造或天然形成的地物依照规定的符号和比例尺绘制成地形图，并把建筑工程所需的数据用数字或图形表示出来，为规划、设计提供基础资料。

（2）测设与竣工测量

将设计图纸上的建筑物、构筑物按照设计要求在现场标定出来，作为施工的依据，进行各种测量工作，保证施工质量。工程竣工后，将施工好的建筑物、构筑物在图纸上详尽地绘制出来，为工程验收、日后扩建和维修管理提供依据。

（3）建筑物、构筑物变形观测

对一些重要的建筑物、构筑物，在施工和运营期间，定期进行沉降、偏位、下挠等观测，以了解建筑物、构筑物的变形规律，监视其施工和运营过程的安全。

1.3.2 工程测量的基本原则

工程测量要遵循的基本原则包括由高级到低级，从整体到局部、先控制后碎部，步步有检核。

（1）由高级到低级

无论是高程测量还是平面测量，各个测量成果的精度都有高低之分，对应的测量点也有等级之分。一般需要从高等级的测量点出发，在低等级层面上布点，逐步加密测点，以适应不同工程建设的需求。

（2）从整体到局部、先控制后碎部

在进行地形图的测绘和测设之前，要先在整个测区内统一规划，使整体布点能够控制整个测区，同时要求布点均匀和在视野开阔的地方布点（这些点称为控制点）。在进行具体某局部区域的测图或施工时，再以控制点为基准加密局部控制点，或以控制点为基准进行碎部点的测量工作。

（3）步步有检核

工程测量学是一门实践性极强的科学，在实际操作过程中，难免存在误差甚至错误。为了尽量避免大面积返工，提高测量精度，减小测量误差，需要在每个环节设置各种检核条件，在达到条件后方可进行下一步的测量工作。步步有检核原则贯穿各种类型、各个测量环节，这实际是"过程控制"思想的具体体现，在实际测量过程中要严格遵循各个步骤的检核限制值要求，若超出规定则需要进行分析并重复观测。

1.4　工程测量规范

《中华人民共和国测绘法》于 2017 年 4 月 27 日第十二届全国人民代表大会常务委员会第二十七次会议修订通过，并由中华人民共和国主席令第六十七号公布，自 2017 年 7 月 1 日起施行。《中华人民共和国测绘法》是从事测绘工作的法律依据，同时是国务院制定行政法规和行政主管部门（住房和城乡建设部、交通运输部、自然资源部等）制定各种行业标准的法律依据。

本书涉及应用技术的部分主要介绍《工程测量标准》（GB 50026—2020）的内容，该标准由住房和城乡建设部和国家市场监督管理总局于 2020 年 11 月发布，并于 2021 年 6 月正式实施。该标准包含平面控制测量、高程控制测量、地形测量、线路测量、地下管线测量、施工测量、竣工总图的编绘与实测、变形监测等内容。

习　　题

一、名词解释题

1. 测量学
2. 大地测量学
3. 地形测量学
4. 摄影测量与遥感学
5. 工程测量学

二、填空题

1. 按工程建设的进行程序，工程测量可分为_____、_____、_____。

2. 按工程测量服务的工程种类，工程测量可分为_____、_____、_____、矿山测量、城市测量和水利工程测量等。

3. 在工程测量过程中，要遵循的基本原则包括_____、_____、_____。

4. 工程测量的发展趋势和特点可概括为：_____、_____、_____、_____、测量信息管理的可视化、信息共享和传播的网络化。

三、问答题

1. 测量学在国家经济建设和发展中的作用有哪些？试举例说明。

2. 工程测量的内容包含哪几部分？试举例说明。

3. 测绘大比例尺地形图的基本过程有哪些？

4. 施工放样主要完成的测量工作是什么？

5. 为什么说"建筑物的变形观测是工程测量中精度要求最高的一种测量工作"？

6. 如何理解"从整体到局部、先控制后碎部"这一工程测量基本原则？

7. 在工程测量过程中为什么需要"步步有检核"？

8. 现代工程测量的发展有哪些特点？

9. 为什么说"交通运输、水利建设离不开工程测量"？

10. 工程测量和工程勘察有什么区别和联系？

第2章

工程测量学的基础知识

2.1 地面点位的表示方法

2.1.1 地球的基本形态

测绘工作大多是在地球表面进行的，测量基准的确定、测量成果的计算及处理都与地球的形状和大小有关。

1. 人类认识地球形状的过程

虽然如今人们对地球面貌的了解已经较为全面，但在这之前人们认识地球形状经历了相当漫长的过程。

在古代，由于科学技术不发达，曾流传过许多关于地球形状的传说和神话，人们只能通过简单的观察和想象来认识地球。例如，我国的古人观察到"天似穹庐"，就提出了"天圆地方"的说法。西方的古人由于自己所居住的陆地为大海所包围，就认为"地如盘状，浮于无垠海洋之上"。大约从公元前8世纪开始，希腊学者们试图通过自然哲学认识地球。到公元前6世纪后半叶，毕达哥拉斯提出了"地为圆球"的说法。公元前4世纪，亚里士多德根据月食等自然现象认识到大地是球形，但都没有得到可靠的证明。

直到公元前3世纪，埃拉托色尼首创子午圈弧度测量法，以实际测量纬度差来估测地球半径，最早证实了"地圆说"。之后，我国东汉时期的天文学家张衡在《浑仪图注》中对"浑天说"进行了完整阐述，认识到大地是一个球体，但在其天文著作《灵宪》中又描述为"天圆地平"。这些都说明当时人们对地球形状的认识是很不明晰的。

8世纪20年代，唐朝天文学家僧一行派太史监南宫说在河南平原进行了弧度测量，其距离和纬差都是实地测量的，这在世界尚属首次，阿拉伯于9世纪进行了富有成果的弧度测量，由此确认大地是球形的。但由于那时人们的活动范围很有限，这些推测都没有得到实践检验。直到1519年，航海家麦哲伦率领的船队从西班牙出发，一直向西航行，经过大西洋、太平洋和印度洋，最后又于1522年回到了西班牙，才用事实证明，地球确实是一个球体。

但是，人们对地球的认识并未就此结束。随着科学技术的发展和大地测量学科的形成与丰富，人们观测和认识地球形状的方法和手段越来越多，其中包括三角测量、重力测量、天文测量等重要手段。科学家牛顿曾仔细研究了地球的自转，得出"地球是赤道凸起、两极扁平的椭球体，形状像橘子"这一结论。20 世纪 50 年代末期，人造地球卫星发射成功，通过卫星观测，人们发现南北两个半球是不对称的，南极与地心的距离比北极与地心的距离短约 40m。因此，又有人把地球描绘成梨形。

1969 年 7 月 20 日，美国登月宇宙飞船"阿波罗 11 号"的宇航员登上月球，看到了蓝色的浑圆的地球，就像在地球上看月亮一样。科学家们根据以往的资料和宇航员拍下的图片，认为地球是一个"不规则的球体"。

2. 地球的形状和大小

地球的自然表面是很不规则的，其上有高山、深谷、丘陵、平原、江湖、海洋等。世界最高山峰珠穆朗玛峰海拔高程为 8848.86m（我国于 2020 年测得数据），已知地球最深点斐查兹海渊低于海平面 11034m（苏联于 1957 年测得数据），二者的相对高差不足 20km，与地球的平均半径 6371km（非精确值）相比是微不足道的，就整个地球表面而言，陆地面积仅占约 29%，而海洋面积占约 71%。

可以设想地球是被海水包围的球体，即设想将一静止的海洋面扩展延伸，使其穿过大陆和岛屿，形成一个封闭的曲面（图 2-1），这个假想的静止海水面称作水准面。由于海水受潮汐、风浪等影响时高时低，因此水准面有无穷多个，其中与平均海水面相吻合的水准面称作大地水准面。由大地水准面所包围的形体称为大地体。通常用大地体代表地球的真实形状和大小。

地球上的物体承受万有引力与地球自转带来的向心力，这二者的合力为重力，重力作用线也称为铅垂线（图 2-2）。水准面的特性是处处与铅垂线垂直。同一水准面上各点的重力位相等，故又将水准面称为重力等位面，它具有几何意义及物理意义。水准面和铅垂线就是实际测量工作所依据的面和线。

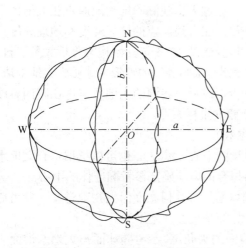

图 2-1　大地水准面与参考椭球面

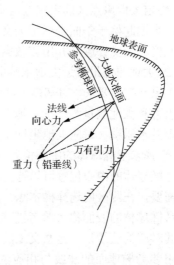

图 2-2　铅垂线

因为地球内部质量分布不均匀，地面上各点的铅垂线方向会产生不规则变化，所以大地水准面是一个不规则的无法用数学式表述的空间曲面，在这样的面上是无法进行数据的测量计算及处理的。于是人们进一步设想，用一个与大地体非常接近且能用数学式表述的规则球体（参考椭球体）代表地球的形状（图 2-1），它是由椭圆 NESW 绕短轴 NS 旋转而成的。

在测量学上，国家或地区为处理测量成果而采用与大地体的形状大小最接近、适合本国或本地区要求的旋转椭球，这样的椭球称为参考椭球。参考椭球体的主要参数包括形状和大小、定向参数、定位参数。确定参考椭球体时，需按如下步骤计算主要参数。

1）确定参考椭球体的长半轴 a 和短半轴 b，或者扁率 $\alpha = \dfrac{a-b}{b}$（确定地球形状和大小）。

2）确定地球自转轴（确定定向参数）。

虽然已知参考椭球体的短半轴平行于地球自转轴，但确定地球自转轴仍非常困难，因为地球同时进行自转和公转，并且其自转轴每时每刻都在变化（称为极移）。目前许多国际组织在进行地球自转的观测和记录，并提出了各自的基准点数据，具体如下。

① 国际天文学联合会（International Astronomical Union，IAU）与国际大地测量和地球物理学联合会（International Union of Geodesy and Geophysics，IUGG）共同协商后建议采用由国际纬度局五个极移监测站以 1900—1905 年的观测数据所确定的平均值作为国际协议原点（conventional international origin，CIO），该原点被许多国家采用。

② 国际极移局（International Polar Motion Service，IPMS）和国际时间局分别采用不同的方法获得了协议地球参考系（conventional terrestrial system，CTS）和对应的协议地球参考极（conventional terrestrial pole，CTP）。

③ 在国际地球自转服务局（International Earth Rotation Service，IERS）的网站上可查得实时地球自转参数（earth rotation parameter，ERP）和地球定向参数（earth orientation parameter，EOP）。IERS 推荐的国际地球参考框架（international terrestrial reference frame，ITRF）精度较高，目前世界许多国家处理本国的 GPS 数据时均采用此框架。

3）确定大地原点（确定定位与定向参数）。

已知大地起始子午面平行于天文起始子午面，通过天文观测确定大地原点在大地体上的天文经度和天文纬度，并用该数据定义参考椭球体在大地原点的地理经度和地理纬度，由此可知，大地原点最接近大地水准面的参考基点。我国从 1975 年开始搜集分析大量资料，并根据"原点"的要求，对郑州、武汉、西安、兰州、咸阳等地的地形、地质、大地构造、天文、重力和大地测量等进行实地考察、综合分析，最后将我国的大地原点选在陕西省咸阳市泾阳县永乐镇（对应大地坐标系简称"1980 西安坐标系"）。

4）选择参考椭球体的中心位置（确定定位参数）。

参考椭球体的中心位置可以选为地球所有质量的中心（质心），也可以根据拟合大地水准面的需要，在测区内选择样本点，用最小二乘拟合的方法确定参考椭球体的中心。

参考椭球体的表面称为参考椭球面，参考椭球面只有几何意义而无物理意义，参考椭球面及其对应的法线是严格意义上的进行测量计算的基准面及基准线。

常用参考椭球面的法线与相应位置的铅垂线间的夹角 δ 和参考椭球面与大地水准面之间的垂直距离 h 这两个参数来衡量参考椭球面对大地水准面的拟合程度。

几个世纪以来，许多学者分别计算出了椭球体元素值，几种参考椭球体的参数如表 2-1 所示。我国的"1954 年北京坐标系"采用的参考椭球体是克拉索夫斯基椭球体，"1980 年西安坐标系"采用的参考椭球体是 1975 国际椭球体，而 GPS 采用的参考椭球体是 WGS-84 椭球体。

表 2-1　几种参考椭球体的参数

椭球体的名称	长半轴 a/m	短半轴 b/m	扁率 α	计算年份
贝塞尔椭球体	6377397	6356079	1：299	1841（德国）
海福特椭球体	6378388	6356912	1：297	1910（美国）
克拉索夫斯基椭球体	6378245	6356863	1：298	1940（苏联）
1975 国际椭球体	6378140	6356755	1：298	1975（国际第三个推荐值）
WGS-84 椭球体	6378137	6356752	1：298	1979（国际第四个推荐值）

由于参考椭球体的扁率很小，在小区域的普通测量中可将地（椭）球看作圆球，其半径 $R = \dfrac{a+a+b}{3} \approx 6371\text{km}$。

2.1.2　地面点位的确定

在大地测量学中，描述空间点位的坐标系统分为天固坐标系和地固坐标系。天固坐标系又称天球坐标系或惯性坐标系，以静止的宇宙空间为参照，与地球自转无关，主要用于描述卫星和地球的运行位置和状态。地固坐标系与地球固连在一起，与地球同步运动，主要描述地球表面地物、地貌的相对位置关系。工程测量学中均采用地固坐标系。

在地固坐标系中，以地心（地球的质心）为原点的地固坐标系称为地心地固坐标系（简称地心坐标系），以适应某种需要而选定的非地心作为原点的地固坐标系称为参心地固坐标系（简称参心坐标系）。每一种坐标系都对应一种参考椭球体（表 2-1）。例如，WGS-84 椭球体对应的坐标系是地心坐标系；克拉索夫斯基椭球体和 1975 国际椭球体的坐标系是参心坐标系。卫星大地测量利用空中卫星的位置确定地面点的位置。由于卫星围绕地球的质心运动，因此在卫星大地测量中需采用地心坐标系。

无论是地心坐标系还是参心坐标系，都有以下两种坐标表达方式。

1）空间直角坐标系：坐标系原点 O 与地球的质心重合，Z 轴指向地球北极，X 轴指向格林尼治子午面与地球赤道的交点 E，Y 轴垂直于 XOZ 平面构成右手坐标系（图 2-3），空间点的坐标值可表示为 (X, Y, Z)。GPS 采用这种坐标系进行空间点的定位。

2）球面坐标与高程坐标联合体系：选用大地体和铅垂线为基准或参考椭球体和法线为基准，空间点沿铅垂线（或法线）方向投影至大地水准面（或参考椭球面），空间点与投影点之间的距离为高程 H（对应坐标系称为高程坐标系），投影点在大地水准面（或参考椭球面）的球面位置用天文经度 λ（或大地经度 L）和天文纬度 ϕ（或大地纬度 B）表示（此坐标系称为球面坐标系）。这样，空间点的坐标值可表示为 (λ, ϕ, H) 或 (L, B, H)。

空间直角坐标系的表示方法在描述空间点位时采用三维坐标，在实际工程应用时很不方便。由于工程测量学中多采用第二种表示方法，因此下面重点介绍球面坐标系及其简化的表示方法。

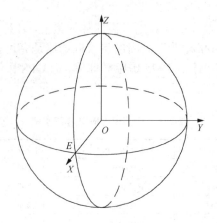

图 2-3 空间直角坐标系

1. 球面坐标系

在工程测量学中，球面坐标系除包括地理坐标系外，还包括在大地地理坐标系的基础上进行二次投影后的高斯平面坐标系和适用于独立测区的平面直角坐标系。应用后面两种坐标系可以简化测量过程和数据处理。

（1）地理坐标系

在研究和测定整个地球的形状或进行大区域的测绘工作时，可用地理坐标确定地面点的位置。地理坐标是一种球面坐标，地理坐标系根据参考基准的不同可分为天文地理坐标系和大地地理坐标系。

1）天文地理坐标系。以大地水准面为基准面，地面点沿铅垂线投影在该基准面上的位置，称为该点的天文坐标（图 2-4）。将大地体看作地球，NS 为地球的自转轴，N 为北极，S 为南极，O 为大地体中心。包含空间点 P 的铅垂线且平行于地球自转轴的平面称为 P 点的天文子午面。天文子午面与地球表面的交线称为天文子午线，也称经线。将通过英国格林尼治天文台埃里中星仪的子午面称为起始子午面，相应的子午线称为起始子午线或零子午线，并作为经度计量的起点。过 P 点的天文子午面与起始子午面所夹的两面角称为 P 点的天文经度，用 λ 表示，其值为 $0°\sim180°$。在起始子午线以东的经度为东经，以西的经度为西经。

通过大地体中心 O 且垂直于地球自转轴的平面称为赤道面。它是纬度计量的起始面。赤道面与地球表面的交线称为赤道。其他垂直于地球自转轴的平面与地球表面的交线称为纬线。过点 P 的铅垂线与赤道面之间所夹的线面角称为 P 点的天文纬度，用 ϕ 表示，其值为北纬 $0°\sim90°$ 和南纬 $0°\sim90°$。

天文坐标 (λ, ϕ) 是用天文测量的方法实测得到的。

2）大地地理坐标系。以参考椭球面为基准面，地面点沿参考椭球面的法线投影在该基准面上的位置称为该点的大地坐标。如图 2-5 所示，包含地面点 P_0 的法线且通过椭球旋转轴的平面称为 P_0 点的大地子午面。过 P_0 点的大地子午面与起始子午面所夹的两面角称为 P_0 点的大地经度，用 L 表示，其值为东经 $0°\sim180°$ 和西经 $0°\sim180°$。过点 P_0 的法线与椭球赤道面所夹的线面角称为 P_0 点的大地纬度，用 B 表示，其值为北纬 $0°\sim90°$ 和南纬 $0°\sim90°$。

大地坐标 (L, B) 可以通过天文坐标 (λ, ϕ) 转换得到，也可以通过 GPS 测得的 (X, Y, Z) 坐标转换得到。

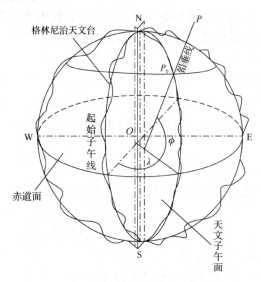

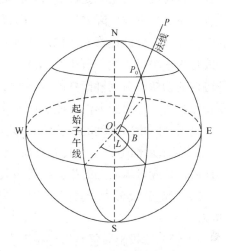

图 2-4 天文地理坐标系　　　　　　　　　图 2-5 大地地理坐标系

（2）高斯平面坐标系

在实际测量工作中，用以角度为度量单位的球面坐标来表示地面点的位置不方便，此时通常采用平面直角坐标。参考椭球面是一个不可展曲面，不能直接展开形成平面，因此需要进行二次投影（图 2-6），将实际空间点 A、B、C 经过一次投影后得到位于参考椭球体上的投影点 A'、B'、C' 再次投影到可展曲面上，得到 A''、B''、C''。

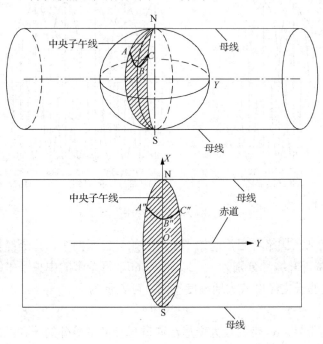

图 2-6 二次投影

当测区范围较大时，要建立平面坐标系就不能忽略地球曲率的影响，为了解决将椭球面转换为平面这一问题，必须采用地图投影的方法将椭球面上的大地坐标转换为平面直角坐标。目前我国采用的是高斯投影。高斯投影是由德国数学家、测量学家高斯提出的一种横轴等角切椭圆柱投影方法，该投影解决了将椭球面转换为平面的问题。从几何意义上看，就是假设一个椭圆柱横套在椭球体外并与椭球体面上的某一条子午线相切，这条相切的子午线称为中央子午线。假想在椭球体中心放置一个光源，光源发出的光将椭球体面上一定范围内的物像映射到椭圆柱的内表面上，然后将椭圆柱面沿一条母线剪开并展成平面，即获得投影后的平面图形，如图 2-6 所示。

利用高斯投影得到的经纬线图形有以下特点。

1）投影后的中央子午线为直线，无长度变化。其余的经线投影为凹向中央子午线的对称曲线，长度较球面上的相应经线略大。

2）赤道的投影为一直线，并与中央子午线正交。其余的纬线投影为凸向赤道的对称曲线。

3）经纬线投影后仍然保持相互垂直的关系，说明投影后的角度无变形。

高斯投影虽然没有角度变形，但有长度变形和面积变形，距中央子午线越远，变形就越大。为了对变形加以控制，测量中采用限制投影区域的办法，即将投影区域限制在中央子午线两侧一定的范围，这就是所谓的分带投影，如图 2-7 所示。投影带一般分为 6°带和 3°带两种。

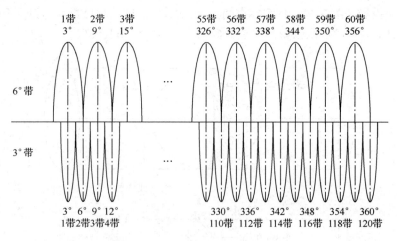

图 2-7　分带投影

6°带投影是指从英国格林尼治起始子午线开始，自西向东，每隔经差 6°分为 1 个带，将地球分成 60 个带，其编号分别为 1、⋯、60。每个带的中央子午线经度（中央子午线经度与前面定义的天文经度或大地经度不同）可表示为

$$L_6 = 6°n - 3° \tag{2-1}$$

式中，n 为 6°带的带号。6°带的最大变形在赤道与投影带最外的一条经线的交点上，长度变形为 0.14%，面积变形为 0.27%。

3°带是在 6°带的基础上划分的。每 3°为 1 个带，共 120 个带，其中央子午线在奇数带时与 6°带中央子午线重合，每个带的中央子午线经度可表示为

$$L_3 = 3°n' \tag{2-2}$$

式中，n' 为 3°带的带号。3°带的边缘最大长度变形 0.04%、面积变形 0.14%。

测量工作中所用的高斯平面坐标与数学上的直角坐标基本相同，只是测量工作以 X 轴为纵轴（表示南北方向），以 Y 轴为横轴（表示东西方向）。象限为顺时针编号，直线的方向都是从纵轴北端按顺时针方向度量的（图 2-8）。由此可见，数学中的三角公式在测量坐标系中完全适用。

通过高斯投影，将中央子午线的投影作为纵坐标轴（用 X 轴表示），将赤道的投影作为横坐标轴（用 Y 轴表示），两轴的交点作为坐标原点，由此构成的平面直角坐标系称为高斯平面直角坐标系，如图 2-8 所示。每一个投影带对应一个独立的高斯平面直角坐标系，可以利用相应投影带的带号区分各带坐标系。

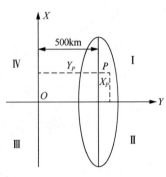

图 2-8　高斯平面直角坐标系

在每一投影带内，Y 坐标值有正有负，这对计算和使用来说很不方便，为了使 Y 坐标都为正值，故将纵坐标轴向西平移 500km（半个投影带的最大宽度不超过 500km），并在 Y 坐标前加上投影带的带号。例如，图 2-8 中的 P 点位于 18 带，其自然坐标为 $x=3395451$m，$y=-82261$m；它在 18 带中的高斯通用坐标则为 $X=3395451$m，$Y=18417739$m。

高斯投影带的坐标 (X, Y) 和大地坐标 (L, B)、天文坐标 (λ, ϕ)、空间直角坐标 (X, Y, Z) 之间是可以相互转换的。目前许多测绘软件自带坐标转换工具，本书对此不进行详细介绍。

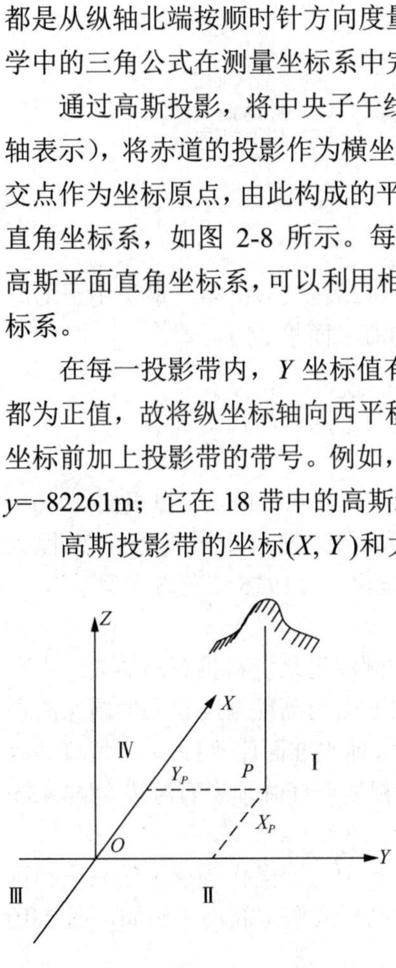

（3）独立测区的平面直角坐标系

当测区的范围较小，能够忽略该区地球曲率的影响而将切平面作为参考平面时，可在此平面上建立独立的直角坐标系（图 2-9）。一般选定子午线方向为纵轴，即 X 轴，原点设在测区的西南角，以避免坐标出现负值。测区内任一地面点用坐标 (X, Y) 来表示，它们与本地区的统一坐标系没有必然的联系，而是作为独立的平面直角坐标系。如果有需要，则可通过与国家坐标系联测而纳入统一坐标系。

图 2-9　独立测区的平面直角坐标系

2. 高程坐标系

在一般的测量工作中，以大地水准面作为高程起算的基准面，地面任一点沿铅垂线方向到大地水准面的距离就称为该点的绝对高程或海拔，简称为高程，用 H 表示。如图 2-10 所示，图中的 H_A 表示地面上 A 点的高程。

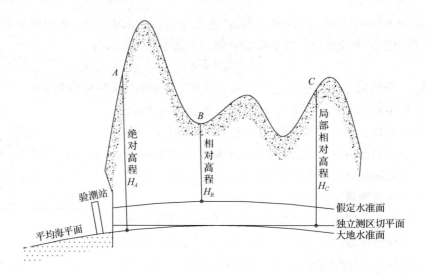

图 2-10　高程坐标系

我国元代天文学家、数学家、水利工程专家郭守敬（1231—1316 年）最早用平均海平面作为高程起算基准面，比德国测量学家高斯提出平均海平面早 560 年。

我国目前的国家水准原点于 1954 年建成，设在青岛市。

我国目前有 1956 年黄海高程系和 1985 国家高程基准两个国家高程系统。

（1）1956 年黄海高程系

1954 年在青岛市观象山的青岛大港验潮站一号军用码头建立水准原点，以根据 1950—1956 年七年的潮汐记录资料推算出的大地水准面为基准引测出水准原点的高程为 72.289m。以该大地水准面为高程基准建立的国家高程系统称为 "1956 年黄海高程系"。

（2）1985 国家高程基准

20 世纪 80 年代，以根据青岛验潮站 1952—1979 年的潮汐记录资料推算出的大地水准面为基准引测出水准原点的高程为 72.260m，以该大地水准面为高程基准建立的国家高程系统称为 "1985 国家高程基准"。"1985 国家高程基准" 大地水准面比 "1956 年黄海高程系" 大地水准面高出 0.029m。2005 年 10 月 9 日发布的珠穆朗玛峰峰顶岩石海拔 8844.43m 根据 "1985 国家高程基准" 测得。

当测区附近没有国家高程点可联测时，也可临时假定一个水准面作为该区的高程起算面。地面点沿铅垂线至假定水准面的距离称为该点的相对高程或假定高程。例如，图 2-10 中的 H_B 为地面上 B 点的相对高程。

地面上两点之间的高程之差称为高差，用 h 表示。例如，A 点至 B 点的高差可写为

$$h_{AB} = H_B - H_A \qquad (2\text{-}3)$$

B 点至 A 点的高差可写为

$$h_{BA} = H_A - H_B \qquad (2\text{-}4)$$

由式（2-3）和式（2-4）可知，高差有正负之分，并用下标注明其方向。在土木建筑工程中，又将绝对高程和相对高程统称为标高。

正如独立测区的平面直角坐标系一样，在地球表面上进行工程测量时，在测区范围小

或工程对测量精度要求较低时，为了简化投影计算，常将椭球面视为球面，甚至将球面视为平面，直接将沿切平面的垂线投影到水平面上，这时的高程称为局部相对高程。例如，图 2-10 中的 H_C 为地面上 C 点的局部相对高程。

2.1.3　用切平面代替大地水准面的限度

在前面介绍的"独立测区的平面直角坐标"和"局部相对高程"中，都存在用切平面代替大地水准面（或参考椭球面）的情况。这是一种近似的做法，存在一定误差。因此，应设置一定限度，即在该限度内，用切平面代替大地水准面（或参考椭球面）所产生的误差不能超过工程地形图和施工放样的精度要求。下面以地球曲率对高程、距离、角度测量的影响来讨论限度范围。为了方便计算，将大地水准面近似为一个半径 $R=6371\text{km}$ 的球面。

（1）对高程测量的影响

如图 2-11 所示，地面点 A、B 在大地水准面的投影点为 a、b，在独立测区切平面的投影点为 a'、b'。由于弧 $L_{ab}=R\phi$，从图 2-11 中可以看出，两个不同参照系下的高程 h_{Bb}、$h_{Bb'}$ 的关系为

$$h_{Bb'}=\left\{h_{Bb}-\left[\frac{R}{\cos\phi}-R\right]\right\}\cos\phi=h_{Bb}\cos\left(\frac{L_{ab}}{R}\right)-R+R\cos\left(\frac{L_{ab}}{R}\right) \tag{2-5}$$

用切平面代替大地水准面的高程误差为

$$\varepsilon_H=h_{Bb'}-h_{Bb}=(h_{Bb}+R)\left[\cos\left(\frac{L_{ab}}{R}\right)-1\right] \tag{2-6}$$

由于 h_{Bb} 远小于 R，因此式（2-6）可忽略 h_{Bb} 影响项。

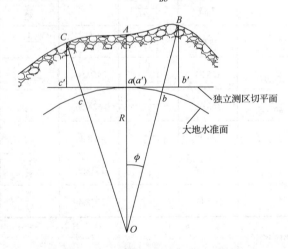

图 2-11　用切平面代替大地水准面

表 2-2 中列出了 ε_H 随测区范围 L_{ab} 变化的规律。从表 2-2 中可以看出，L_{ab} 为 200m 时，高程误差已达 3.14mm，且随着 L_{ab} 的增大，误差迅速增加。由此可见，以切平面代替大地水准面的有效范围非常有限。

表 2-2　ε_H 随测区范围 L_{ab} 变化的规律

L_{ab} /m	10	100	200	250	500	1000	2500	5000
ε_H /mm	−0.01	−0.78	−3.14	−4.91	−19.62	−78.48	−490.50	−1962.02

（2）对距离测量的影响

从图 2-11 中可以看出，两个不同参照系下的投影点之间的距离 L_{ab}、$L_{a'b'}$ 的关系为

$$L_{a'b'} = R\tan\phi + L_{Bb'}\tan\phi = R\tan\left(\frac{L_{ab}}{R}\right) + h_{Bb'}\tan\left(\frac{L_{ab}}{R}\right) \tag{2-7}$$

用独立测区切平面代替大地水准面的距离误差为

$$\varepsilon_L = L_{a'b'} - L_{ab} \tag{2-8}$$

表 2-3 中列出了 ε_L 随测区范围 L_{ab} 与高程 h_{Bb} 变化的规律，$h_{Bb'}$ 可由 h_{Bb} 按式（2-5）计算得出。从表 2-3 中可以看出，L_{ab} 为 10km、h_{Bb} 为 0m 时，相对误差为 $\frac{1}{243.0万}$，优于精密测距的精度 $\frac{1}{100.0万}$。但随着高程的增大，误差迅速增加（高程为 2000m 时，相对误差达到 $\frac{1}{32}$），不满足工程测量的要求。

表 2-3　ε_L 随测区范围 L_{ab} 与高程 h_{Bb} 变化的规律

L_{ab} /km	h_{Bb} =0m		h_{Bb} =500m		h_{Bb} =2000m		h_{Bb} =4000m	
	ε_L /mm	$\frac{\varepsilon_L}{L_{ab}}$	ε_L /mm	$\frac{\varepsilon_L}{L_{ab}}$	ε_L /mm	$\frac{\varepsilon_L}{L_{ab}}$	ε_L /mm	$\frac{\varepsilon_L}{L_{ab}}$
1	0.00	—	7.85	$\frac{1}{1.3万}$	31.39	$\frac{1}{32}$	62.78	$\frac{1}{16}$
10	−0.41	$\frac{1}{243.0万}$	78.07	$\frac{1}{1.3万}$	313.51	$\frac{1}{32}$	627.43	$\frac{1}{16}$
15	−1.39	$\frac{1}{108.0万}$	116.33	$\frac{1}{1.3万}$	469.50	$\frac{1}{32}$	940.38	$\frac{1}{16}$
20	−3.28	$\frac{1}{60.9万}$	153.68	$\frac{1}{1.3万}$	624.56	$\frac{1}{32}$	1252.40	$\frac{1}{16}$
25	−6.42	$\frac{1}{39.0万}$	189.79	$\frac{1}{1.3万}$	778.39	$\frac{1}{32}$	1563.19	$\frac{1}{16}$
50	−51.33	$\frac{1}{9.7万}$	341.07	$\frac{1}{1.5万}$	1518.27	$\frac{1}{33}$	3087.87	$\frac{1}{16}$
100	−410.61	$\frac{1}{2.4万}$	374.17	$\frac{1}{2.7万}$	2728.49	$\frac{1}{37}$	5867.58	$\frac{1}{17}$

（3）对角度测量的影响

由球面三角测量可知，球面上多边形内角之和比平面上多边形内角之和多一个球面角 ε，如图 2-12 所示，其值可用多边形面积求得，即

$$\varepsilon = \rho\frac{P}{R^2} \tag{2-9}$$

式中，P 为球面多边形面积；ρ 为 1rad 对应的角度，ρ=206265″。

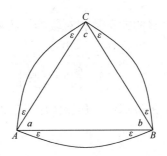

图 2-12　球面三角形与平面三角形

表 2-4 中列出了 ε 随球面多边形面积 P 变化的规律。由表 2-4 中可知，当 P 为 100km^2 时，切平面代替大地水准面的角度误差仅为 $0.51''$，这种测区对工程测量的影响可以忽略不计。

表 2-4　ε 随球面多边形面积 P 变化的规律

P/km^2	10	50	100	300	600
$\varepsilon\ /('')$	0.05	0.25	0.51	1.52	3.05

2.1.4　两化改正与坐标换代

测量学所涉及的研究对象极广，而工程测量学所研究的测区范围较小。在工程测量中进行高程测量时，一般不进行简化，直接以大地水准面和铅垂线为基准，测量控制点的绝对高程 H。但对于球面坐标而言，大地测量学首先采用 GPS 或天文观测等直接或间接的方法测量测区内几个控制点的大地坐标 (L, B)，然后按照高斯投影转换公式计算投影带及其投影坐标 (X, Y)。有球面控制点坐标后，工程测量学在测区局部建立独立平面直角坐标系，利用常规工程测量仪器测量长度（误差较大时需要进行两化改正）、角度（误差较小时可以忽略不计），进而在独立平面直角坐标系下解算其余空间点的平面坐标 (X, Y)。

在工程测量学范畴内，需要注意两化改正与坐标换代这两个问题。

（1）两化改正

在工程测量中，测区局部建立独立平面直角坐标系进行远距离的长度测量时（如道路与铁道工程中进行线路中线测量）需要进行两化改正，即先将测量成果改化到大地水准面或参考椭球面上，然后改化到高斯平面上。特别是导线处于高海拔或位于投影带边缘时，必须进行两化改正。

设工程测量所得距离为 s，则可按式（2-10）改化到大地水准面上：

$$s_\text{o} = s\left(1 - \frac{H_\text{m}}{R}\right) \tag{2-10}$$

式中，H_m 为测区的平均海拔。

再将 s_o 按式（2-11）改化到高斯平面上：

$$s_\text{g} = s_\text{o}\left(1 + \frac{y_\text{m}^2}{2R^2}\right) \tag{2-11}$$

式中，y_m 为测区中心与中央子午线的距离。

一般而言，按式（2-10）计算的改正数相对较小，故常采用式（2-12）近似计算两化改正，即

$$s_g = s\left(1 - \frac{H_m}{R} + \frac{y_m^2}{2R^2}\right) \tag{2-12}$$

上述两化改正公式具有一定的近似性，严密测距长度改化投影计算可参看《工程测量标准》（GB 50026—2020）。

（2）坐标换代

在高斯平面坐标系下，由于采用分带投影，参考椭球体上统一的坐标系被分割成各带独立的直角坐标系。但有时工程测量的测区范围会被投影带分割开，这时就需要将测区的测量结果统一换算到一个投影带中进行计算、检核。将不同高斯投影带的坐标统一换算到一个投影带上的工作就称为坐标换代。

坐标换代计算涉及高斯投影的严密计算公式，计算过程比较复杂，常采用查表（高斯-克吕格坐标换代表）的办法推算换代参数，进而计算新的坐标数据。至于高斯投影计算（地理坐标转换为高斯平面坐标）和坐标换代计算，可参看大地测量学的相关书籍。

2.2 测量误差分析与精度评定

研究测量误差的来源、性质及其产生和传播的规律，解决测量工作中遇到的实际问题而建立起来的概念和原理的体系，称为测量误差理论。

2.2.1 观测误差概述

在实际的测量工作中，当对某个确定的量进行多次观测时，所测得的各结果之间往往存在一些差异，如重复观测两点的高差，或者多次观测一个角或丈量一段距离，所得结果往往存在一定差异。另外，当对若干个满足某一理论值的量进行观测时，实际观测结果往往不等于其理论值。例如，一个平面三角形的内角和等于180°，但三个实测内角的结果之和并不等于180°，与理论值有差异，这个差异称为不符值。差异是测量工作中经常且普遍发生的现象，这是由于观测值中包含各种误差。

（1）产生观测误差的原因

观测值中存在观测误差有以下三方面原因。

1）观测者。由于观测者感觉器官鉴别能力的局限性，在仪器安置、照准、读数等工作中都会产生误差。同时，观测者的技术水平及工作状态也会对观测结果产生影响。

2）测量仪器。测量工作所使用的测量仪器都具有一定的精密度，从而使观测结果的精度受到限制。另外，仪器本身构造上的缺陷也会使观测结果产生误差。

3）外界观测条件。外界观测条件是指野外观测过程中的外界条件，包括天气、地面土质、地形、植被、太阳光线、照射的角度等。例如，较大等级的风会使测量仪器不稳，地面松软会使测量仪器下沉，强烈阳光照射会使水准管变形。又如，地形、地面植被和太阳

的高度角决定了地面大气温度梯度，观测视线穿过不同温度梯度的大气介质或靠近反光物体，会使视线弯曲，产生折光现象。可见，外界观测条件是影响野外测量质量的一个要素。

观测者、测量仪器和外界观测条件是引起观测误差的主要因素，通常统称为观测条件。观测条件相同的观测，称为等精度观测。观测条件不同的观测，称为不等精度观测。任何观测都不可避免地产生误差。为了获得观测值的正确结果，必须对误差进行分析研究，以采取适当的措施来消除或削弱其影响。

（2）观测误差的分类

观测误差按其性质，可分为确定性系统误差、随机误差和粗差。

1）确定性系统误差。确定性系统误差由仪器制造或校正不完善，以及观测者的生理习性、测量时的观测外界条件、仪器检定方法不一致等原因引起。在同一条件下获得的观测结果中，测量误差的符号、大小保持不变或按一定的规律变化。确定性系统误差具有累积性，对观测成果质量影响显著，应在测量工作中采取相应措施予以消除。

2）随机误差。它的产生取决于观测进行中的一系列不可能严格控制的因素（如湿度、温度、空气振动等）的随机扰动。在同一条件下获得的观测结果中，随机误差的符号、大小不定，从表面看没有规律性，实际上服从一定的统计规律。随机误差又可分两种：一种是数学期望不为 0 的随机误差（称为随机性系统误差）；另一种是数学期望为 0 的随机误差（称为偶然误差）。这两种随机误差经常同时发生，需要根据最小二乘法原理加以处理。

3）粗差。粗差是一些不确定因素引起的误差，国内外学者在粗差的认识上还没有形成统一的看法，目前的观点主要有三类：第一类认为粗差与偶然误差具有相同的方差，但数学期望不同；第二类认为粗差与偶然误差具有相同的数学期望，但其方差巨大；第三类认为偶然误差与粗差具有相同的统计性质，但正态与病态不同。以上三种观点均建立在偶然误差和粗差都属于连续型随机变量的基础上。还有一些学者认为粗差属于离散型随机变量。

2.2.2　偶然误差的特性

如果观测值中剔除了粗差和确定性系统误差的影响，或者与偶然误差相比确定性系统误差处于次要地位，那么占主导地位的偶然误差就成了研究的主要对象。从单个偶然误差来看，其符号和大小没有规律性，但对大量的偶然误差进行统计分析就能发现其规律性，实验次数越多，规律性越明显。

例如，在相同的观测条件下，对 358 个平面三角形的内角进行观测。由于观测值含有偶然误差，因此每个三角形的内角和不等于 $180°$。设第 i 次观测值为 L_i，其观测值与真值之差为真误差 $\varDelta_i$，即

$$\varDelta_i = L_i - 180 \quad (i = 1, 2, 3, \cdots, 358) \tag{2-13}$$

由式（2-13）计算出 358 个三角形内角和的真误差，并取误差区间间隔为 $3''$，根据误差的大小和正负号分别统计出它们在各误差区间内的个数 K 和频率 $\dfrac{K}{N}$（N 为总的实验次数，本例 $N = 358$），计算结果如表 2-5 所示。

表2-5 偶然误差的区间分布

误差区间/（″）	负误差		正误差		绝对误差	
	K	$\frac{K}{N}$	K	$\frac{K}{N}$	K	$\frac{K}{N}$
0～3	45	0.1257	46	0.1285	91	0.2542
3～6	40	0.1117	41	0.1145	81	0.2263
6～9	33	0.0922	33	0.0922	66	0.1844
9～12	23	0.0642	21	0.0587	44	0.1229
12～15	17	0.0475	16	0.0447	33	0.0922
15～18	13	0.0363	13	0.0363	26	0.0726
18～21	6	0.0168	5	0.0140	11	0.0307
21～24	4	0.0112	2	0.0056	6	0.0168
24 以上	0	0.0000	0	0.0000	0	0.0000
合计	181	0.5056	177	0.4944	358	1.0000

从表2-5中可看出，最大误差不超过24″，小误差比大误差出现的频率高，绝对值相等的正、负误差出现的频率十分接近。实验统计结果表明，偶然误差具有如下特性。

1）在一定的观测条件下，偶然误差的绝对值不会超过一定的限度。

2）绝对值小的误差比绝对值大的误差出现的可能性大。

3）绝对值相等的正误差与负误差出现的机会相等。

4）当观测次数无限增多时，偶然误差的算术平均值趋近于0。

上述第4个特性说明，偶然误差具有抵偿性，它是由第3个特性推导出的。根据表2-5的数据绘制的频率直方图如图2-13所示，图2-13中横坐标为误差、纵坐标为频率$\frac{K}{N}$。从图2-13中也可以看出偶然误差具有上述特性。由于偶然误差的频率直方图与概率的正态分布类似，因此在工程测量中也用正态分布的高斯函数（曲线如图2-14所示）来表示偶然误差，记为$N(0,\sigma^2)$。根据图2-14，有

$$y = f(\Delta) = \frac{1}{\sqrt{2\pi}\sigma}e^{-\frac{\Delta^2}{2\sigma^2}} \tag{2-14}$$

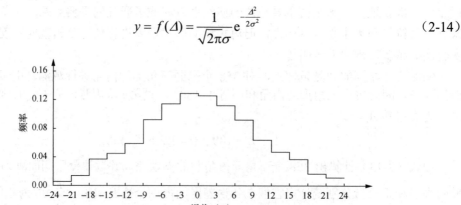

图2-13 频率直方图

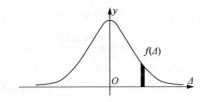

图 2-14　高斯函数曲线

掌握了偶然误差的特性，就能根据带有偶然误差的观测值求出未知量的最可靠值，并衡量其精度。同时，可以应用测量误差理论来研究最合理的测量工作方案和观测方法。

2.2.3　精度评定指标

对于某次具体的测量工作，评定其测量精度的高低时需要用一些具体的数据来进行客观描述。这些具体的数据包括某次观测的中误差（或相对误差），而判断其是否满足要求（即规范的限制值）又涉及规范中规定的极限误差，因此下面先介绍几个基本概念。

（1）真误差

设某次观测的真值为 L，第 i 次观测值为 L_i，则对应的真误差 Δ_i 可表示为

$$\Delta_i = L_i - L \tag{2-15}$$

（2）标准差和中误差

1）在正态分布的高斯函数中，可以证明，当 Δ 为连续型随机变量时，真误差 Δ 的数学期望为

$$E(\Delta) = \int_{-\infty}^{\infty} \Delta f(\Delta) \mathrm{d}\Delta = \int_{-\infty}^{\infty} \Delta \frac{1}{\sqrt{2\pi}\sigma} \mathrm{e}^{-\frac{\Delta^2}{2\sigma^2}} \mathrm{d}\Delta = 0$$

真误差 Δ 的方差为

$$D(\Delta) = E(\Delta - E(\Delta))^2 = E(\Delta^2)$$

$$= \int_{-\infty}^{\infty} \Delta^2 f(\Delta) \mathrm{d}\Delta = \int_{-\infty}^{\infty} \Delta^2 \frac{1}{\sqrt{2\pi}\sigma} \mathrm{e}^{-\frac{\Delta^2}{2\sigma^2}} \mathrm{d}\Delta = \sigma^2$$

在实际应用中，常用 σ 来衡量 Δ 的离散程度，称为标准差。标准差 σ 与真误差 Δ 的概率密度函数之间的关系如图 2-15 所示。从图 2-15 中可以看出，标准差 σ 越大，$f(\Delta)$ 越分散，说明较大误差的概率越大，精度越低。基于这个结论，在工程测量学中可以用标准差 σ 来直接度量实际观测工作的精度。

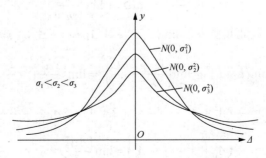

图 2-15　不同精度的误差分布曲线

2）当 Δ 为离散型随机变量时，标准差 σ 可表示为

$$\sigma = \pm \lim_{n\to\infty}\sqrt{\frac{[\Delta\Delta]}{n}} \tag{2-16}$$

式中，符号[]表示符号内的离散变量求和，如 $[\Delta]=\sum_{i=1}^{n}\Delta_i$ ；$[\Delta\Delta]=\sum_{i=1}^{n}\Delta_i^2$ 。

在实际观测中，观测次数 n 有限，用标准差 σ 的有限估计值 $\hat{\sigma}$ 来计算标准差。一般将有限估计值 $\hat{\sigma}$ 称为中误差 m，因此有

$$m=\hat{\sigma}=\pm\sqrt{\frac{[\Delta\Delta]}{n}} \tag{2-17}$$

式（2-17）是近似计算，当精度要求较高且独立观测次数较少时，宜用 $\sigma=K_{\mathrm{M}}m$ 进行计算，这里的 K_{M} 是观测中误差修正系数，与观测次数有关 [可查表，详见《工程测量标准》（GB 50026—2020）]。

式（2-17）为真值已知时的精度评定计算方法，而在实际测量过程中，真值一般未知，即式（2-15）中的 L 未知，因此不能按该式计算出真误差，也就不能按式（2-17）评定测量精度。下面讨论真值未知时的精度评定计算方法。

真值未知时，用平均值 $\overline{L}$ 代替真值，用观测量的改正数 V_i 代替真误差进行计算，即

$$\overline{L}=\frac{[L_i]}{n} \tag{2-18}$$

$$V_i=\overline{L}-L_i \tag{2-19}$$

则真误差 $\Delta_i=L_i-L=(\overline{L}-V_i)-L=(\overline{L}-L)-V_i$。根据高斯正态分布函数的性质可知，当观测次数 $n\to\infty$ 时，其数学期望（平均值）为0，即平均值与真值之间的差值为0。所以当观测次数 n 有限时，令 $\delta=\overline{L}-L$，则 $\delta\to0$，即

$$\Delta_i=(\overline{L}-L)-V_i=\delta-V_i \tag{2-20}$$

对式（2-20）两端取平方

$$\Delta_i^2=\delta^2-2\delta V_i+V_i^2 \tag{2-21}$$

结合式（2-18）和式（2-19），有 $[V_i]=0$，则

$$[\Delta\Delta]=n\delta^2-2\delta[V_i]+[VV]=n\delta^2+[VV] \tag{2-22}$$

式（2-22）两端除以 n，并考虑到 $n\to\infty$，则有

$$\lim_{n\to\infty}\frac{[\Delta\Delta]}{n}=\lim_{n\to\infty}\delta^2+\lim_{n\to\infty}\frac{[VV]}{n} \tag{2-23}$$

由于 Δ_i 相互独立，因此其协方差 $\lim_{n\to\infty}(\Delta_1\Delta_2+\Delta_1\Delta_3+\cdots+\Delta_{n-1}\Delta_n)=0$

$$\lim_{n\to\infty}\delta^2=\lim_{n\to\infty}(\overline{L}-L)^2=\lim_{n\to\infty}\left(\frac{[L_i]}{n}-\frac{nL}{n}\right)^2=\lim_{n\to\infty}\left(\frac{[\Delta]}{n}\right)^2$$
$$=\lim_{n\to\infty}\frac{1}{n^2}(\Delta_1^2+\Delta_2^2+\cdots+\Delta_n^2+2\Delta_1\Delta_2+2\Delta_1\Delta_3+\cdots+2\Delta_{n-1}\Delta_n) \tag{2-24}$$
$$=\lim_{n\to\infty}\frac{1}{n^2}(\Delta_1^2+\Delta_2^2+\cdots+\Delta_n^2)=\lim_{n\to\infty}\frac{[\Delta\Delta]}{n^2}$$

将式（2-24）代入式（2-23）中，有

$$\lim_{n\to\infty}\frac{[\varDelta\varDelta]}{n}=\lim_{n\to\infty}\frac{[\varDelta\varDelta]}{n^2}+\lim_{n\to\infty}\frac{[VV]}{n}\qquad(2\text{-}25)$$

整理式（2-25）得

$$\lim_{n\to\infty}\frac{[\varDelta\varDelta]}{n}=\lim_{n\to\infty}\frac{[VV]}{n-1}\qquad(2\text{-}26)$$

将式（2-26）代入式（2-16）中，可得真值未知时中误差的计算公式为

$$\sigma=\pm\lim_{n\to\infty}\sqrt{\frac{[VV]}{n-1}}\qquad(2\text{-}27)$$

式（2-27）就是真值未知时精度评定计算方法，也称为贝塞尔公式。

根据式（2-17），当观测次数 n 有限时，用中误差来衡量其精度，即

$$m=\hat\sigma=\pm\sqrt{\frac{[VV]}{n-1}}\qquad(2\text{-}28)$$

（3）相对误差

在某些工程测量的观测中，误差随着测量值增加成比例增加，如果用前述的中误差进行衡量，则不能反映实际的测量精度。例如，进行距离测量过程中，从工程实践的角度看，测量 1m 的中误差为 10mm，测量 1000m 的中误差也为 10mm，明显后者精度更高。对于此类测量问题，工程测量学中用相对误差 K 来客观衡量其误差大小。相对误差 K 定义为中误差的绝对值与相应观测量的真值（常取平均值代替）之比，表示为

$$K=\frac{|m|}{L}=\frac{|m|}{\bar L}\qquad(2\text{-}29)$$

对某段长度进行观测时，常需进行往返观测，其相对误差往往按式（2-30）进行简化计算：

$$K=\frac{L_{往}-L_{返}}{\dfrac{L_{往}+L_{返}}{2}}\qquad(2\text{-}30)$$

考虑到相对误差 K 的值一般很小，为了书写方便，常常将分子化为 1，分母为大于 1 的正数 M，写成 $\dfrac{1}{M}$ 的形式。例如，$m=\pm5$mm，$L=10$m，则相对误差 $K=\dfrac{1}{2000}$。

（4）极限误差

对于某连续型偶然误差 $\varDelta$，其概率密度是均值为 0 的高斯函数 $N(0,\sigma^2)$。记事件 A（$|\varDelta|\geq\xi\sigma$，ξ为正数），则其发生的概率（图 2-16）为

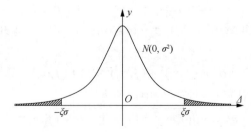

图 2-16 事件 A 发生的概率

$$p(\text{A}) = P(|\Delta| \geqslant \xi\sigma) = 2\int_{\xi\sigma}^{\infty} \frac{1}{\sqrt{2\pi}\sigma} e^{-\frac{\Delta^2}{2\sigma^2}} d\Delta \tag{2-31}$$

ξ 与 $p(\text{A})$ 的计算结果如表 2-6 所示。从表 2-6 中可以看出，当 ξ 为 2.5、3 时，事件 A 为小概率事件。也就是说，当测量误差绝对值 $|\Delta|$ 很大（超过 2 倍或 3 倍标准差）时，事件几乎不可能发生。工程测量相关标准将 2 倍（要求较高时）或 3 倍（要求不高时）标准差（实际取中误差）称为极限误差（容许误差），其表达式为

$$m_{容许} = 2|m| \text{ 或 } m_{容许} = 3|m| \tag{2-32}$$

表 2-6　ξ 与 $p(\text{A})$ 的计算结果

ξ	$p(\text{A})$/%	ξ	$p(\text{A})$/%
0.5	30.85	1	31.73
1.5	6.68	2	4.55
2.5	0.62	3	0.27

2.2.4　误差传播定律

在实际工程测量中，往往需要间接观测一些基本量，根据这些基本量一定的计算规则计算出所需结果。例如，在距离测量中需要分段测量，并根据分段测量结果计算总的距离长度。观测量会产生误差，这种误差在计算过程中会传递到计算结果中。那么，计算过程中的误差是如何传递的？如何分析计算结果的中误差大小？此时就需要了解误差传播定律。

设 x_1、x_2、$\cdots$、x_n 为独立观测量（可以是同一观测对象，也可以是不同观测对象），其对应的中误差为 m_1、m_2、$\cdots$、m_n，那么计算目标值 z 为

$$z = F(x_1, x_2, \cdots, x_n) \tag{2-33}$$

对于式（2-33），由多元函数的微分学可知

$$dz = \frac{\partial F}{\partial x_1} dx_1 + \frac{\partial F}{\partial x_2} dx_2 + \cdots + \frac{\partial F}{\partial x_n} dx_n \tag{2-34}$$

令 $f_i = \frac{\partial F}{\partial x_i}$，此时先求偏导数，然后将 x_i 的观测值代入，计算结果 f_i 为常数。则式（2-34）可写为

$$dz = f_1 dx_1 + f_2 dx_2 + \cdots + f_n dx_n \tag{2-35}$$

微分学中 dz、dx_i 为变量 z、x_i 的微小变化量，可以视作其测量误差 Δz、Δx_i，即

$$\Delta z = f_1 \Delta x_1 + f_2 \Delta x_2 + \cdots + f_n \Delta x_n \tag{2-36}$$

根据前述分析，Δz 和 Δx_i 服从 $N(0, \sigma_z^2)$ 和 $N(0, \sigma_i^2)$。由式（2-36）和随机变量的四则运算可知

$$\sigma_z^2 = (f_1\sigma_1)^2 + (f_2\sigma_2)^2 + \cdots + (f_n\sigma_n)^2 \tag{2-37}$$

由式（2-16）可知，计算目标值 z 的中误差为

$$m_z = \pm\sqrt{(f_1 m_1)^2 + (f_2 m_2)^2 + \cdots + (f_n m_n)^2} \tag{2-38}$$

式（2-38）即一般函数的误差传播定律。

根据式（2-38）可以得到常见函数的误差传播计算公式，如表 2-7 所示。

表 2-7　常见函数的误差传播计算公式

函数名称	函数表达式	观测值的中误差	函数的中误差	备注
线性函数	$z = \sum\limits_{i=1}^{n} a_i x_i$	x_i 的中误差为 m_i	$m_z = \pm\sqrt{\sum\limits_{i=1}^{n} a_i^2 m_i^2}$	不等精度独立观测
线性函数	$z = \sum\limits_{i=1}^{n} a_i x_i$	x_i 的中误差均为 m	$m_z = m\sqrt{\sum\limits_{i=1}^{n} a_i^2}$	等精度独立观测
和函数	$z = \sum\limits_{i=1}^{n} x_i$	x_i 的中误差为 m_i	$m_z = \pm\sqrt{\sum\limits_{i=1}^{n} m_i^2}$	不等精度独立观测
		x_i 的中误差均为 m	$m_z = m\sqrt{n}$	等精度独立观测
算术平均值	$z = \dfrac{1}{n}\sum\limits_{i=1}^{n} x_i$	x_i 的中误差均为 m	$m_z = \dfrac{m}{\sqrt{n}}$	针对同一量的等精度独立观测
直线函数	$z = ax + c$	x 的中误差均为 m	$m_z = am$	

2.2.5　最可靠值的确定

对某个观测量 L（同一观测对象）进行独立的 n 次观测，观测值为 L_i，假设每次观测的中误差为 m_i。在实际工作中需要确定观测量 L 是如何计算出来的，即如何根据观测值 L_i 按一定的计算方法计算得到最接近真值的值（最可靠值）。

（1）等精度独立观测量的最可靠值

设 n 次观测为等精度（观测条件、使用方法、测量仪器等均相同），观测值为 L_i，单次观测中误差为 m。由表 2-7 算术平均值（$\overline{L}$）的误差传播定律可知，对同一量进行等精度独立观测，其中误差为

$$m_{\overline{L}} = \frac{m}{\sqrt{n}} \tag{2-39}$$

式（2-39）表明，当观测次数 $n \to \infty$ 时，算术平均值 $\overline{L}$ 的中误差 $m_{\overline{L}} \to 0$，即算术平均值 $\overline{L} \to$ 真值 L。因此，算术平均值为等精度独立观测量的最可靠值。

（2）不等精度独立观测量的最可靠值

若 n 次观测为不等精度，观测值为 L_i，设 L_i 的中误差为 m_i。定义 L_i 的权为

$$W_i = \frac{m_0^2}{m_i^2} \tag{2-40}$$

式中，m_0^2 为任意正实数。依据权的定义，L_i 的中误差越大，权越小，精度越低。定义如下加权平均值：

$$\overline{L}_W = \frac{W_1 L_1 + W_2 L_2 + \cdots + W_n L_n}{W_1 + W_2 + \cdots + W_n} = \frac{[WL]}{[W]} \tag{2-41}$$

根据误差传播定律，加权平均值的中误差为

$$m_{\overline{L}_W} = \pm\sqrt{\left(\frac{W_1}{[W]}\right)^2 m_1^2 + \left(\frac{W_2}{[W]}\right)^2 m_2^2 + \cdots + \left(\frac{W_n}{[W]}\right)^2 m_n^2} \tag{2-42}$$

由于 $W_i^2 m_i^2 = \dfrac{m_0^4}{m_i^4} m_i^2 = \dfrac{m_0^4}{m_i^2} = W_i m_0^2$，因此可得

$$m_{\bar{L}_W} = \pm \sqrt{\frac{[W]m_0^2}{[W]^2}} = \pm \frac{1}{\sqrt{m_1^{-2} + m_2^{-2} + \cdots + m_n^{-2}}} \qquad (2\text{-}43)$$

同理，算术平均值的中误差为

$$m_{\bar{L}} = \pm \frac{1}{n} \sqrt{m_1^2 + m_2^2 + \cdots + m_n^2} \qquad (2\text{-}44)$$

比较式（2-43）和式（2-44）可知，加权平均值的中误差小于等于算术平均值的中误差，即加权平均值的精度优于算术平均值的精度。因此，在不等精度独立观测时常常选取加权平均值作为最可靠值。

习　　题

一、名词解释题

1．水准面
2．大地水准面
3．参考椭球体
4．高斯平面直角坐标系
5．海拔
6．中误差
7．加权平均值

二、填空题

1．测量工作中的铅垂线与_____面垂直。

2．珠穆朗玛峰峰顶的高程是 8848.86m，此值是指该峰峰顶至_____的长度。

3．高斯投影 3° 带将参考椭球体分为_____个投影带。

4．测量工作中确定地面上一个点的位置常用三个坐标值，它们是_____、_____、_____。

5．测量误差的产生原因主要有_____、_____、_____。

6．测量误差按其性质可分为_____、_____、_____。

7．一般而言偶然误差服从_____分布。

8．我国目前使用高程系统的标准名称是_____。

9．我国目前使用平面坐标系的标准名称是_____。

10．在高斯平面直角坐标系中，纵轴为_____。

11．如果 A 点的高斯平面坐标为 $X_A = 112240\text{m}$，$Y_A = 19343800\text{m}$，则 A 点所在 6° 带的带号及中央子午线的经度分别为_____。

12．在_____为半径的圆内进行平面坐标测量时，可以用过测区中心点的切平面代替大地水准面，而不必考虑地球曲率对距离的投影。

13．对于高程测量，用水平面代替水准面的限度是_____。

14．地理坐标分为_____。

15．地面某点的经度为东经 85°32′，该点应在 3°带的第_____带。

三、问答题

1．工程测量如何用球面坐标与高程坐标联合体系表示地面点位？

2．高斯投影的特性有哪些？

3．天文坐标与地理坐标有何区别？

4．测量工作的基本原则是什么？

四、计算题

1．美国华盛顿位于西经 79°，则其 3°带和 6°带的带号分别是多少？其中央子午线经度是多少？

2．在相同的观测条件下，对某段距离独立测量了 5 次，每次测量的长度分别为 139.413m、139.435m、139.420m、139.428m、139.444m。试求距离的算术平均值、观测值的中误差、算术平均值的中误差和算术平均值的相对中误差。

3．在一个直角三角形中，独立测量了两条直角边 a、b，其中误差均为 m，试推导由直角边 a、b 计算所得斜边 c 的中误差 m_c 的公式。

4．用钢尺往返测量一段距离，其平均值为 167.38m，要求距离的相对误差为 1/15000，试求往返丈量这段距离的绝对误差不能超过多少。

5．测得某矩形的两条边长分别为 $a=12.345m$，$b=34.567m$，其中误差分别为 $m_a=\pm3mm$，$m_b=\pm4mm$，两者误差独立，试计算该矩形的面积 S 及其中误差 m_S。

6．设三角形内角 α、β、γ 的权分别为 $W_\alpha=1$，$W_\beta=1/2$，$W_\gamma=1/4$，且误差独立，试计算三角形内角闭合差 f 的权。

7．设 $\triangle ABC$ 的角度 $\angle B=\beta$，中误差为 m_β；相邻边长分别为 a、c，其中误差分别为 m_a、m_c，两误差独立，试推导三角形面积的中误差 m_S 的计算公式。

第 3 章

高程测量

3.1 高程测量概述

高程是确定地面点位的基本要素之一，也是四种基本测量工作之一。高程测量的目的是获得点的高程，但一般只能直接测得两点间的高差，然后根据其中一点的已知高程推算出另一点的高程。

进行高程测量的主要方法有水准测量和三角高程测量。水准测量是指利用水平视线来测量两点间高差的方法。三角高程测量是测量两点间的水平距离或斜距和竖直角（倾斜角），然后利用三角公式计算出两点间高差的方法。三角高程测量一般精度较低，只有在适当的条件下才被采用。除了上述两种方法，还有利用大气压力的变化测量高差的气压高程测量、利用液体的物理性质测量高差的液体静力高程测量以及利用摄影测量技术测高等方法。

高程测量的任务是求出点的高程，即求出该点到某一基准面的垂直距离。为了建立全国统一的高程系统，必须确定统一的高程基准面，通常采用大地水准面（即平均海水面）作为高程基准面。

高程测量是按照"从整体到局部"的原则进行的：先在测区内设立一些高程控制点，并精确测出它们的高程，然后根据这些高程控制点测量附近其他点的高程。这些高程控制点称为水准点，工程上常用 BM 来标记。水准点一般用混凝土标石制成，顶部嵌有金属或瓷质的标志（图 3-1）。标石应埋在地下，埋设地点应选在地质稳定、便于使用和便于保存的地方。在居民区，也可以将作为水准点的金属标志嵌在墙上的墙脚。临时性的水准点也可用更简便的方法设立，如采用刻凿在岩石上或用油漆标记在建筑物上的简易标志。

由于水准测量精度较高，因此它是高程测量的主要方法。下面对水准测量进行详细介绍。

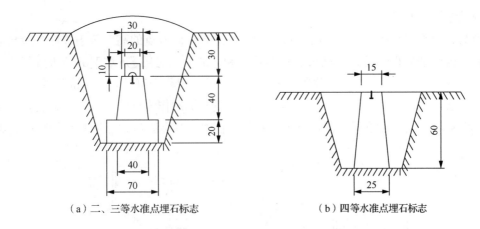

（a）二、三等水准点埋石标志　　　　　　　　（b）四等水准点埋石标志

图 3-1　水准点（单位：cm）

3.2　水准测量的原理

水准测量是利用水平视线求得两点高差的方法。如图 3-2 所示，为了求出 A、B 两点的高差 h_{AB}，在 A、B 两点分别竖立带有分划的标尺——水准尺，在 A、B 两点之间安置可提供水平视线的仪器——水准仪。当视线水平时，在 A、B 两点的水准尺上分别读得读数 a 和 b，则 A、B 两点的高差等于两个水准尺读数之差，即

$$h_{AB} = a - b$$

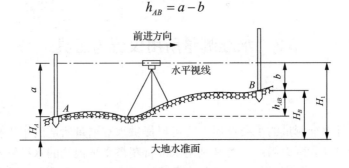

图 3-2　水准测量原理

如果 A 为已知高程的点，B 为待求高程的点，则 B 点的高程为

$$H_B = H_A + h_{AB}$$

读数 a 是已知高程点上的水准尺读数，称为后视读数；读数 b 是待求高程点上的水准尺读数，称为前视读数。高差必须是后视读数减去前视读数。高差 h_{AB} 的值可能是正，也可能是负，正值表示待求点 B 高于已知点 A，负值表示待求点 B 低于已知点 A。此外，高差的正负号与测量进行的方向有关。例如，在图 3-2 中，测量由 A 向 B 进行，高差用 h_{AB} 表示，其值为正；反之，高差用 h_{BA} 表示，其值为负。标注高差时，必须标明其正负号，同时

说明测量进行的方向。

当两点相距较远或高差太大时，可分段连续进行，即两点的高差等于连续各段高差的代数和，也等于后视读数之和减去前视读数之和。通常同时用 $\sum h$ 和 $\sum a - \sum b$ 进行计算，以检核计算是否有误。图 3-3 中放置仪器的点 I 、 II 、 III 称为测站。立水准尺的点 1、2 称为转点，它们在前一测站作为待求高程的点，在下一测站作为已知高程的点，转点起传递高程的作用。转点非常重要，在转点上产生的任何差错都会影响之后所有点的高程测量。

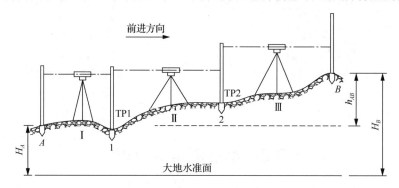

图 3-3　分段水准测量

综上可知，水准测量的基本原理是，利用水平视线来比较两点的高低，并利用其中一个点的高程推算另一个点的高程。但由于人的视线受到地球曲率和大气折光的影响，实际水准测量中会产生一定误差，因此一般要求前后视距相等或在一定误差范围内相等。

3.3　水准测量所用仪器与工具

1. 水准仪

水准仪是进行水准测量的主要仪器，它可以提供水准测量所需的水平视线。目前通用的水准仪按构造可分为两大类：一类是利用水准管获得水平视线的水准管水准仪，主要为微倾式水准仪；另一类是利用补偿器获得水平视线的自动安平水准仪。此外，还有一种新型水准仪——电子水准仪，它配合条纹编码尺，利用数字化图像处理的方法，可自动显示高程和距离，使水准测量实现自动化。

我国的水准仪系列标准分为 DS_{05} 、 DS_1 、 DS_3 和 DS_{20} 四个等级。其中， DS_{05} 和 DS_1 用于精密水准测量， DS_3 用于一般水准测量， DS_{20} 用于简易水准测量。D 是大地测量仪器的代号，S 是水准仪的代号，取"大"和"水"两个字汉语拼音的首字母。下角标的数字表示仪器的精度，表示每千米往返观测的高差的中误差。

2. 水准尺与尺垫

水准尺与尺垫是进行水准测量的主要工具。

（1）水准尺

水准尺通常用优质木材或铝合金制成，常用的有箱式和杆式两种（图 3-4），长度一般为 3～5m。箱式尺能伸缩，携带方便，但接合处容易产生误差；杆式尺比较坚固可靠。水准尺尺面每隔 1cm 或 5mm 绘有红白或黑白相间的分格，在米和分米处注有数字，尺底为 0。双面水准尺有一面为黑白相间的分划，称为黑面，另一面为红白相间的分划。双面水准尺黑面的尺底为 0，红面的尺底分别为 4.687m 和 4.787m。利用双面水准尺可对读数进行检核。

（2）尺垫

尺垫是用于转点的一种工具，用钢板或铸铁制成（图 3-5）。使用时，把三个尖脚踩入土中，把水准尺立在凸出的圆顶上。尺垫可使转点稳固，防止转点下沉，还可作为临时转点传递高程。

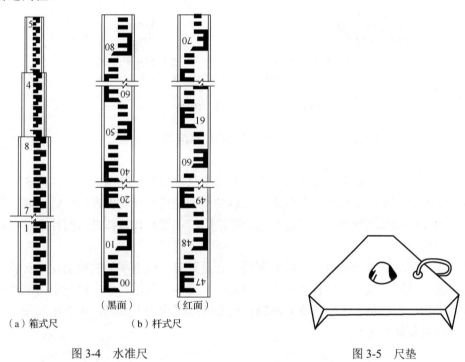

（a）箱式尺　　　　（b）杆式尺

（黑面）　　　（红面）

图 3-4　水准尺

图 3-5　尺垫

3.4　水准仪的构造及使用

3.4.1　水准仪的构造

1. 微倾式水准仪的构造

在一般水准测量中，使用较多的是微倾式水准仪，其构造如图 3-6 所示，其主要包括基座、调平系统、望远镜（物镜和目镜）。基座上有三个脚螺旋，调节脚螺旋可使圆水准器的气泡移至中央，粗略整平仪器。望远镜和水准管与水准仪的竖轴连接成一体，竖轴插入基座的轴套内，可使望远镜和水准管在基座上绕竖轴旋转。制动螺旋和微动螺旋用来控制望远镜在水平方向的转动。制动螺旋旋松时，望远镜能自由旋转；旋紧时望远镜则固定不动。调节微动螺旋可使望远镜在水平方向进行缓慢的转动，但只有在制动螺旋旋紧时，微动螺旋才能起作用。调节微倾螺旋可使望远镜连同水准管实现俯仰微量的倾斜，从而使视线精确整平。

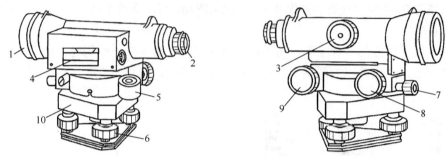

1—物镜；2—目镜；3—物镜调焦螺旋；4—水准管；5—圆水准器；6—脚螺旋；
7—制动螺旋；8—微动螺旋；9—微倾螺旋；10—基座。

图 3-6　微倾式水准仪的构造

下面介绍微倾式水准仪的主要部件——望远镜和水准器。

（1）望远镜

最简单的望远镜由物镜和目镜组成。物镜的作用是使物体在物镜的另一侧构成一个倒立的实像（现代望远镜也可成正立的实像），目镜的作用是使这一实像在同一侧形成一个放大的虚像。为了使物像清晰并消除单透镜的一些缺陷，物镜和目镜都是用两种不同材料的透镜组合而成的。

测量仪器的望远镜必须装有十字丝分划板，它是刻有一组十字丝的玻璃片，安装在望远镜筒内靠近目镜的一端。分划板上十字丝的图形如图 3-7 所示，水准测量中用横丝或楔形丝读取水准尺上的数值。十字丝交点和物镜光心的连线称为视准轴，也就是视线。视准轴是水准仪的主要轴线之一。

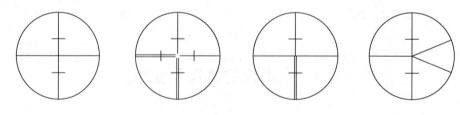

图 3-7　分划板上十字丝的图形

为了能准确地照准目标或读数，望远镜内必须同时看到清晰的物像和十字丝。由于要使与仪器不同距离的目标能在十字丝分划板上成像，望远镜内还必须安装一个调焦透镜。物镜调焦螺旋改变调焦透镜的位置，以在望远镜内看到清晰的十字丝和所要观测的目标。

望远镜的性能可以用以下几个参数来衡量。

1）放大率：通过望远镜所看到物像的视角 β 与肉眼直接看物体的视角 α 之比，近似等于物镜焦距与目镜焦距之比，或者等于物镜的有效孔径 D 与目镜的有效孔径 d 之比，即放大率为 $\frac{D}{d}$。

2）分辨率：望远镜能分辨出两个相邻物点的能力，用光线通过物镜后的最小视角来表示。当视角小于最小视角时，在望远镜内就不能分辨出两个物点。分辨率可用 $\frac{1.22a}{D}$ 来表示（其中 a 为波长，D 为物镜的有效孔径，以 mm 计）。

3）视场角：以望远镜的镜头为顶点，以被测目标的物像可通过镜头的最大范围的两条边缘构成的夹角。视场角决定了望远镜的视野范围。视场角与放大率成反比。

4）亮度：通过望远镜所看到物体的明亮程度。亮度与物镜有效孔径的二次方成正比，与放大率的二次方成反比。

从以上内容可以看出，影响望远镜性能的各项参数是相互制约的。例如，增大放大率可以增强分辨率、提高观测精度，但会减小视场角和亮度，不利于观测。因此，测量仪器上望远镜的放大率有一定的限度，一般为 20～45 倍。

（2）水准器

水准器是用以置平仪器的一种设备，是测量仪器的重要部件。水准器分为水准管和圆水准器两种。

1）水准管，又称管水准器，采用封闭的玻璃管，管的内壁在纵向磨成圆弧形（圆弧半径一般为 7～20m），管内盛乙醇（酒精）、乙醚或两者混合的液体，并留有一个气泡，如图 3-8 所示。管面上一般刻有间隔为 2mm 的分划线，分划的中点称为水准管的零点。过零点与管内壁在纵向相切的直线称为水准管轴。当气泡的中心点与零点重合时，称为气泡居中，气泡居中时水准管轴位于水平位置。

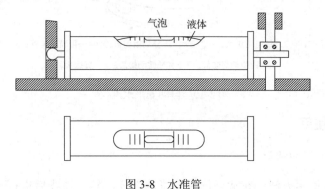

图 3-8　水准管

水准管上一格所对应的圆心角称为水准管的分划值。根据几何关系，分划值也是气泡移动一格水准管轴所变动的角值，水准仪上水准管的角值为 $10''\sim20''$，水准管的分划值越小，置平的精度越高。水准管的置平精度还与水准管的研磨质量、液体的性质和气泡的长度有关。在这些因素的综合影响下，气泡移动 0.1 格时水准管轴所变动的角值称为水准管的灵敏度。能够通过气泡的移动反映出水准管轴变动的角值越小，水准管的灵敏度就越高。

为了提高气泡居中的精度，在水准管的上面安装一套棱镜组，使两端各有半个气泡的像被反射到一起。当气泡居中时，两端气泡的像就能符合。这种水准器称为符合水准器，是微倾式水准仪上普遍采用的水准器。

2）圆水准器，采用封闭的圆形玻璃容器，顶盖的内表面为一球面（球的半径一般为0.12～0.86m），容器内盛乙醚类液体，并留有一小圆气泡，如图 3-9 所示。容器顶盖中央刻

气泡

有一小圈，小圈的中心是圆水准器的零点。通过零点的球面法线是圆水准器的轴，当圆水准器的气泡居中时，圆水准器的轴位于铅垂位置。圆水准器的分划值是顶盖球面上 2mm 弧长所对应的圆心角值，水准仪上圆水准器的角值为 8′～15′。

2. 自动安平水准仪的构造

图 3-9 圆水准器

自动安平水准仪是一种不用水准管就能自动获得水平视线的水准仪，如图 3-10 所示。采用水准管微倾式水准仪在用微倾螺旋使气泡符合时需要一定的时间，水准管灵敏度越高，整平需要的时间越长。在松软的土地上安置水准仪时，还要随时注意气泡有无变动。自动安平水准仪在用圆水准器使仪器粗略整平后，经过 1～2s 即可直接进行水平视线读数。当仪器有微小的倾斜变化时，补偿器能随时调整，始终给出正确的水平视线读数。自动安平水准仪具有观测速度快、精度高的优点，广泛地应用在各种等级的水准测量中。

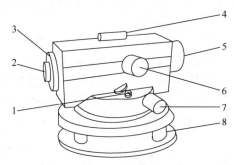

1—圆水准器；2—目镜调焦螺旋；3—十字丝分划板保护盖；4—粗瞄准装置；5—物镜；

6—物镜调焦螺旋；7—水平微动螺旋；8—脚螺旋。

图 3-10 自动安平水准仪

3.4.2 水准仪的使用

1. 微倾式水准仪的使用

水准仪的基本使用方法：在适当位置安置水准仪，整平视线后进行水准尺上的读数。微倾式水准仪的操作应按下列步骤和方法进行。

（1）安置水准仪

首先打开并安置三脚架，要求三脚架高度适当、架头大致水平并牢靠稳妥，在山坡上应使三脚架的两脚在坡下、一脚在坡上；然后把水准仪用中心连接螺旋连接到三脚架上，拿取水准仪时必须握住仪器的坚固部位，并确认已牢靠地连接在三脚架上之后才可放手。

（2）仪器的粗略整平

仪器的粗略整平是用脚螺旋使圆水准器的气泡居中。不论圆水准器在哪个位置，先用任意两个脚螺旋使气泡移动到通过圆水准器零点并垂直于这两个脚螺旋连线的方向上，

如图 3-11 中的气泡从图 3-11（a）所示位置移动到图 3-11（b）所示位置，使仪器在这两个脚螺旋连线的方向处于水平位置，然后单独用第三个脚螺旋使气泡居中，使前面两个脚螺旋连线的垂线方向也处于水平位置，从而使整个仪器处于水平位置。如果仍有偏差，则可重复进行上述操作。操作时必须注意以下事项：

1）先旋转两个脚螺旋，然后旋转第三个脚螺旋。

2）旋转两个脚螺旋时必须做相对转动，即旋转方向应相反。

3）气泡移动的方向始终和左手大拇指移动的方向一致。

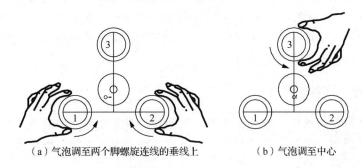

（a）气泡调至两个脚螺旋连线的垂线上　　　（b）气泡调至中心

图 3-11　水准仪的粗平

（3）照准目标

用望远镜照准目标时，必须先调节目镜使十字丝清晰，然后利用望远镜上的准星从外部瞄准水准尺，再调节调焦螺旋使尺像清晰，也就是使尺像落到十字丝平面上。这两步的顺序不可颠倒。最后调节微动螺旋使十字丝竖丝照准水准尺，为了便于读数，也可使尺像稍偏离竖丝。当照准不同距离处的水准尺时，需重新调节调焦螺旋才能使尺像清晰，十字丝可不必再调。

照准目标时必须消除视差。在观测时，如果稍微上下移动眼睛的位置，尺像与十字丝就相对移动，即读数有改变，则表示有视差存在。其原因是尺像没有落在十字丝平面上［图 3-12（a）和（b）］，存在视差时不可能得出准确的读数。消除视差的方法是一边稍调节调焦螺旋，一边仔细观察，直到尺像和十字丝不再有相对移动为止，即尺像与十字丝在同一平面上［图 3-12（c）］。

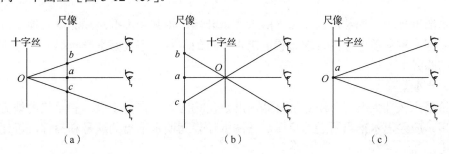

（a）　　　　　　　　　（b）　　　　　　　　　（c）

图 3-12　十字丝视差

（4）视线的精确整平

由于圆水准器的灵敏度较低，因此用圆水准器只能使水准仪粗略整平。在每次读数前还必须调节微倾螺旋使水准管气泡符合，以使视线精确整平。由于在调节微倾螺旋时，望远镜和竖轴的关系动态变化，当望远镜由一个方向转变到另一个方向时，水准管气泡一般不再符合，因此在望远镜每次转变方向后，也就是在每次读数前，都需要调节微倾螺旋重新使气泡符合。

（5）读数

利用十字丝中间的横丝进行水准尺的读数。从水准尺上可直接读出米数、分米数和厘米数，并估读出毫米数，所以每个读数必须有四位数。如果某一位数是 0，也必须读出并记录，不可省略，如 1.002m、0.007m、2.100m 等。读数前应先认清水准尺的分划特点，特别应注意与注字相对应的分米分划线的位置。为了保证得出正确的水平视线读数，在读数前和读数后都应该检查气泡是否符合。

2. 自动安平水准仪的使用

自动安平水准仪的使用比微倾式水准仪更简便：首先用脚螺旋使圆水准器气泡居中，完成仪器的粗略整平；然后用望远镜照准水准尺，即可利用十字丝横丝进行水准尺读数，所得的就是水平视线读数。

由于补偿器有一定的工作范围（能起到补偿作用的范围），因此使用自动安平水准仪时，要防止补偿器贴靠周围的部件而不处于自由悬挂状态。有的水准仪在目镜旁有一按钮，该按钮可以直接触动补偿器。读数前可轻按此按钮，以检查补偿器是否处于正常工作状态，利用该按钮也可以消除补偿器轻微贴靠的现象。如果每次触动按钮，水准尺读数变动后又能恢复原有读数，则表示补偿器工作正常。如果水准仪上没有这种检查按钮，则可调节脚螺旋使仪器竖轴在视线方向稍微倾斜，若读数不变，则表示补偿器工作正常。由于要确保补偿器处于正常工作范围，因此使用自动安平水准仪时应时刻注意圆水准器的气泡居中。

3.5 水准测量方法

3.5.1 水准点及水准路线的布设

在水准测量中，通常从已知高程的水准点开始，沿某一水准路线测量其他水准点或地面点的高程。测量前应根据要求布置选定水准点的位置，埋设好水准点标石，拟定水准测量进行的路线。

（1）水准点

无论是永久性水准点，还是临时性水准点，均应埋设在便于引测和寻找的地方。埋设水准点后，应绘出水准点附近的草图，在图上还要写明水准点的编号和高程，以便后续寻找和使用。

（2）水准路线

水准路线有以下几种形式。

1）附合水准路线是水准测量从一个高级水准点开始，在另一高级水准点结束的水准路线，如图 3-13（a）所示。这种形式的水准路线可使测量成果得到可靠的检核。

2）闭合水准路线是水准测量从一已知的水准点开始，最后又闭合于该水准点的水准路线，如图 3-13（b）所示。这种形式的水准路线也可以使测量成果得到检核。

3）支水准路线是由一已知的水准点开始，最后既不附合也不闭合于已知的水准点的一种水准路线，如图 3-13（c）所示。这种形式的水准路线由于不能对测量成果自行检核，因此必须进行往测和返测，或者用两组仪器进行并测。

4）水准网。当几条附合水准路线或闭合水准路线连接在一起时，就形成了水准网，如图 3-13（d）所示。水准网可使检核成果的条件增多，提高测量成果的精度。

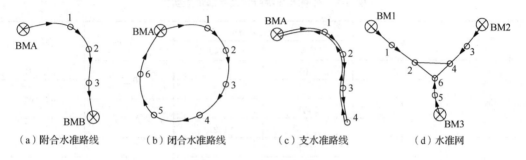

（a）附合水准路线　　（b）闭合水准路线　　（c）支水准路线　　（d）水准网

图 3-13　水准路线

3.5.2　水准测量的观测方法

水准测量的观测方法如图 3-14 所示，图中 BMA 为已知高程点，B 为待求高程点。首先在已知高程起始点 BMA 上竖立水准尺，在测量前进方向距起点不超过 200m 处设立第一个转点 TP1，必要时可放置尺垫，并竖立水准尺。在与起始点 BM1 和转点 TP1 等距离的测站 1 处安置水准仪。仪器粗略整平后，先照准起始点 BMA 上的水准尺，调节微倾螺旋使气泡符合，读取 BMA 点的后视读数 a_1。然后照准转点 TP1 上的水准尺，气泡符合后读取转点 TP1 的前视读数 b_1。将读数记入水准测量记录手簿，并计算出这两点间的高差。完成起始点 BM1 和转点 TP1 的高差测量后，在转点 TP1 处的水准尺不动，仅将尺面转向前进方向。将 BMA 的水准尺和测站 1 的水准仪向前转移，水准尺按照要求安置在转点 TP2，水准仪安置在与 TP1、TP2 两转点等距离的测站 2 处。按与测站 1 同样的步骤和方法读取后视读数和前视读数，并计算出高差。按照上述方法观测和计算，逐站施测，直至点 B。

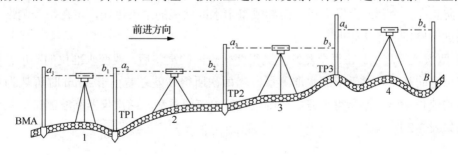

图 3-14　水准测量的观测方法

观测所得每一读数应立即记入水准测量记录手簿。普通水准测量记录手簿记录实例如表 3-1 所示。填写时应注意将每个读数正确地填写在相应的行和列内。例如，水准仪在测站 1 时，起始点 BMA 上所得水准尺读数应记入该点的后视读数列内，照准转点 TP1 所得读数应记入 TP1 点的前视读数列内，后视读数减前视读数得 BMA、TP1 两点的高差应记入高差列内。以后各测站观测所得均按同样方法记录和计算。各测站所得的高差代数和 $\sum h$，就是从起始点 BMA 到终点 B 总的高差。终点 B 的高程等于起始点 BMA 的高程加上 BMA 与 B 两点间的高差。因为测量的目的是求 B 点的高程，所以各转点的高程也可以不用计算。

表 3-1　普通水准测量记录手簿记录实例

测站	测点编号	水准尺读数/mm		高差/m	高程/m
		后视	前视		
1	BMA	1103		−0.239	982.341
	TP1		1342		982.102
2		2403		0.982	
	TP2		1421		983.084
3		1134		−0.975	
	TP3		2109		982.109
4		2452		0.448	
	B		2004		982.557

在每一测段结束后或手簿上每一页的末尾，必须进行计算检核。检查后视读数之和减去前视读数之和（$\sum a - \sum b$）是否等于各站高差之和 $\sum h$ 且等于终点高程减起始点高程。如果不相等，则计算中必有错误，应进行检查。需要注意的是，这种检核只能检查出计算工作有无错误，而不能检查出测量过程中所产生的错误，如读错、记错等。

3.5.3　水准测量的成果计算

为了保证水准测量成果的正确可靠，必须对水准测量的成果进行检核。检核方法有测站检核和水准路线检核两种。

1. 测站检核

为防止在一个测站上发生错误而导致整个水准路线的结果错误，可在每个测站上对观测结果进行检核，方法如下。

1）两次仪器高法。在每个测站上测得两转点间的高差后，改变水准仪的高度，再次测量两转点间的高差。对于一般水准测量，当两次所得高差之差小于 5mm 时可认为合格，取其平均值作为该测站所得高差，否则应进行检查或重测。两次仪器高法测量记录手簿记录实例如表 3-2 所示。

表 3-2 两次仪器高法测量记录手簿记录实例

测站	测点编号	后视	前视	高差/m	平均高差/m	高程/m
1	BM1	1302				1324.873
		1436				
	TP1		2312	−1.010	0.002	1323.862
			2448	−1.012	−1.011	
2		1103				
		1301				
	TP2		2105	−1.002	0.003	1322.859
			2306	−1.005	−1.004	
3		0983				
		1312				
	TP3		1021	−0.038	−0.002	1322.822
			1348	−0.036	−0.037	
4		1211				
		1026				
	B		1026	0.185	−0.001	1323.007
			0840	0.186	0.186	

2）双面尺法。利用黑面和红面读数得出的高差减去双面水准尺的常数差后，两个高差之差小于 5mm 时可认为合格，否则应进行检查或重测。双面尺法测量记录手簿记录实例如表 3-3 所示。

表 3-3 双面尺法测量记录手簿记录实例

测站	测点编号	后视	前视	高差/m	平均高差/m	高程/m
1	BM1	1422				1967.211
		6109				
	TP1		1161	0.261	0.001	1967.422
			5949	0.160	0.211	
2		1261				
		6088				
	TP2		1194	0.067	0.004	1967.537
			5925	0.163	0.115	
3		1179				
		5998				
	TP3		1756	−0.577	−0.003	1966.911
			6672	−0.674	−0.626	
4		531				
		5813				
	B		1101	−0.570	−0.001	1966.3915
			6282	−0.469	−0.520	

2. 水准路线检核

1）附合水准路线。为使测量成果得到可靠的检核，最好把水准路线布设成附合水准路线。对于附合水准路线，理论上在两已知高程水准点间所测得各站高差之和应等于起始点和终点两水准点间高程之差，即

$$\Delta h = H_{终} - H_{起} \tag{3-1}$$

如果它们不能相等，其差值称为高程闭合差，用 f_h 表示。所以附合水准路线的高程闭合差为

$$f_h = \Delta h + (H_{终} - H_{起}) \tag{3-2}$$

高程闭合差的大小在一定程度上反映了测量成果的质量。

2）闭合水准路线。在闭合水准路线上也可对测量成果进行检核。对于闭合水准路线，因为它起止于同一点，所以理论上全线各站高差之和应等于 0，即

$$\Delta h = 0 \tag{3-3}$$

如果高差之和不等于 0，则其差值 Δh 就是闭合水准路线的高程闭合差，即

$$f_h = \Delta h \tag{3-4}$$

3）支水准路线。支水准路线必须在起止点间用往返测进行检核。理论上往返测所得高差的绝对值应相等且符号相反，或者往返测高差的代数和应等于 0，即

$$|\Delta h_{往}| = |\Delta h_{返}| \tag{3-5}$$

如果往返测高差的代数和不等于 0，其值为支水准路线的高程闭合差。即 $f_h = \Delta h_{往} - \Delta h_{返}$。有时也可以用两组并测来代替一组的往返测以加快工作进度。两组所得高差应相等；若不等，则其差值为支水准路线的高程闭合差，即

$$f_h = \Delta h_1 - \Delta h_2 \tag{3-6}$$

闭合差的大小反映了测量成果的精度。在各种不同性质的水准测量中都规定了高程闭合差的限值，即容许高程闭合差，用 F_h 表示。例如，《工程测量标准》（GB 50026—2020）中对四等水准测量的容许高程闭合差规定如下。

平地的容许高程闭合差为

$$F_h = 20\sqrt{L} \tag{3-7}$$

山地的容许高程闭合差为

$$F_h = 6\sqrt{n} \tag{3-8}$$

式中，L 为水准路线的长度（km）；n 为测站数。

实际高程闭合差小于容许高程闭合差表示观测精度满足要求；否则应对外业资料进行检查，甚至返工重测。

当实际高程闭合差在容许值以内时，可把闭合差分配到各测段的高差上。显然，高程测量的误差是随水准路线的长度或测站数的增加而增加，所以分配的原则是把闭合差以相反的符号根据各测段路线的长度或测站数按比例分配到各测段的高差上。各测段高差的改正数为

$$v_i = -\frac{f_h}{\sum n} n_i \text{ 或 } v_i = -\frac{f_h}{\sum L} L_i \tag{3-9}$$

式中，L_i 和 n_i 分别为各测段路线之长和测站数；$\sum L$ 和 $\sum n$ 分别为水准路线总长和测站总数。

表 3-4 所示为水准测量计算用表记录实例，表中所示为附合水准路线 BM1—1—2—3—4—BM2 的计算过程，其高差改正数是按水准路线长度成比例进行反号分配的。

表 3-4　水准测量计算用表

测站	测点编号	水准路线的长度/m	水准尺读数/mm		高差/m	高差改正数/mm	修正后的高差/m	高程/m
			$\sum_{后视}$	$\sum_{前视}$				
A	BM1	500	1203		−0.232	3	−0.229	1021.125
	2			1435				1020.896
B		300	1352		0.116	2	0.118	
	3			1236				1021.014
C		800	1672		0.405	5	0.410	
	4			1267				1021.424
D		700	1098		−0.289	5	−0.284	
	BM2			1387				1021.140

3.6　水准仪的检验与校正

为保证测量工作能得出正确的成果，工作前必须对所使用的仪器进行检验和校正。微倾式水准仪的主要轴线如图 3-15 所示，它们之间应满足的几何条件如下。

1）圆水准器轴（$L'L'$）应平行于水准仪的竖轴（VV）。

2）十字丝的横丝应垂直于水准仪的竖轴。

3）水准管轴（LL）应平行于视准轴（CC）。

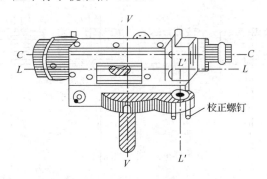

图 3-15　微倾式水准仪的主要轴线

水准仪检验校正的步骤和方法如下。

（1）圆水准器的检验和校正

目的：使圆水准器轴平行于水准仪竖轴，当圆水准器气泡居中时，竖轴便位于铅垂位置。

检验：调节脚螺旋使圆水准器气泡居中，然后将水准仪上部在水平方向绕竖轴旋转

180°，若气泡仍居中，则表示圆水准器已平行于竖轴；若气泡偏离中央，则需进行校正。

校正：调节脚螺旋使气泡向中央方向移动偏离量的一半，然后调节圆水准器的校正螺旋使气泡居中。由于一次调节不易使圆水准器校正得很完善，因此需要重复上述的检验和校正过程，直到水准仪上部旋转到任何位置气泡都能居中为止。

圆水准器校正装置的构造如图 3-16 所示，在圆水准器盒底可见到四个螺旋，较大的为固定螺旋，用于连接圆水准器和盒底；另外三个较小的为校正螺旋，它们顶住圆水准器底板。当旋紧某一校正螺旋时，水准器该端升高，旋松时该端下降。校正时，无论哪一种构造，当需要旋紧某个校正螺旋时，必须先旋松另外两个校正螺旋；校正完毕，必须使三个校正螺旋都处于旋紧状态。

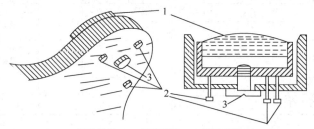

1—圆水准器；2—校正螺旋；3—固定螺旋。

图 3-16　圆水准器校正装置的构造

检校原理：若圆水准器轴与竖轴没有平行，而构成 α 角，当圆水准器的气泡居中时，竖轴与铅垂线成 α 角 [图 3-17（a）]。若水准仪上部绕竖轴旋转 180°，因竖轴位置不变，故圆水准器轴与铅垂线成 2α 角 [图 3-17（b）]。当调节脚螺旋使气泡向零点移回偏离量的一半，则竖轴将偏转一定角度（角度值同 α 角）而处于铅垂方向，而圆水准器轴与竖轴仍保持 α 角 [图 3-17（c）]。此时调节圆水准器的校正螺旋，使圆水准器的气泡居中，圆水准器轴也处于铅垂方向，从而使它平行于竖轴 [图 3-17（d）]。

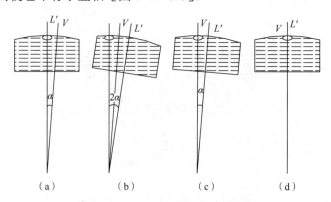

（a）　　　　　（b）　　　　　（c）　　　　　（d）

图 3-17　圆水准器的检校原理

当圆水准器的误差过大（α 角过大）时，气泡的移动不能反映出 α 角的变化。当圆水准器的气泡居中后，水准仪上部平转 180°，若气泡移至水准器边缘，则再按照使气泡向中央移动的方向旋转脚螺旋 1～2 周，若未见气泡移动，则说明 α 角偏大。此时不能按上述用改正气泡偏离量一半的方法来进行校正。首先应以每次相等的量旋转脚螺旋，使气泡居中，并记下转动的次数；然后将脚螺旋按相反的方向旋转原来次数的一半，此时可使竖轴接近铅垂位置。调节圆水准器的校正螺旋使气泡居中可使 α 角迅速减小。最后按正常的检验和校正方法进行操作。

（2）十字丝横丝的检验和校正

目的： 使十字丝的横丝垂直于水准仪竖轴，这样，当水准仪粗略整平后，横丝基本水平，在横丝上任意位置所得的读数均相同。

检验： 先用横丝的一端照准一固定的目标或在水准尺上读一读数 [图 3-18（a）]，然后调节微动螺旋转动望远镜，用横丝的另一端观测同一目标或读数。如果目标仍在横丝上或水准尺上且读数不变 [图 3-18（b）]，则说明横丝已与竖轴垂直；如果目标偏离了横丝或水准尺且读数有变化 [图 3-18（c）和（d）]，则说明横丝与竖轴没有垂直，应予校正。

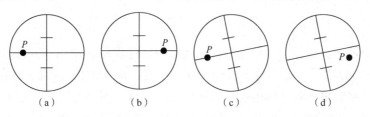

（a）　　　　　　（b）　　　　　　（c）　　　　　　（d）

图 3-18　十字丝的检验

校正： 打开十字丝分划板的护罩，可见三个或四个分划板的固定螺旋。旋松这些固定螺旋，用手转动十字丝分划板座，反复试验使横丝的两端都能与目标重合或使横丝两端所得的水准尺读数相同，则校正成功。最后旋紧所有的固定螺旋。

检校原理： 若横丝垂直于竖轴，则横丝的一端照准目标后，当望远镜绕竖轴旋转时，横丝在垂直于竖轴的平面内移动，因此目标始终与横丝重合。若横丝不垂直于竖轴，则望远镜旋转时，横丝上各点不在同一平面内移动，因此目标与横丝的一端重合后，在其他位置的目标将偏离横丝。

（3）水准管的检验和校正

目的： 使水准管轴平行于视准轴，当水准管气泡符合时，视准轴就处于水平位置。

检验： 在平坦地面选相距 40～60m 的 A、B 两点，在两点打入木桩或设置尺垫。水准仪首先置于与 A、B 等距的 I 点，测得 A、B 两点的高差 $h_1 = a_1 - b_1$（图 3-19）。重复测两次或三次，当所得各高差之差小于 3mm 时取其平均值。因为水准仪与 A、B 两点的距离相等，前、后视读数因视准轴倾斜所产生的误差 δ 也相等，所以当视准轴与水准管轴不平行而构成 i 角时所得 h_1 仍是 A、B 两点的正确高差。然后把水准仪移到 AB 延长线方向上靠近 B 点的 II 点，再次测 A、B 两点的高差，必须仍把 A 点作为后视点，故得高差 $h_{II} = a_2 - b_2$。如果 $h_{II} = h_1$，则说明在测站 II 所得的高差也是正确的，这也说明在测站 II 观测时视准轴是水平的，故水准管轴与视准轴是平行的，即 $i = 0$。如果 $h_{II} \neq h_1$，则说明存在 i 角的误差，由图 3-19 可知：

$$\Delta = (a_2 - h_{II}) - (a_2 - h_1) = h_1 - h_{II}$$

（3-10）

式中，Δ 为水准仪分别在测站 II 和测站 I 所测高差之差。对于 DS$_3$ 型水准仪，要求 i 角不大于 20″，否则应进行校正。

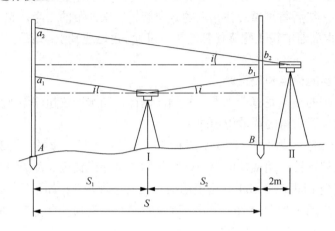

图 3-19　水准管的检验

校正：为了使水准管轴和视准轴平行，调节微倾螺旋使远点 A 的读数从 a_2 变为 a_2'，$a_2' = a_2 - \Delta$。此时视准轴由倾斜位置改变到水平位置，水准管也因随之变动而使气泡不再符合。用校正针调节水准管一端的校正螺旋使气泡符合，则水准管轴也处于水平位置，从而使水准管轴平行于视准轴。水准管的校正螺旋如图 3-20 所示，校正时先旋松左、右两个校正螺旋，然后调节上、下两个校正螺旋，使气泡符合。调节上、下校正螺旋时，应先旋松一个螺旋再旋紧另一个，逐渐改正，校正完毕，所有校正螺旋都应适度旋紧。

以上检验、校正也需要重复进行，直到 i 角满足要求为止。

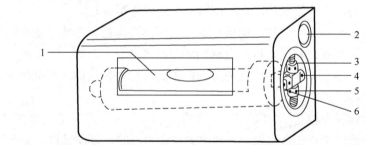

1—水准管；2—气泡观察窗；3—上校正螺旋；4—右校正螺旋；5—下校正螺旋；6—左校正螺旋。

图 3-20　水准管的校正螺旋

3.7　水准测量的误差及消减方法

在测量中，受到仪器、观测者、外界观测条件等各种因素的影响，测量成果中都带有误差。为了保证测量成果的精度，需要分析研究产生误差的原因，并采取措施消除和减小误差的影响。水准测量中误差的主要来源如下。

3.7.1　仪器误差

1. 视准轴与水准管轴不平行引起的误差

仪器虽经过校正，但 i 角仍会有微小的残余误差。测量时如果能保持前视和后视的距离相等，这种误差就能消除。如果因某种原因某一测站的前视（或后视）距离较大，那么在下一测站使后视（或前视）距离较大，可使误差得到补偿。

2. 调焦引起的误差

调焦时，如果调焦透镜光心移动的轨迹和望远镜光轴不重合，改变调焦就会引起视准轴的改变，从而改变视准轴与水准管轴的关系。如果在测量中保持前视和后视距离相等，就可在前视和后视读数过程中不改变调焦，避免调焦引起误差。

3. 水准尺的误差

水准尺的误差包括分划误差和尺身构造上的误差，构造上的误差又包括零点误差和箱尺的接头误差，所以使用前应对水准尺进行检验。水准尺的主要误差是每米真长的误差，它具有积累性质，高差越大误差也越大。误差过大的应在成果中加入尺长改正。

3.7.2　观测误差

1. 气泡居中误差

视线水平是以气泡居中或符合为依据的，但气泡的居中或符合都是凭人眼来判断的，无法做到绝对准确。气泡居中的精度（即水准管的灵敏度）主要决定于水准管的分划值。一般认为水准管居中的误差为 0.1 分划值，它对水准尺读数产生的误差为

$$\Delta = \frac{\tau''}{\rho} s \tag{3-11}$$

式中，τ'' 为水准管的分划值；$\rho = 206265''$；s 为视线长度。符合水准器气泡居中的误差约为直接观察气泡居中误差的 1/2 或 1/5。为了减小气泡居中误差的影响，应对视线长度加以限制；观测时应使气泡精确地居中或符合。

2. 估读水准尺分划的误差

水准尺上的毫米数都是估读的，估读的误差取决于视场中十字丝和厘米分划的宽度，所以估读误差与望远镜的放大率及视线长度有关。通常在望远镜中十字丝的宽度为厘米分划宽度的 1/10 时，能准确估读出毫米数。所以在各种等级的水准测量中，对望远镜的放大率和视线长度都有一定的要求。此外，在观测中还应注意消除视差，并避免在成像不清晰时观测。

3. 没有扶直水准尺的误差

水准尺没有扶直，无论向哪一侧倾斜都会使读数偏大。这种误差随尺的倾斜角和读数

的增大而增大。例如，尺有 3° 的倾斜，读数为 1.5m 时，可产生 2mm 的误差。为扶直水准尺，水准尺上最好装有水准器。当没有水准器时，可采用摇尺法，读数时把尺的上端在视线方向前后来回摆动，当视线水平时，观测到的最小读数就是尺扶直时的读数。这种误差在前后视读数中均可能发生，所以在计算高差时可以抵消一部分误差。

3.7.3 外界观测条件的影响

1. 仪器下沉和水准尺下沉的误差

（1）仪器下沉的误差

若在读完后视读数后仪器下沉了 Δ，则此时由于读取的前视读数减少了 Δ，所以高差增大了 Δ。在松软的土地上，每一测站都可能产生这种误差。当采用双面尺法或两次仪器高法观测时，第二次观测可先读前视点 B，再读后视点 A，使所得高差偏小，两次高差的平均值可消除一部分仪器下沉的误差。用往返测的方法观测时，也可消除部分仪器下沉的误差。

（2）水准尺下沉的误差

在仪器从一个测站迁到下一个测站的过程中，若转点下沉了 Δ，则下一测站的后视读数偏大，高差也增大 Δ。在同样情况下返测时，高差的绝对值会减小。因此，取往返测的平均高差可以减小水准尺下沉的影响。

当然，在进行水准测量时，必须选择在坚实的地点安置仪器和转点，避免仪器和水准尺下沉。

2. 地球曲率和大气折光引起的误差

（1）地球曲率引起的误差

理论上水准测量应根据水准面来求解两点的高差（图 3-21），但实际上视准轴是一直线，这就导致读数中含有由地球曲率引起的误差，即

$$P = \frac{s^2}{2R} \tag{3-12}$$

式中，s 为视线长度；R 为地球半径。

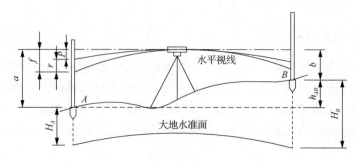

图 3-21　地球曲率和大气折光引起的误差

（2）大气折光引起的误差

水平视线经过密度不同的空气层会被折射，一般情况下形成一向下弯曲的曲线，它与

理论水平视线所得读数之差，就是由大气折光引起的误差 r。研究表明，大气折光误差比地球曲率误差小，是地球曲率误差的 K 倍，在一般大气情况下，$K=1/7$。

水平视线在水准尺上的实际读数 b' 与按水准面得出的读数 b 之差就是地球曲率和大气折光总的影响值 f。

当前视、后视距离相等时，地球曲率和大气折光引起的误差理论上在计算高差时可自行消除，但是离近地面的大气折光变化十分复杂，在同一测站的前视和后视距离上就可能不同，所以即使保持前视和后视距离相等，大气折光误差也不能完全消除。由于 f 值与距离的二次方成正比，因此限制视线长度可以使这种误差大大减小。此外，使视线尽可能离地面高些，也可减弱折光变化的影响。

3. 气候的影响

除上述各种误差来源外，气候也给水准测量带来误差，如风吹、日晒、温度的变化和地面水分的蒸发等，所以在观测时还应注意气候带来的影响。为了防止日光暴晒，应采取相应措施保护仪器。无风的阴天是理想的观测天气。

3.8　高程控制测量

3.8.1　高程控制测量概述

控制测量包括平面控制测量和高程控制测量，主要是确定控制点的二维球面坐标和一维高程坐标。高程控制测量是建立垂直方向控制网的控制测量工作，它的任务是在测区范围内以统一的高程基准，精确测定所设一系列地面控制点的高程，为地形测图和工程测量提供高程控制依据。

在某区域内高程控制测量工作的成果主要由水准路线组成的水准网（高程控制网）各点高程来具体体现。国家高程控制测量分为一等、二等、三等、四等、五等水准测量。一等水准是国家高程控制网的骨干，是研究地壳垂直运动及有关科学问题的依据。二等水准附合于一等水准环上，是国家高程控制的全面基础。三等、四等水准测量是为了直接求得平面控制点的高程以满足地形测图和各种工程建设的高程需要。五等水准测量是为了满足工程实际测量需要而在场区增加控制点。各等级高程控制宜采用水准测量，四等及以下等级可采用电磁波测距三角高程测量，五等可采用 GPS 拟合高程测量。

值得一提的是，1985 国家高程基准与 1956 年黄海高程系相差 0.029m，对于一般地形测量来说可以直接用这个差值进行换算。但对于高程控制测量，由于两种系统的差值并不是均匀的，其受施测线路所经过地区的重力、气候、路线长度、仪器及测量误差等多种因素的影响，需进行具体联测确定差值。

3.8.2　高程控制测量的一般要求

结合本章内容，本节具体介绍利用二等及以下水准测量方法进行高程控制测量的一般要求，主要包括仪器方面的要求、水准测量每个测站和水准路线的技术要求、跨河水准测量的要求等内容。

1. 仪器方面的要求

（1）水准仪的要求

二等水准测量应采用 DS_1 型水准仪，三等可采用 DS_1 或 DS_3 型水准仪，四等及以下等级建议采用 DS_3 型水准仪。支水准路线均应往返各测一次，附合和闭合水准路线除三等及以下水准测量采用 DS_1 型水准仪时可仅往测一次外，其余均需往返各测一次。对于水准仪的 i 角，DS_1 型不应超过 15″，DS_3 型不应超过 20″。对于补偿式自动安平水准仪的补偿误差，二等水准测量不应超过 0.2″，三等不应超过 0.5″。

（2）水准尺的要求

DS_1 型水准仪应配合采用铟瓦水准尺，DS_3 型水准仪应采用双面水准尺，五等水准测量时可采用单面水准尺，当三等、四等水准测量中采用两次仪器高法进行观测时，可采用单面水准尺。对于水准尺的名义长度与实际长度的差值，铟瓦水准尺不应超过 0.15mm，木质双面水准尺不应超过 0.5mm。

数字水准仪的测量技术要求采用同条件的光学水准仪，且配合使用的条形码尺名义长度与实际长度的差值不应超过 0.1mm。

2. 水准测量每个测站的技术要求

每个测站应进行两次高差观测，具体要求如表 3-5 所示。

表 3-5　测站两次高差观测的具体要求

等级	仪器型号	视线长度/m	视距差/m	视距累计差/m	视线离地面最低高度/mm	同一目标两次读数较差/mm	高差之差/mm
二等	DS_1	50	1	3	0.5	0.5	0.7
三等	DS_1	100	3	6	0.3	1.0	1.5
	DS_3	75				2.0	3.0
四等	DS_3	100	5	10	0.2	3.0	5.0
五等	DS_3	100	近似相等				

3. 水准路线的技术要求

水准测量可以分段或按照三角形进行布设，形成多条水准路线。水准路线的技术要求如表 3-6 所示。

表 3-6　水准路线的技术要求

等级	每千米高差全中误差/mm	路线长度/km	仪器型号	水准尺	水准路线闭合差 平地	水准路线闭合差 山地
二等	2		DS_1	铟瓦	$4\sqrt{L}$	
三等	6	≤50	DS_1	铟瓦	$12\sqrt{L}$	$4\sqrt{n}$
			DS_3	双面		
四等	10	≤16	DS_3	双面	$20\sqrt{L}$	$6\sqrt{n}$
五等	15		DS_3	单面	$30\sqrt{L}$	

4. 跨河水准测量的要求

在水准测量过程中，需要跨越江河湖海时，应选择在跨越距离较短，土质坚硬、密实，便于观测的地方进行跨越，测站点和立尺点应对称布置。《工程测量标准》(GB 50026—2020)对三等、四等、五等水准测量、跨越距离小于 400m 情况下的测量进行了要求。对于一等、二等跨河水准测量和跨越距离大于 400m 的情况，应进行专门研究，制定专项跨越测量方案。

当跨越距离小于 200m 时，可采用单线过河。当跨越距离在 200～400m 时，应采用双线过河并组成四边形闭合环。跨河水准测量均应进行往返观测。跨越距离大于 200m 时，单程的测回数不能少于 2 次。每个单程测回观测顺序为：先读近尺，再读远尺；仪器搬到河对岸后不动焦距，先读远尺，再读近尺。跨越距离大于 200m 时，对于两个单程测绘之间的测回差，三等、四等、五等水准测量要求分别不得超过 8mm、12mm、25mm。

双向观测的跨河视线长度和两岸岸上长度均宜相等，岸上长度要求大于 10m。当跨越距离小于 200m 时，也可以采用在同一岸侧变换仪器高的方法进行单程测回，要求两次高差之差不得超过 7mm。对于桥位处的跨河水准测量具体要求参见本书 10.6.2 节。

3.8.3　高程控制测量的数据处理

在进行高程控制测量时，在测站上检查读数较差、高差之差、视距差、视距差累计，应满足表 3-5 中的有关要求，记录实例如表 3-7 所示。表 3-7 中的记录满足要求后，按照 3.5.3 节相应方法计算闭合差进行检查，满足表 3-6 中的闭合差要求后，按有关公式进行平差，计算过程可参考表 3-4。

表 3-7　四等高程测量记录手簿记录实例（双面尺法）

测站	测点编号	后尺黑面上丝 后尺黑面下丝 后视距/m 视距差/m	前尺黑面上丝 前尺黑面下丝 前视距/m 视距累计差/m	后尺黑面中丝 后尺红面中丝	前尺黑面中丝 前尺红面中丝	高差/m	平均高差/m
1	BM1	2612 2203 40.9 3.1	1451 1073 37.8 3.1	2408 7095 	 1261 6049	 1.147 1.046	 0.001 1.097
2	TP1	1464 936 52.8 0.9	2458 1939 51.9 4	1201 6088 2198 6989	 	1.147 1.046 -0.997 -0.901	0.001 1.097 0.004 -0.949
3	TP2	1386 764 62.2 -2.9	1079 428 65.1 1.1	1076 5998 	 754 5773	 0.322 0.225	 -0.003 0.274
4	TP3	1498 966 53.2 -1.6	2376 1828 54.8 -0.5	1231 5813 	 2101 6582	 -0.870 -0.769	 -0.001 -0.820
	B						

完成上述平差后，还需要计算高程控制测量的每千米高差全中误差。分段测量时，按式（3-13）计算每千米高差偶然中误差 M_Δ，其绝对值不应超过表 3-6 中每千米高差全中误差容许值的 1/2。

$$M_\Delta = \sqrt{\frac{1}{4n}\left[\frac{\Delta\Delta}{L}\right]} \tag{3-13}$$

式中，n 为测段数；L 为测段长度（km）；Δ 为测段往返高差不符值（mm）。

水准测量结束后，应按式（3-14）进行每千米高差全中误差 M_W 计算，其绝对值不应超过表 3-6 中每千米高差全中误差容许值。

$$M_W = \sqrt{\frac{1}{N}\left[\frac{WW}{L}\right]} \tag{3-14}$$

式中，N 为附合路线和闭合路线的总数；L 为路线长度（km）；W 为闭合差（mm）。

习　题

一、名词解释题

1．圆水准器轴
2．水准管轴
3．水准点
4．附合水准路线
5．支水准路线
6．闭合水准路线
7．高程控制测量

二、填空题

1．水准测量中间转点的作用是_____，因此转点必须选在硬质地面上，通常转点处要安放_____。

2．水准仪粗平是调节_____使_____的气泡居中，目的是使_____线铅垂，而精平是调节_____使_____，目的是使_____轴线水平。

3．水准测量的测站校核，一般用双面尺法或_____法。

4．某站水准测量时，由 A 点向 B 点进行测量，测得 A、B 两点之间的高差为 0.506m，并且 B 点水准尺的读数为 2.376m，则 A 点水准尺的读数为_____m。

5．用水准仪望远镜筒上的准星和照门照准水准尺后，在目镜中看到图像不清晰，应该调节_____螺旋；若十字丝不清晰，则应调节_____螺旋。

6．水准仪望远镜的十字丝中心与物镜焦点的连线称为_____。

三、问答题

1．微倾式水准仪有哪些轴线？

2．用中丝读数法进行四等水准测量时，每站观测顺序是什么？

3．水准测量时为什么要求前后视距相等？

4．视差是如何产生的？消除视差的步骤是什么？

四、计算题

1．设 A 点高程为 15.023m，欲测设设计高程为 16.000m 的 B 点，水准仪安置在 A、B 两点之间，读得 A 尺读数 a=2.340m，试求 B 尺读数 b 为多少时，才能使尺底高程为 B 点高程。

2．完成表 3-8 中图根附合水准测量的成果计算。

表 3-8　图根附合水准测量计算用表

测点编号	测站数 n_i	观测高差 h_i/m	改正数 V_i/m	改正后高差 $\hat{h}_i$/m	高程 H/m
BMA					72.536
	6	+2.336			
1					
	10	−8.653			
2					
	8	+7.357			
3					
	6	+3.456			
BMB					77.062
合计					
辅助计算	$f_h =$ _____，　$\sum n = 30$，　$-\dfrac{f_h}{\sum n}$ _____ $f_{h_{\text{容}}} = \pm 12\sqrt{30} =$ _____				

3．如图 3-22 所示，已知水准点 BMA 的高程为 33.012m，1 点、2 点、3 点为待定高程点，水准测量观测的各段高差及路线长度标注在图中，试计算各点高程。要求将计算过程与计算结果填入表 3-9 中。

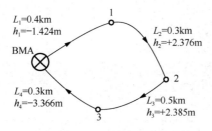

图 3-22　闭合水准路线

表 3-9 水准测量计算

测点编号	L/km	h/m	V/mm	$h+V$/m	H/m
BMA					33.012
	0.4	−1.424			
1					
	0.3	+2.376			
2					
	0.5	+2.385			
3					
	0.3	−3.366			
BMA					
合计					
辅助计算	$f_{h_{\hat{\pi}}} = \pm 30\sqrt{L} = \underline{\quad\quad}$ mm				

第 **4** 章

角 度 测 量

4.1　角度测量概述

确定一点的空间位置时，角度是基本要素之一，角度测量则是一项基本的测量工作。角度可分为水平角和竖直角。水平角是指从空间一点出发的两条方向线在水平面上的投影的夹角；而竖直角是指某一方向线与其在同一铅垂面内的水平线的夹角。

如图 4-1 所示，设有从 O 点出发的 OA、OB 两条方向线，分别过 OA、OB 的两个铅垂面 VA 和 VB 与水平面 H 的交线分别为 oa 和 ob，其夹角为 $\angle aob$，即 OA、OB 间的水平角 β。ob 与 ob' 平行，因为 ob' 是水平线，且与 OB 在同一铅垂面内，所以 $\angle BOb'$ 为 OB 的竖直角 α_B。同理，OA 的竖直角为 α_A。

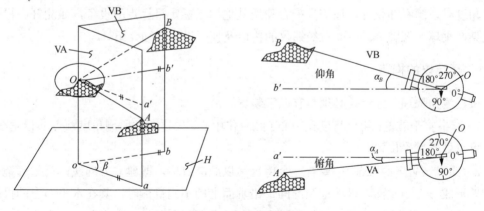

图 4-1　角度测量原理

如在 O 点水平放置一个度盘，且度盘的刻划中心与 O 点重合，则两投影方向线 oa、ob 在度盘上的读数之差即 OA 与 OB 间的水平角值。同样，在 OB 铅垂面内放置一个竖直度盘（为测竖直角而设置，简称竖盘），也使 O 点与度盘刻划中心重合，则 OB 和 Ob' 在竖盘上的读数之差即 OB 的竖直角值。

实际上，水平度盘并不一定要放在过 O 的水平面内，可以放在任意水平面内，但其刻

划中心必须与过 O 的铅垂线重合。因为只有这样，才可根据两方向读数之差求出其水平角值。根据定义，水平角的范围为 $0°\sim360°$。

竖盘也不一定要在所测方向的铅垂面内，只要位于与其平行的铅垂面内，且使刻划中心位于过 O 点且垂直于该铅垂面的直线上即可。由于竖直角是由倾斜方向线与在同一铅垂面内的水平线构成的，而倾斜方向可能向上，也可能向下，因此竖直角要冠以符号。向上倾斜规定为正角（仰角），用"+"号表示；向下倾斜规定为负角（俯角），用"–"号表示。竖直角的范围为 $-90°\sim+90°$。

4.2　经纬仪的构造及使用

经纬仪是进行角度测量的主要仪器。目前，我国把经纬仪按精度不同分为 DJ_{07}、DJ_1、DJ_2、DJ_6 和 DJ_{30} 等类型。D、J 分别是"大地测量"和"经纬仪"中"大"和"经"汉语拼音的第一个字母，数字 07（表示 0.7）、1、2、6、30 是这种仪器的精度指标，表示一测回水平方向中误差。随着技术的进步，也出现了电子经纬仪（自动读数），精度水平以 0.5 级、0.7 级、1 级、2 级、6 级为主，DJ_{30} 已被淘汰。近年来，全站仪也有逐步取代经纬仪的趋势，全站仪已经涵盖了电子经纬仪的全部功能，且精度更高、稳定性更好、功能更强大。如今，人们已研制出了集测角、测距、全球卫星导航系统（global navigation satellite system，GNSS）等功能于一体的超站仪。

经纬仪是测量角度的仪器，它虽然兼有其他功能，但主要用来测量水平角和竖直角。测量角度时，除经纬仪外，还需要配合使用其他用于标定目标点的设备，如测钎、标杆、棱镜架、垂球、觇牌等。下面对经纬仪的构造及使用进行详细介绍。

4.2.1　经纬仪的构造

根据测角原理，经纬仪必须具有以下装置。

1）对中整平装置：用以将度盘中心（经纬仪中心）安置在过所测角度顶点的铅垂线上，并使度盘处于水平位置。

2）照准装置（照准部）：要有一个望远镜以照准目标，即建立方向线，且望远镜可上下旋转形成一个铅垂面，以保证照准同一铅垂面上的不同目标时，其在水平面上的投影位置不变。它也可以水平旋转，以保证不在同一铅垂面上的目标，在水平面上有不同的投影位置。

3）读数装置：用以读取在照准某一方向时水平度盘和竖盘的读数。

经纬仪中目前常用的是 DJ_6 级和 DJ_2 级光学经纬仪。图 4-2 所示为 DJ_6 级光学经纬仪的构造。经纬仪的构造与水准仪的构造有很多相似之处，如都具有水准器、望远镜等，本章重点介绍光学经纬仪的对中整平装置、照准装置和读数装置。

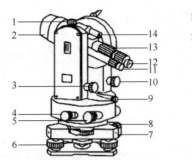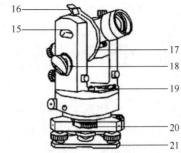

1—竖直制动螺旋；2—物镜；3—竖直微动螺旋；4—水平微动螺旋；5—水平制动螺旋；6—脚螺旋；
7—底座；8—圆水准器；9—光学对中器；10—竖盘水准管微倾螺旋；11—读数视窗；12—目镜调焦螺旋；
13—物镜调焦螺旋；14—准星；15—横轴；16—竖盘指标水准管；17—竖盘；18—进光孔；
19—水准管；20—度盘变换手轮；21—底板。

图 4-2　DJ₆级光学经纬仪的构造

下面分别说明光学经纬仪各种装置的具体构造。

1. 对中整平装置

该装置包括三脚架、对中器（垂球，光学或激光）、脚螺旋、圆水准器及水准管。

三脚架的作用是支撑经纬仪。移动三脚架的架腿，可使经纬仪的中心粗略地位于角顶上，并使安装经纬仪的三脚架头平面粗略地处于水平。架腿一般可以伸缩，以便携带，也有不能伸缩的，由于较为稳定，因此多用于精度较高的经纬仪。

垂球的作用是标志经纬仪是否对中，它悬挂于连接三脚架与经纬仪的中心连接螺旋上。当经纬仪整平，即经纬仪的竖轴铅垂时，它与竖轴位于同一铅垂线上。当垂球尖对准地面上角顶的标志时，表示竖轴的中心线及水平度盘的刻划中心与角顶在同一条铅垂线上。

光学对中器也是用来标志经纬仪是否对中的。光学对中器不受风力的影响，对中精度比垂球高。它是在一个平置的望远镜前面安装一块直角棱镜。望远镜的视线通过棱镜而偏转 90°，以处于铅垂状态，且保持与经纬仪的竖轴重合。当经纬仪整平后，从光学对中器的目镜看去，如果地面点与视场内的圆圈重合，则表示经纬仪已经对中。旋转目镜可对分划板调焦，推拉目镜可对地面目标调焦。

光学对中器有的安置在照准部上，有的安置在基座上。如果光学对中器安置在照准部上，则可与照准部共同旋转；若安置在基座上，则不能与照准部共同旋转。激光对中器相当于在光学对中器的视准轴方向上发射一束激光，人的肉眼可直接观察地面激光点是否与角顶的标志重合，从而判定是否对中。

经纬仪的三个脚螺旋位于基座的下部，当调节脚螺旋时，可使经纬仪的基座升降，从而将仪器整平。

水准器用来标志经纬仪是否已经整平，一般有两个：一个是圆水准器，用来粗略整平经纬仪；另一个是水准管，用来精确整平经纬仪。

2. 照准部

照准部包括望远镜、横轴及其支架、竖轴和控制望远镜及照准部旋转的制动螺旋和微动螺旋。

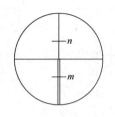

图 4-3　经纬仪十字丝
分划板的刻划方式

经纬仪望远镜的构造与水准仪的望远镜构造基本相同，不同之处在于望远镜调焦螺旋的构造和分划板的刻线方式。经纬仪的望远镜调焦螺旋不在望远镜的侧面，而在靠近目镜端的望远镜筒上。经纬仪十字丝分划板的刻划方式如图 4-3 所示，可以适应照准不同目标的需要。

横轴与望远镜固连在一起，并且水平安置在两个支架上，望远镜可绕其上下转动。在一端的支架上有一个制动螺旋，当旋紧时，望远镜不能转动。另有一个微动螺旋，在制动螺旋旋紧的情况下，调节它可使望远镜上下微动，以便精确地照准目标。

望远镜连同照准部可绕竖轴在水平方向旋转，以照准不在同一铅垂面上的目标。照准部也有一对制动和微动螺旋，以固定或微调照准部。

经纬仪竖轴的轴系如图 4-4 所示。照准部的旋转轴位于基座轴套内，而度盘的旋转轴则套在基座轴套外，这样可使照准部的旋转轴与度盘的旋转轴分离，避免二者互相带动。根据照准部与度盘的关系，经纬仪可分为两类。一类是照准部和度盘可以共同转动，也可以各自分别转动。这种经纬仪可以用复测法测水平角，因而称为复测经纬仪。它利用一个复测扳手，使照准部与度盘可以脱开，也可以固连。当复测扳手被扳下时，弹簧夹将度盘夹住，则旋转照准部时，度盘也一起转动，因而度盘读数不发生变化；当复测扳手被扳上时，弹簧夹与度盘脱离，则旋转照准部时，度盘仍保持不动，从而使读数变化。另一类是照准部和度盘都可单独转动，但两者不能共同转动。这类经纬仪只能用方向法测角，因而称为方向经纬仪。精度在 DJ_2 级以上的经纬仪都采用这种结构，有的 DJ_6 级经纬仪也采用这种结构。这类经纬仪有一个度盘变换手轮，转动它时，度盘在其本身的平面内单独旋转，可以在照准方向固定后，任意安置度盘读数。

为了防止误触而改变读数，经纬仪通常都设有保护锁止及微动装置。

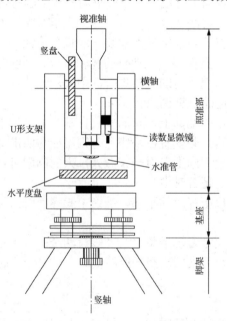

图 4-4　经纬仪竖轴的轴系

3. 读数装置

经纬仪的读数装置包括度盘、读数显微镜及测微器等。不同精度、不同厂家的产品其基本结构是相似的,但测微机构及读数方法差异很大。

光学经纬仪的水平度盘及竖盘皆由环状的平板玻璃制成,在圆周上刻有 360° 分划,在每度的分划线上注以度数。在工程上常用的 DJ_6 级光学经纬仪一般为 1° 或 30″ 一个分划, DJ_2 级光学经纬仪则将 1′ 的分划再分为 3 格,即 20″ 一个分划。

读数显微镜位于望远镜的目镜一侧。位于经纬仪侧面的反光镜将光线反射到经纬仪内部,经纬仪内部一系列光学组件使水平度盘、竖盘及测微器的分划都在读数显微镜内显示出来,从而可以在读数显微镜的读数窗读取读数。 DJ_6 级光学经纬仪读数装置的光路如图 4-5 所示,其中 a—a 为竖盘的光路,b—b 为水平度盘的光路,c—c 为光学对中器的光路,d—d 为望远镜的光路。

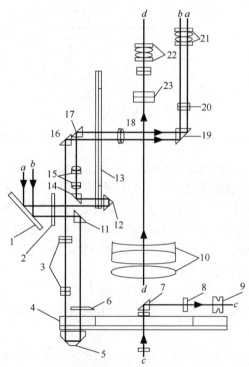

1—反光镜;2—进光镜;3、15—显微物镜;4—水平度盘;5、12—折光棱镜;6—聚光镜;
7—光学对点器折射棱镜;8—光学对点器物镜;9—光学对点器目镜;10—望远镜物镜;
11、16、17—折射棱镜;13—竖盘;14—直角折光棱镜;18—读数窗;19—转像棱镜;20—读数物镜;
21—读数目镜;22—望远镜目镜;23—十字丝分划板。

图 4-5　DJ_6 级光学经纬仪读数装置的光路

常见的读数方法有分微尺法和单平板玻璃测微器法。下面分别对其进行说明。

(1) 分微尺法

DJ_6 级光学经纬仪多数采用分微尺测微器进行读数。这类经纬仪的度盘分划值为 1°,按顺时针方向注记每度的读数。在读数显微镜的读数窗上装有一块带分划的分微尺,度盘上 1°的分划线间隔经显微物镜放大后成像于分微尺上。图 4-6 所示为读数显微镜内所看到的度盘和分微尺的影像，注有"H"（或"水平"）的为水平度盘读数窗，注有"V"（或"竖直"）的为竖盘读数窗。分微尺的长度等于放大后度盘分划线间隔 1°的长度，分微尺分为 60 个小格，每小格为 1′。分微尺上每 10 个小格注有一数字，表示 0′、10′、20′、…、60′，其注记增加方向与度盘注记相反。角度的整度值可从度盘上直接读出，不到 1°的值在分微尺上读取。这种读数装置可以直接读到 1′，估读到 0.1′，即 6″。

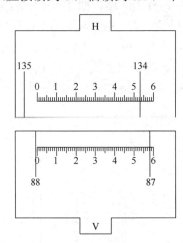

图 4-6　读数显微镜内所看到的度盘和分微尺的影像

读数时，分微尺上的零分划线为指标线，它所指的度盘上的位置就是度盘读数的位置。如图 4-6 所示，在水平度盘的读数窗中，分微尺的零分划线已超过 134°，但不到 135°，所以其数值还要由分微尺的零分划线至度盘上分划线之间有多少小格来确定，图 4-6 中为 53.1格，故为 53′06″，分微尺水平度盘的读数应是 134°53′06″。同理，竖盘读数应是 87°58′06″。

在实际读数时，度盘哪一条分划线与分微尺相交，读数就是这条分划线的注记数，分数则为这条分划线所指分微尺上的读数。

（2）单平板玻璃测微器法

这种测微方法也常见于 DJ₆ 级光学经纬仪。由于单平板玻璃测微器操作不便且有隙动差，现已较少采用。

单平板玻璃测微器的结构原理如图 4-7 所示。度盘影像在传递到读数显微镜的过程中，要通过一块平板玻璃，单平板玻璃测微器由此得名。在测微器支架的侧面有一个测微手轮，它与平板玻璃及一个刻有分划的测微尺相连，转动测微手轮时，平板玻璃产生转动。由于平板玻璃的折射，度盘分划的影像在读数显微镜的视场内产生移动，测微尺也产生位移。测微尺上刻有 60 个分划。度盘影像移动 1 格，测微尺刚好移动 60 个分划，因而利用单平板玻璃测微器可读出不到 1°的微小读数。

在读数显微镜的读数窗内，所看到的影像如图 4-8 所示。水平度盘及竖盘不足 1°的微小读数都通过测微尺读取。读数时需转动测微手轮，使度盘刻划线的影像移动到读数窗中间双指标线的中央，并根据该指标线读出度盘的读数。这时测微尺读数窗内中间单指标线所对的读数为不足 1°的微小读数。将根据双指示线和单指示线所得读数相加为完整的读数。例如，图 4-8（b）中的水平度盘读数为 92°18′10″。

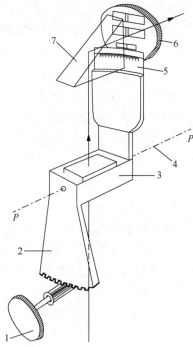

1—测微手轮；2—扇形齿轮；3—平板玻璃；4—轴线；5—测微尺；6—读数窗；7—转向棱镜。

图 4-7　单平板玻璃测微器的结构原理

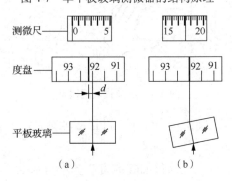

图 4-8　单平板玻璃测微器读数

4.2.2　经纬仪的使用

在进行角度测量时，应将经纬仪安置在测站（角顶点）上，然后进行观测。经纬仪的使用包括对中、整平、瞄准、读数四个步骤。

（1）对中

对中的目的是使仪器的旋转轴位于测站点的铅垂线上。对中可用垂球对中、光学对点器对中或激光对中器对中。垂球对中精度一般在 3mm 之内。光学对点器或激光对中器对中精度可达 1mm。用垂球对中时，先在测站点安放三脚架，使其高度适中，架头大致水平，架腿与地面约成 75° 角。在连接螺旋的下方悬挂垂球，移动三脚架，使垂球尖基本对准测站点，并使三脚架稳固地立于地面。然后装上经纬仪，旋上连接螺旋（不要旋紧），双手扶基座在架头上平移，使垂球尖精确对准测站点，最后将连接螺旋旋紧。

光学对点器由一组折射棱镜组成。使用光学对点器对中时，先调节对点器调焦螺旋，看清分划板刻划圈，再转动光学对点器目镜看清地面标志。若照准部水准管气泡居中，即可旋松连接螺旋，手扶基座平移照准部，使对点器分划板刻划圈对准地面标志。如果分划板刻划圈偏离地面标志太远，可旋转基座上的脚螺旋使其对中，此时水准管气泡会偏移，可根据气泡偏移方向，调整相应三脚架的架腿，使气泡居中。对中工作应与整平工作穿插进行，直到既对中又整平为止。激光对中器的操作与光学对点器大致相当，此处不再赘述。

（2）整平

整平的目的是使仪器竖轴在铅垂位置，而水平度盘在水平位置。操作步骤为：首先转动照准部，使水准管与任意两个脚螺旋连线平行。双手相向转动这两个脚螺旋使气泡居中，如图 4-9 所示。然后将照准部旋转 90°，调整第三个脚螺旋使气泡居中。按上述方法反复操作，直到经纬仪旋至任意位置气泡均居中为止。注意，气泡移动方向与左手大拇指移动方向一致。

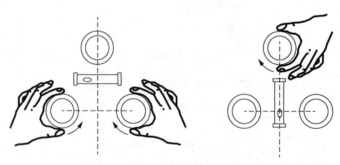

图 4-9　水准管气泡调整

精确整平后，还需要再次确认对中情况，进行精确对中，一般要求中误差为 1～2mm。

（3）瞄准

经纬仪的瞄准方法基本与水准仪相同，只是测量水平角时应使十字丝竖丝平分或夹准目标，并尽量对准目标底部。对于细的目标，宜用单丝照准，使单丝平分目标像；而对于粗的目标，则宜用双丝照准，使目标像平分双丝，以提高照准的精度，如图 4-10 所示。

（4）读数

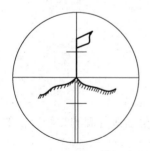

图 4-10　测水平角时瞄准目标

读数时要先调节反光镜，使读数窗明亮，调节显微镜调焦螺旋，使刻划数字清晰，然后读数。测竖直角时注意调节竖盘水准管微动螺旋，使气泡居中后再读数。

4.3 水平角测量方法

4.3.1 测回法测量水平角

当所测的角度只有两个方向时，通常用测回法观测。如图 4-11 所示，测 OA、OB 两个方向之间的水平角∠AOB 时，在角顶 O 安置仪器，在 A、B 处设立观测标志。经过对中、整平后，即可按下述步骤进行观测。

1）将复测扳手扳上，旋松照准部及望远镜的制动螺旋。利用望远镜上的粗瞄器，以盘左（竖盘在望远镜视线方向的左侧时称为盘左，同理可得盘右）粗略照准左方目标 A。旋紧照准部及望远镜的制动螺旋，再用微动螺旋精确照准目标，同时需要注意消除视差，以及尽可能照准目标的下部。

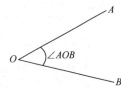

图 4-11　测回法测水平角

2）利用水平度盘变换锁止螺旋将水平度盘（电子经纬仪无须配盘）调至相应位置，假设有 m 个测回，第 j 个测回配水平度盘的角度为

$$\varepsilon = \frac{180}{m}(j-1) + i(j-1) + \frac{\omega}{m}\left(j - \frac{1}{2}\right) \tag{4-1}$$

式中，i 为度盘最小间隔分划值；ω 为测微盘分隔数（值）。只有在采用 2″及更高精度仪器进行精密角度测量时，方可使用式（4-1）中第 2 项和第 3 项作为修正项，一般情况这两项可以忽略。配水平度盘是为了消除度盘刻划不均匀带来的测量误差。配好水平度盘，最后读取 A 方向上的读数 $a_左$。

3）旋松照准部及望远镜的制动螺旋，顺时针方向转动照准部，粗略照准右方目标 B。再旋紧制动螺旋，用微动螺旋精确照准，并读取该方向上的水平度盘读数 $b_左$。盘左所得角值为 $\beta_左 = b_左 - a_左$。以上称为上半测回。

4）将望远镜纵转 180°，改为盘右。重新照准右方目标 B，并读取水平度盘读数 $b_右$。然后逆时针方向转动照准部，照准左方目标 A。读取水平度盘读数 $a_右$，则盘右所得角值 $\beta_右 = b_右 - a_右$。以上称为下半测回。两个半测回角值之差不超过规定限值时，取盘左、盘右所得角值的平均值，即一测回的角值。

根据测角精度的要求，可以测多个测回取其平均值作为最后成果。观测结果应及时记入手簿，并进行计算，检查是否满足精度要求。需要注意的是：上下两个半测回角值之差应满足有关测量规范规定的限差，对于 DJ₆ 级光学经纬仪，限差一般为 18″，如果超限，则必须重测；如果重测的两个半测回角值之差仍然超限，但两次的平均角值十分接近，则说明这是仪器误差造成的。取盘左、盘右角值的平均值时，仪器误差可以得到抵消，所以各测回所得的平均角值是正确的。对于 DJ₆ 级光学经纬仪，各测回角值互差一般为 24″。

两个方向相交可形成两个角度，计算角值时始终用右方向的读数减去左方向的读数。如果右方向读数小于左方向读数，则右方向读数应先加 360°后再减左方向读数。在下半测回时，逆时针转动照准部是为了消减度盘带动误差的影响。水平角观测记录手簿记录实例如表 4-1 所示。

表 4-1　水平角观测记录手簿记录实例（测回法）

测回	目标	竖盘位置	水平度盘读数			半测回角值			上下半测回角值互差	一测回平均角值			各测回角值互差（最大值）	各测回平均角值		
			°	′	″	°	′	″	″	°	′	″	″	°	′	″
1	2	3		4			5		6		7		8		9	
1	A	左	0	2	12	184	44	40	−3	184	44	42				
	B		184	46	52											
	B	右	4	46	55	184	44	43								
	A		180	2	12											
2	A	左	60	0	10	184	44	40	10	184	44	35	8	184	44	36
	B		244	44	50											
	B	右	64	44	50	184	44	30								
	A		240	0	20											
3	A	左	120	0	10	184	44	40	13	184	44	34				
	B		304	44	50											
	B	右	124	44	50	184	44	27								
	A		300	0	23											

4.3.2　方向观测法测量水平角

当在一个测站上需观测多个方向时，为了简化外业工作，宜采用方向观测法测量水平角。方向观测法所得直接观测结果是各方向相对于起始方向的水平角值，也称为方向值。相邻方向的方向值之差就是所求水平角。

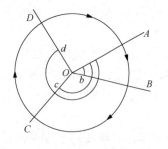

图 4-12　方向观测法测量水平角

如图 4-12 所示，设在 O 点有 OA、OB、OC、OD 四个方向，方向观测法和操作与测回法有类似之处，下面简略叙述其观测步骤。

1）在 O 点安置仪器，对中、整平。

2）选择一个距离适中且影像清晰的方向作为起始方向，设为 OA。

3）盘左照准 A 点，利用水平度盘变换锁止螺旋将水平度盘调至相应位置，读取零方向初始读数。

4）顺时针方向转动照准部，依次照准 B、C、D 各点并读数。最后照准 A 点读数，称为归零读数。以上称为上半测回。

5）纵转望远镜改为盘右，逆时针方向转动照准部，依次照准 A、D、C、B、A，每次照准时读取读数。以上称为下半测回，上下两个半测回构成一个测回。

表 4-2 中"读数"列左右分别为盘左、盘右时的两次测微器读数。2C 为同一方向上盘

左盘右读数之差，意思是二倍照准差，它是由视线不垂直于横轴的误差引起的。因为盘左、盘右照准同一目标时的读数相差 $180°$，所以 $2C=L-(R\pm180°)$。"平均角值"列是盘左盘右的平均值，在取平均值时，盘右读数加上（或减去）$180°$ 后再与盘左读数平均；起始方向经过了两次照准，要取两次结果的平均值作为结果。从各方向的盘左盘右平均值中减去起始方向两次结果的平均值，即得各方向的方向值。

表 4-2 水平角观测记录手簿记录实例（方向观测法）

测回数	目标	读数						2C=左-（右±180°）	平均角值			归零后方向值			各测回归零方向值的平均值		
		盘左			盘右												
		°	′	″	°	′	″	″	°	′	″	°	′	″	°	′	″
1	2	3			4			5	6			7			8		
1	A	0	0	12	180	0	15	−3	0	0	22	0	0	0			
									0	0	14						
	B	157	24	32	337	24	44	−12	157	24	38	157	24	16	—		
	C	174	24	42	354	24	57	−15	174	24	50	174	24	28			
	A	0	0	24	180	0	36	−12	0	0	30	—					
2	A	90	1	21	270	1	36	−15	90	1	29	0	0	0	0	0	0
									90	1	28						
	B	247	25	41	67	25	50	−9	247	25	46	157	24	17	157	24	16
	C	264	25	51	84	25	51	0	264	25	51	174	24	22	174	24	25
	A	90	1	25	270	1	34	−9	90	1	30	—					

根据观测目的和要求，重复以上步骤进行多个测回的测量。每次读数后，应及时将读数记入手簿。手簿的格式如表 4-2 所示。记录、计算同步进行，观察半测回归零差、2C 互差、同方向各测回较差等是否符合规范要求。水平角方向观测法的限差要求如表 4-3 所示。若发现不符合要求，则分析原因，进行调整后重新测量。

表 4-3 水平角方向观测法的限差要求　　　　　　　　　　　　　　　单位：″

等级	仪器精度等级	半测回归零差	一测回内 2C 互差	同方向各测回较差
四等及以上	1″	6	9	6
	2″	8	13	9
一级及以下	2″	12	18	12
	6″	18		24

4.4 竖直角测量方法

1. 竖盘的构造

竖盘固定安置于望远镜旋转轴（横轴）的一端，其度盘中心与横轴的旋转中心重合。

所以在望远镜做竖直方向旋转时，度盘也随之转动。另外，它有一个固定的竖盘指标，以指示竖盘转动在不同位置时的读数，这与水平度盘是不同的。

竖盘也是在全圆周上刻划360°，但注字的方式有顺时针及逆时针两种，通常在望远镜方向上注以0°及180°，如图4-13所示。在视线水平时，指标所指的读数为90°或270°。竖盘读数也通过一系列光学组件传至读数显微镜内读取。

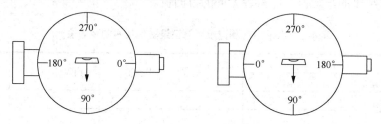

图4-13　不同刻划的竖盘

对竖盘指标的要求是，始终能够读出与竖盘刻划中心在同一铅垂线上的竖盘读数。为了满足这个要求，经纬仪有两种构造形式：一种是借助与指标固连的水准器的指示，使其处于正确位置，早期的经纬仪都属于此类；另一种是借助自动补偿器，使其在仪器整平后，自动处于正确位置。

2. 竖直角的观测方法

由竖直角的定义可知，它是倾斜视线与在同一铅垂面内的水平视线的夹角。由于水平视线的读数是固定的，因此只要读出倾斜视线的竖盘读数，即可求出竖直角值。为了消除仪器误差的影响，同样需要用盘左、盘右观测。具体观测步骤如下。

1）在测站上安置经纬仪，对中、整平。

2）以盘左照准目标，如果是指标带水准器的经纬仪，必须利用指标微动螺旋使水准器气泡居中，然后读取竖盘读数 L，这称为上半测回。

3）将望远镜倒转，以盘右用同样方法照准同一目标，使指标水准器气泡居中，读取竖盘读数 R，这称为下半测回。

如果采用指标带补偿器的经纬仪，在照准目标后即可直接读取竖盘读数。根据需要可测多个测回。

3. 竖直角的计算

竖直角的计算方法因竖盘刻划的方式不同而不同，目前已逐渐统一为全圆分度刻划，顺时针增加注字，且在视线水平时的竖盘读数为90°。现以采用全圆分度刻划方式的竖盘为例说明竖直角的计算方法，采用其他刻划方式的竖盘可以根据同样的方法推导其计算公式。

如图4-14所示，在盘左位置且视线水平时，竖盘的读数为90°，如果照准高处一点 A，则视线向上倾斜，得读数 L。按前述的规定，竖直角应为"+"值，所以盘左时的竖直角应为

$$\alpha_L = 90° - L \qquad (4\text{-}2)$$

在盘右位置且视线水平时，竖盘读数为270°，在照准高处的同一点 A 时，得读数 R，

则竖直角应为

$$\alpha_{\mathrm{R}} = R - 270° \tag{4-3}$$

盘左、盘右的平均值即一个测回的竖直角值。如果测多个测回，则取各测回的平均值作为最后成果。观测结果应及时记入手簿，手簿的格式如表 4-4 所示。

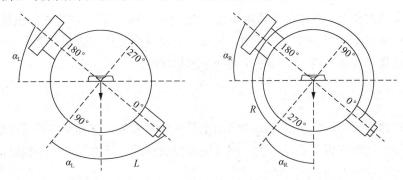

图 4-14　竖直角测量

表 4-4　竖直角观测记录手簿

测回数	目标	盘位	竖盘读数			半测回竖直角			竖盘指标差	一测回竖直角			各测回竖直角平均值		
			°	′	″	°	′	″	″	°	′	″	°	′	″
1	A	盘左	36	39	32	53	20	28	1.5	53	20	30			
		盘右	323	20	31	53	20	31					—		
	B	盘左	83	25	42	6	34	18	1.5	6	34	20			
		盘右	276	34	21	6	34	21							
2	A	盘左	36	39	32	53	20	28	6.5	53	20	34	53	20	32
		盘右	323	20	41	53	20	41							
	B	盘左	83	25	47	6	34	13	4	6	34	17	6	34	18
		盘右	276	34	21	6	34	21							

4. 竖盘指标差

若竖盘指标不是恰好指在 90° 或 270° 上，而是与 90° 或 270° 相差一个 x 角，则称其为竖盘指标差。对于同一个竖盘，指标差属于确定性系统误差，每次观测时都保持恒定，即 90°、270° 变为（90° + x）、（270° + x），则考虑指标差 x 后的理论竖直角应按式（4-4）计算：

$$\alpha_{\mathrm{L}}^{*} = (90° + x) - L = 90° - L + x = \alpha_{\mathrm{L}} + x$$
$$\alpha_{\mathrm{R}}^{*} = R - (270° + x) = R - 270° - x = \alpha_{\mathrm{R}} - x \tag{4-4}$$

式（4-4）的两个式子是计算理论竖直角，因此有 $\alpha_{\mathrm{L}}^{*} = \alpha_{\mathrm{R}}^{*}$。从上述关系可知：盘左、盘右各观测一次竖直角，然后取其平均值作为最后结果，可以消除指标差的影响；盘左、盘右各观测一次竖直角，然后取差值可计算得到 2 倍竖盘指标差。在竖直角测量中，常用指标差来检验观测的质量，即在观测的不同测回中或不同的目标时，指标差的较差应不超过规定的限值。例如，用 DJ$_6$ 级光学经纬仪进行一般测量时，指标差的较差要求不超过 25″。

4.5 经纬仪的检验与校正

按照计量法的要求，经纬仪与其他测绘仪器一样，必须定期送法定检验机构进行检测，以评定其性能和状态。但在使用过程中，仪器状态会发生变化，因而仪器的使用者应经常利用相应方法进行检验和校正，以使仪器处于理想状态。

1. 经纬仪应满足的主要条件

根据测角原理可知：为了能正确地测出水平角和竖直角，仪器要能够精确地安置在测站点上；仪器竖轴能安置在铅垂位置；视线绕横轴旋转时，能够形成一个铅垂面；当视线水平时，竖盘读数应为 90°或 270°。

为满足上述要求，经纬仪应具备以下理想关系。

1）照准部的水准管轴应垂直于竖轴。如果满足这一关系，则利用水准管整平仪器后，竖轴可以精确地位于铅垂位置。

2）圆水准器轴应平行于竖轴。如果满足这一关系，则利用圆水准器整平仪器后，仪器竖轴可粗略地位于铅垂位置。

3）十字丝竖丝应垂直于横轴。如果满足这一关系，则当横轴水平时，竖丝位于铅垂位置。这样，可利用它检查照准的目标是否倾斜，同时可利用竖丝的任一部位照准目标，以便于工作。

4）视线应垂直于横轴。如果满足这一关系，则在视线绕横轴旋转时，可形成一个垂直于横轴的平面。

5）横轴应垂直于竖轴。如果满足这一关系，则当仪器整平后，横轴即水平，视线绕横轴旋转时，可形成一个铅垂面。

6）光学对中器的视线应与竖轴的旋转中心线重合。如果满足这一关系，则利用光学对点器对中后，竖轴旋转中心才位于过地面点的铅垂线上。

7）视线水平时竖盘读数应为 90°或 270°。如果这一条件不满足，则有指标差存在，会给竖直角的计算带来不便。

2. 经纬仪的检验与校正方法

经纬仪检验的目的是检查上述的各种关系是否满足。如果不能满足且偏差超过允许的范围，则需进行校正。检验与校正应按一定的顺序进行，确定这些顺序的原则如下。

1）如果某一项不校正会影响其他项目的检验，则这一项先校正。

2）如果不同项目要校正同一部位，则会互相影响。在这种情况下，应将重要项目放在后边检验，以保证其条件不被破坏。

3）如果有的项目与其他条件无关，则先后均可。

现分别说明各项检验与校正的具体方法。

（1）照准部的水准管轴垂直于竖轴

检验：先将经纬仪粗略整平后，使水准管平行于一对相邻的脚螺旋，并用这一对脚螺旋使水准管气泡居中，这时水准管轴 LL' 已居于水平位置。如果两者不相垂直［图 4-15（a）］，则竖轴 VV' 不在铅垂位置。然后将照准部平转 180°，由于它是绕竖轴旋转的，竖轴位置不变，因此水准管轴偏移水平位置，气泡也不再居中，如图 4-15（b）所示。如果两者不相垂直的偏差为 α，则平转后水准管轴与水平位置的偏移量为 2α。

校正：校正时，用脚螺旋使气泡退回原偏移量的一半，则竖轴便处于铅垂位置，如图 4-15（c）所示。再用校正装置升高或降低水准管的一端，使气泡居中，则条件满足，如图 4-15（d）所示。如果要使水准管的右端降低，则先顺时针转动下边的螺旋，再顺时针转动上边的螺旋；反之，则先逆时针转动上边的螺旋，再逆时针转动下边的螺旋。校正完成后，应以相反的方向转动上下两个螺旋，将水准管紧固。

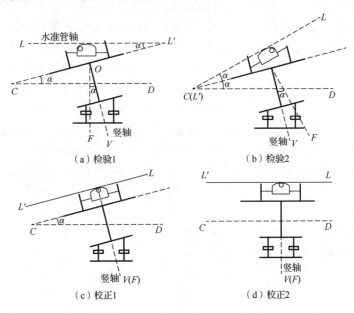

（a）检验1　　　　（b）检验2

（c）校正1　　　　（d）校正2

图 4-15　照准部水准管轴检验与校正

（2）圆水准器轴平行于竖轴

检验：利用已校正完成的照准部水准管将仪器整平，这时竖轴已位于铅垂位置。如果圆水准器的理想关系满足，则气泡应该居中；否则需要校正。

校正：在圆水准器盒的底部有三个校正螺旋。根据气泡偏移的方向，将其旋紧或旋松，直至气泡居中。校正完成后，应将三个螺旋旋紧，使圆水准器紧固。

（3）十字丝竖丝垂直于横轴

检验：以十字丝竖丝的一端照准一个小而清晰的目标点，再调节望远镜的微动螺旋使目标点移动到竖丝的另一端，如图 4-16 所示。如果目标点到另一端时仍位于竖丝上，则理想关系满足；否则，需要校正。

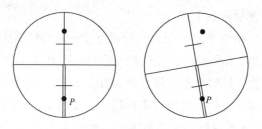

图 4-16　十字丝竖丝检验

校正：校正的部位为十字丝分划板，位于望远镜的目镜端。将护罩打开后，可看到四个固定分划板的螺旋。稍微旋松这四个螺旋，可转动分划板。待转动至合理位置后，再旋紧固定螺旋，并将护罩上好。

（4）视线垂直于横轴

检验：当横轴水平时，望远镜绕横轴旋转，其视准面应是与横轴正交的铅垂面。若视准轴与横轴不垂直，望远镜将扫出一个圆锥面。当两轴不垂直，用该仪器测量同一铅垂面内不同高度的目标时，所测水平度盘读数与真实角值就不一样，从而产生测角误差。水平角测量时，对水平方向目标，正倒镜读数所求 c 为这项误差。仪器检验常用四分之一法。如图 4-17 所示，在平坦地区选择相距 60m 的 A、B 两点。在 O 点安置经纬仪，A 点设标志，B 点横放一根刻有 mm 分划的直尺（以下简称 B 尺）。直尺与 OB 垂直，并使 A 点、B 尺和经纬仪的高度大致相同。在盘左位置瞄准 A 点，固定照准部，纵转望远镜，在 B 尺上读数为 B_1。然后用盘右位置照准 A 点，再纵转望远镜，在 B 尺上读数为 B_2。若 B_1 和 B_2 重合，表示视准轴垂直于横轴；否则条件不满足。$\angle B_1OB_2 = 4c$，为 4 倍照准差。由此算得

$$c = \frac{B_1B_2}{4D}\rho \qquad (4-5)$$

式中，D 为 O 点到 B 尺之间的水平距离；ρ 以″计。

对于 DJ$_6$ 级光学经纬仪，$c>60″$ 时必须校正。

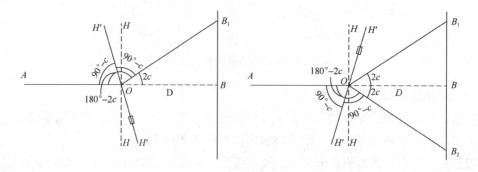

图 4-17　视准轴检验

校正：在盘右位置，保持 B 尺不动，在 B 尺上定出 B_3 点，使

$$B_2B_3 = \frac{1}{4}B_1B_2$$

OB_3 便与横轴垂直。

用校正针拨十字丝校正螺旋（左、右），如图 4-18 所示，一松一紧，平移十字丝分划板，直到十字丝交点与 B_3 点重合，最后旋紧螺钉。

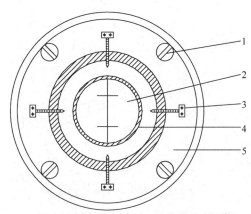

1—压环螺钉；2—十字丝分划板；3—十字丝校正螺旋；4—分划板座；5—压环。

图 4-18　十字丝分划板校正螺旋

（5）横轴垂直于竖轴

检验： 当竖轴铅垂时，横轴水平；否则，视准轴绕横轴旋转轨迹不是铅垂面，而是倾斜面。

检验时，在距墙 30m 处安置经纬仪，在盘左位置瞄准墙上一个明显高点 P，如图 4-19 所示。要求仰角应大于 30°。固定照准部，将望远镜大致放平。在墙上标出十字丝中点所对位置 P_1。再用盘右瞄准 P 点，用相同的方法在墙上标出 P_2 点。若 P_1 与 P_2 重合，则表示横轴垂直于竖轴；若 P_1 与 P_2 不重合，则条件不满足，对水平角测量影响为 i 角，可用式（4-6）计算：

$$i = \frac{P_1P_2\rho}{2D}c\tan\alpha \qquad (4\text{-}6)$$

式中，ρ 以″计。对于 DJ$_6$ 级光学经纬仪，若 $i > 20″$，则需校正。

校正： 用望远镜瞄准 P_1、P_2 直线的中点 P_M，固定照准部。然后抬高望远镜使十字丝交点移到 P' 点。由于 i 角的影响，P' 与 P 不重合。校正时应打开支架护盖，旋松支架内的校正螺旋，使横轴一端升高或降低，直到十字丝交点对准 P 点。需要注意的是，由于经纬仪横轴密封在支架内，因此该项校正应由专业人员进行。

（6）光学对中器的视线与竖轴旋转中心线重合

检验： 如果这一理想关系满足，光学对中器的望远镜绕仪器竖轴旋转时，视线在地面上照准的位置不变；否则，视线在地面上照准的轨迹为一个圆圈。

由于光学对中器有安装在照准部上和基座上两种，因此检验的方法也不同。

对于安装在照准部上的光学对中器，将仪器架好后，在地面上铺上白纸，在纸上标出视线的位置，然后将照准部平转 180°，如果视线仍在原来的位置，则理想关系满足；否则，需要校正。

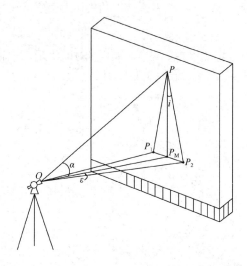

图 4-19 横轴垂直于竖轴的检验

对于安装在基座上的光学对中器，由于它不能随照准部旋转，因此不能采用上述的方法。可将仪器平置于稳固的桌子上，使基座伸出桌面。在距仪器 1.3m 左右的墙面上铺上白纸，在纸上标出视线的位置，然后在仪器不动的条件下将基座旋转 180°；如果视线偏离原来的位置，则需校正。

校正：造成光学对中器误差的原因有两种，一种是在直角棱镜上视线的折射点不在竖轴的旋转中心线上；另一种是望远镜的视线不与竖轴的旋转中心线垂直，或者直角棱镜的斜面与竖轴的旋转中心线不成 45° 角。

由于前一种原因影响极小，因此都校正后者。不同厂家生产的仪器，可校正的部位也不同。由于检验时所得前后两点之差是 2 倍误差造成的，因此在标出两点的中间位置后，校正有关螺旋，使视线落在中间点上即可。

（7）竖盘指标差

检验：检验竖盘指标差的方法是，用盘左、盘右照准同一目标，并读得其读数 L 和 R 后，计算其指标差值。

校正：保持盘右照准原来的目标不变，这时的正确读数应为 $R-x$。用指标水准管微动螺旋使竖盘读数保持在 $R-x$ 的位置上，这时水准管气泡必不再居中，调节指标水准管校正螺旋，使气泡居中即可。

上述的每一项校正，一般需反复进行几次，直至其误差在容许范围内。

4.6 角度测量的误差及消减方法

在角度测量中，多种原因会使测量的结果含有误差。研究这些误差产生的原因、性质和大小，以便预估影响的大小并设法减少其对测量成果的影响，从而判断测量成果的可靠性。

影响测角误差的因素有仪器误差、观测误差、外界条件的影响三类。

1. 仪器误差

仪器误差包括仪器校正之后的残余误差及仪器加工不完善引起的误差。

1）视准轴误差是视准轴不垂直于横轴引起的，对水平方向观测值的影响为 $2c$。由于盘左、盘右观测时符号相反，因此水平角测量时，可采用盘左、盘右观测值取平均的方法加以消除。

2）横轴误差是支承横轴的支架有误差造成横轴与竖轴不垂直引起的。由于盘左、盘右观测时，横轴误差对水平角的影响为 i 角误差，并且方向相反。因此也可以采用盘左、盘右观测值取平均的方法消除。从图 4-19 中可以看出，单次读数误差应为 $\varepsilon = i\tan\alpha$。

3）竖轴倾斜误差是水准管轴不垂直于竖轴，以及竖轴水准管不居中引起的误差。这时，竖轴偏离竖直方向一个小角度，从而引起横轴倾斜及度盘倾斜，造成测角误差。这种误差与正、倒镜观测无关，并且随望远镜瞄准不同方向而变化，不能通过正、倒镜观测值取平均的方法消除。因此，测量前应严格检校仪器，观测时仔细整平，并始终保持照准部水准管气泡居中，气泡不可偏离一格。

4）度盘偏心差主要是度盘加工及安装不完善引起的。照准部旋转中心 C_1 与水平度盘圆心 C 不重合引起读数误差，如图 4-20 所示。若 C 和 C_1 重合，则瞄准 A、B 目标时正确读数为 a_L、b_L、a_R、b_R。若 C 和 C_1 不重合，则其读数为 a'_L、b'_L、a'_R、b'_R，比正确读数变了 x_a、x_b。从图 4-20 中可见，在正、倒镜时，指标线在水平度盘上的读数具有对称性且符号相反，因此，可用盘左、盘右读数取平均的方法减小误差。

5）度盘刻划不均匀误差是仪器加工不完善引起的。这项误差一般很小。在高精度测量时，为了提高测角精度，可通过调节度盘位置变换手轮或复测扳手改变各测回度盘位置的方法，减小这项误差的影响。

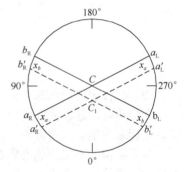

图 4-20　度盘偏心差

6）竖盘指标差可以用盘左、盘右观测值取平均的方法消除。

2. 观测误差

造成观测误差的原因有两种：一种是工作时不够细心；另一种是观测者的器官及仪器性能的限制。观测误差主要有对中误差、目标偏心引起的误差、照准误差及读数误差。对于竖直角观测，误差有竖直指标水准器的整平误差。

（1）对中误差

在测角时，若经纬仪对中有误差，则会使仪器中心与测站点不在同一铅垂线上，从而造成水平角测量误差。

如图 4-21 所示，O 为测站点，A、B 为目标点，O' 为仪器中心在地面上的投影。OO' 为偏心距，用 e 表示。则对中引起测角误差 ε 为

$$\varepsilon = \varepsilon_1 + \varepsilon_2 = \rho e \left[\frac{\sin\theta}{D_1} + \frac{\sin(\beta' - \theta)}{D_2} \right]$$

$$\beta = \beta' + (\varepsilon_1 + \varepsilon_2)$$

$$\varepsilon_1 \approx \frac{\rho}{D_1} e \sin\theta$$

$$\varepsilon_2 \approx \frac{\rho}{D_2} e \sin(\beta' - \theta)$$

式中，ρ 以 $''$ 计。由此可见，对中误差 ε 与偏心距成正比、与边长成反比。当 $\beta' = 180°$，$\theta = 90°$ 时，ε 最大。当 $e = 3\,\mathrm{mm}$，$D_1 = D_2 = 60\,\mathrm{m}$ 时，对中误差为

$$\varepsilon = \rho e \left[\frac{1}{D_1} + \frac{1}{D_2} \right] = 20.6''$$

这项误差不能通过观测方法消除，所以测水平角时要仔细对中，尤其在短边测量时，要严格对中。

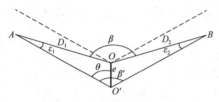

图 4-21　仪器对中误差

（2）目标偏心引起的误差

在测角时，通常要在地面点上设置观测标志，如花杆、垂球等。造成目标偏心的原因可能是标志与地面点对得不准，或者标志没有铅垂，而照准标志的上部时视线偏移。

与测站偏心类似，偏心距越大、边长越短，目标偏心对测角的影响越大。所以在短边测角时，要尽可能准确地瞄准目标。

（3）照准误差

照准误差的大小取决于人眼的分辨能力、望远镜的放大率、目标的形状与大小和操作的仔细程度。

人眼的分辨能力一般为 $60''$；设望远镜的放大率为 v，则照准目标的误差为 $\frac{\pm 60''}{v}$。我国统一设计的 $\mathrm{DJ_6}$ 及 $\mathrm{DJ_2}$ 级光学经纬仪的放大率为 28 倍，所以照准时的分辨力为 $2.14''$。照准时应仔细操作，粗的目标宜用双丝照准，细的目标宜用单丝照准。

（4）读数误差

对于分微尺读数法，误差主要是估读最小分划的误差；对于对径符合读法，误差主要是对径符合的误差，所以在读数时应特别注意。$\mathrm{DJ_6}$ 级仪器的读数误差最大为 $\pm 12''$，$\mathrm{DJ_2}$ 级仪器的读数误差为 $\pm 2''$。

（5）竖盘指标水准器的整平误差

在读取竖盘读数前，必须先将指标水准器整平。$\mathrm{DJ_6}$ 级仪器的指标水准器分划值一般为 $30''$，$\mathrm{DJ_2}$ 级仪器的指标水准器分划值一般为 $20''$。这项误差是影响竖直角测量结果的主要因素，操作时应格外注意。

3. 外界条件的影响

外界条件的因素十分复杂，如天气的变化、植被的不同、地面土质松紧的差异、地形的起伏，以及周围建筑物的状况等，都会影响角度测量的精度。有风会使仪器不稳，地面土质松软可使仪器下沉，强烈阳光照射会使水准管变形，视线靠近反光物体则有折光影响。在进行角度测量时，应注意尽量避免这些外界条件的影响。

习　　题

一、名词解释题

1. 水平角
2. 垂直角
3. 竖盘指标差
4. 度盘偏心误差
5. 照准部偏心误差
6. 盘左位
7. 方向观测法

二、填空题

1. 经纬仪主要由_____、_____、_____组成。

2. 经纬仪的主要轴线有_____、_____、_____、_____、_____。

3. 经纬仪的视准轴应垂直于_____。

4. 测量的角度包括_____和_____。

5. 用光学经纬仪观测竖直角、在读取竖盘读数之前，应调节_____，使_____居中，其目的是使_____处于正确位置。

6. 用测回法对某一角度观测4测回，第3测回零方向的水平度盘读数应配置为_____左右。

7. 设在测站点的东、南、西、北分别有 A、B、C、D 四个标志，用方向观测法观测水平角，以 B 为零方向，则盘左的观测顺序为_____。

8. 照准部旋转中心与_____不重合之差称为照准部偏心差。

9. 用经纬仪盘左、盘右两个盘位观测水平角，取其观测值的平均值，可以消除_____、_____、_____对水平角的影响。

10. 用测回法对某一角度观测 6 测回，则第 4 测回零方向的水平度盘应配置为_____左右。

11. 竖直角绝对值的最大值为_____。

12. 水平角观测时，各测回间改变零方向度盘位置是为了削弱_____误差影响。

13. 观测某目标的竖直角，盘左读数为101°23′36″，盘右读数为258°36′00″，则竖盘指标差为_____。

三、问答题

1. 水平角与竖直角的取值范围是如何定义的？有何不同？
2. 进行水平角测量时，每个测回为什么要进行不同的水平度盘配置？

四、计算题

1. 试完成表4-5中水平角观测记录手簿（测回法）的计算。

表4-5　水平角观测记录手簿（测回法）

测站	目标	竖盘位置	水平度盘读数 °	水平度盘读数 ′	水平度盘读数 ″	半测回角值 °	半测回角值 ′	半测回角值 ″	一测回平均角值 °	一测回平均角值 ′	一测回平均角值 ″
一测回B	A	左	0	06	24						
	C		111	46	18						
	A	右	180	06	48						
	C		291	46	36						

2. 完成下列竖直角观测记录手簿的计算，不需要写公式，全部计算均在表4-6中完成。

表4-6　竖直角观测记录手簿

测站	目标	竖盘位置	竖盘读数 °	竖盘读数 ′	竖盘读数 ″	半测回竖直角 °	半测回竖直角 ′	半测回竖直角 ″	指标差	一测回竖直角 °	一测回竖直角 ′	一测回竖直角 ″
A	B	左	81	18	42							
		右	278	41	30							
	C	左	124	03	30							
		右	235	56	54							

3. 完成表4-7中用测回法测水平角记录的计算。

表4-7　水平角观测记录手簿（测回法）

测站	目标	竖盘位置	水平度盘读数 °	水平度盘读数 ′	水平度盘读数 ″	半测回角值 °	半测回角值 ′	半测回角值 ″	一测回平均角值 °	一测回平均角值 ′	一测回平均角值 ″	各测回平均值 °	各测回平均值 ′	各测回平均值 ″
一测回1	A	左	0	12	00									
	B		91	45	00									
	A	右	180	11	30									
	B		271	45	00									
二测回1	A	左	90	11	48									
	B		181	44	54									
	A	右	270	12	12									
	B		1	45	12									

第 5 章

距 离 测 量

5.1 距离测量概述

距离一般是指地面上两点间的水平距离，是确定地面点相对位置的三个基本要素之一。距离测量是测量三项基本工作之一。距离代表了测量对象的尺度。在实际作业中若测得的是倾斜距离，则一般要换算为水平距离（可用于平面测量数据的处理）。按照所使用仪器和工具的不同，距离测量的方法有钢尺量距、视距测量、电磁波测距、三角高程测量及 GNSS 测距等。钢尺量距利用钢尺沿地面直接丈量距离；视距测量利用水准仪或经纬仪的视距丝，以及视距尺按几何光学原理进行测距；电磁波测距用仪器发射并接收电磁波，通过测量电磁波在待测距离上的往返传播时间计算距离；三角高程测量是通过观测两点间的水平距离和天顶距（或高度角）求定两点间的高差；GNSS 测距利用卫星定位地面点测量距离。本章主要介绍钢尺量距、视距测量、电磁波测距及三角高程测量，GNSS 测量将在后续章节介绍。

5.2 钢 尺 量 距

顾名思义，钢尺量距就是利用具有标准长度的钢尺直接量测两点间的距离的方法，适用于地面较为平坦、边长较短的距离测量。按丈量精度的不同，它分为一般量距和精密量距。一般量距精度可达 $\frac{1}{3000}$，精密量距精度可达 $\frac{1}{3万}$（钢卷带尺）及 $\frac{1}{100万}$（铟瓦线尺）。

5.2.1 钢尺及其辅助工具

钢尺是薄钢制成的带尺，可卷放在十字架上或金属盒内，如图 5-1 所示。尺宽一般为 10~15mm，厚约为 0.4mm，长度有 20m、30m 及 50m 等数种。钢尺的基本分划为 mm，在每厘米、每分米及每米处有数字注记。

图 5-1 钢尺

钢尺有端点尺和刻线尺之分,主要区别是零点位置不同,如图 5-2 所示。端点尺以尺的最外端点作为尺长的零点,而刻线尺的零点一般从尺内端的某一刻线开始,因此在使用钢尺时,应先了解它是哪种尺子。另外,在进行不同区域的距离测量时,可选择不同的钢尺,以方便量距。例如,当从建筑物墙边开始丈量时,使用端点尺较为方便。此外,较精密的钢尺在制造时有规定的温度及拉力。例如,在尺端刻有"30m、20℃、100N"字样,它表示钢尺刻线的最大注记值为 30m,通常称为名义长度,检定该钢尺时的温度为 20℃,拉力为 100N。

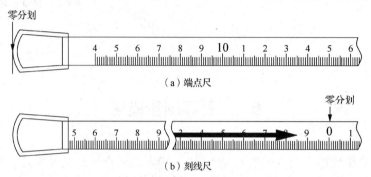

图 5-2　端点尺与刻线尺

钢尺是丈量距离的主要工具,除此之外,丈量距离时还需用到标杆、测钎、垂球、弹簧秤、温度计等辅助工具。标杆用于标定直线,测钎用于标志尺段端点位置,垂球在斜坡上量距时用来投点,弹簧秤、温度计是在精密量距时,用于测量此时的拉力和温度,以对观测距离进行改正的工具。部分钢尺量距的辅助工具如图 5-3 所示。

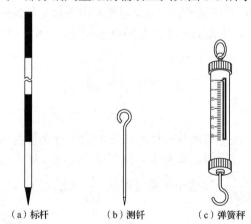

图 5-3　部分钢尺量距的辅助工具

5.2.2　钢尺量距的一般方法

1. 平坦地面上的丈量

当地面比较平坦时,可沿地面丈量,如图 5-4 所示。丈量步骤如下:

1)后尺手手持尺的零点端位于 A 点;前尺手携带一束测钎,同时手持尺的末端沿 AB

方向前进，到一整尺段处停下。

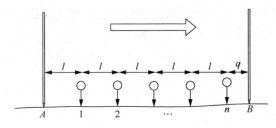

图 5-4　平坦地面上的丈量

2）由后尺手指挥，使钢尺位于 AB 方向线上。这时后尺手将尺的零点对准 A 点，两人同时用力将钢尺拉平，前尺手在尺的末端处插一测钎作为标记，确定分段点。

3）后尺手与前尺手一起抬尺前进，依次丈量第 1 个、第 2 个……第 n 个整尺段，到最后不足一整尺段时，后尺手用尺的零点对准测钎，前尺手用钢尺对准 B 点并读数 q，则 AB 两点之间的水平距离为

$$D = nl + q \qquad (5\text{-}1)$$

式中，n 为整尺段数；l 为钢尺的整尺长度；q 为不足一整尺段的余长。

上述由 A 点到 B 点的丈量工作称为往测，其结果称为 $D_{往}$。

4）为防止错误和提高测量精度，需要往返各丈量一次。用相同方法，由 B 点到 A 点进行返测，得到 $D_{返}$。

5）计算往返测平均值。

6）计算往返丈量的相对误差 K，把往返丈量所得距离的差的绝对值除以该距离的平均值称为丈量的相对误差。如果相对误差满足精度要求，则将往返测平均值作为最后的丈量结果。相对误差 K 为

$$K = \frac{|D_{往} - D_{返}|}{D_{平}} \qquad (5\text{-}2)$$

相对误差 K 是衡量丈量结果精度的指标，常用一个分子为 1 的分数表示。相对误差的分母越大，说明量距的精度越高。钢尺量距的相对误差一般不应高于 $\frac{1}{3000}$，在量距较困难地区不应高于 $\frac{1}{1000}$。

【例 5-1】某次距离测量过程中，测得 AB 往测距离为 532.65m，返测距离为 532.55m，相对误差为多少？是否满足精度要求？

解：由于

$$K = \frac{|D_{往} - D_{返}|}{D_{平}} = \frac{|532.65 - 532.55|}{532.60} = \frac{1}{5326} < \frac{1}{3000}$$

因此满足精度要求。

2. 倾斜地面上的丈量

平量法：在倾斜地面量距时，如果沿直线各尺段两端的高差较小，则可将钢尺拉平丈

量。如图 5-5 所示，丈量由 B 点向 A 点进行，可将钢尺的一端对准地面点 B，另一端抬高拉成水平，然后用垂球尖将尺段的末端投影到地面上，插上测钎。用与平坦地面上丈量距离相同的方法，逐段丈量、读数、记录并计算距离。

斜量法：如图 5-6 所示，可沿斜坡丈量出 A、B 两点间的斜距 S，再测出 A、B 两点间的高差 h，然后就可以计算出 A、B 两点间的水平距离 D，即

$$D = \sqrt{S^2 - h^2} \tag{5-3}$$

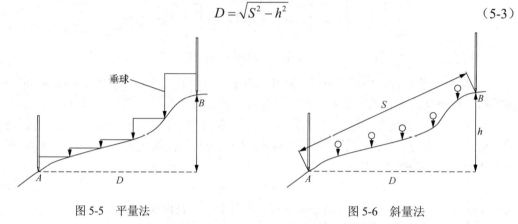

图 5-5　平量法　　　　　　　　图 5-6　斜量法

5.2.3　精密短距测量

所谓精密短距测量，是指被测距离不大于整尺全长的精密量距工作。这在不便安置测距仪的精密工程测量中时有出现，其测量方式和成果计算方法同样适用于长距离测量。

量距前首先标定被测距离的端点位置，通过端点分别画一垂直于测线的短线作为丈量标志。丈量组一般由五人组成，使用检定过的基本分划为 mm 的钢尺，两人拉尺，两人读数，一人指挥兼记录和读温度。丈量时，一人手拉挂在钢尺零分划端的弹簧秤，另一人手拉钢尺的另一端，将尺置于被测距离上。张紧尺子，待弹簧秤上指针指到该尺检定时的标准拉力时，两端的读尺员同时读数，估读至 0.5mm。每段距离要移动钢尺位置进行三次丈量，移动量一般在 1cm 以上，三次量距较差一般不超过 3mm。每次读数的同时，读记温度，精确至 0.5℃。

钢尺的实际长度往往不等于尺上所标注的长度（名义长度）。因此，量距前应通过尺长方程式对钢尺的实际长度进行修正。尺长方程式所表示的含义是：钢尺在施加标准拉力下，其实际长度等于名义长度与尺长改正数和温度改正数之和。对于 30m 和 50m 的钢尺，其标准拉力分别为 100N 和 150N。尺长方程式为

$$l_t = l_0 + \Delta l + \alpha(t - t_0)l_0 \tag{5-4}$$

式中，l_t 为钢尺在温度 t 时的实际长度（m）；l_0 为钢尺的名义长度（m）；Δl 为尺长改正数（m），即钢尺在温度 t_0 时的改正数；α 为钢尺的热膨胀系数（℃$^{-1}$），一般取 $\alpha = 1.25 \times 10^{-5}$℃$^{-1}$；$t_0$ 为钢尺检定时的温度（℃）；t 为钢尺使用时的温度（℃）。

【例 5-2】用一根尺长方程式为 $l_t = 30 + 0.005 + 30 \times 1.25 \times 10^{-5}(t - 20)$ 的钢尺，在温度为 25℃的情况下，往测距离为 165.453m，返测距离为 165.492m，请问这次测距是否达到了

$\dfrac{1}{3000}$ 的精度要求？

解：尺实际长度为

$$l_t = 30 + 0.005 + 30 \times 1.25 \times 10^{-5} \times (25 - 20) \approx 30.0069 \ （m）$$

$$L_往 = \frac{165.453}{30} \times 30.0069 \approx 165.491 \ （m）$$

$$L_返 = \frac{165.492}{30} \times 30.0069 \approx 165.530 \ （m）$$

$$L_平 = \frac{L_往 + L_返}{2} = 165.5105 \ （m）$$

$$K = \frac{|L_往 - L_返|}{L_平} = \frac{1}{4243} < \frac{1}{3000}$$

故满足精度要求。

5.2.4 钢尺量距误差分析

1）尺长误差：钢尺实际长度与名义长度不符而产生的误差。丈量距离越大，误差越大，具有累积性。因此新购置的钢尺应通过检定测出尺长改正数。

2）温度误差：钢尺长度会随温度的改变而发生变化，当丈量时的温度与钢尺检定时的温度不一致时，会产生温度误差。因此需要通过钢尺的热膨胀系数，根据测量时的温度进行长度修正。

3）拉力误差：丈量时对钢尺所施加的拉力应与检定时的拉力相同，从而避免拉力引起的误差。

4）钢尺倾斜与垂曲误差：丈量时钢尺不水平或中间下垂会使丈量的长度比实际值大。因此丈量时应使钢尺水平，当整尺段悬空时，中间应有人托住钢尺，避免中间下垂产生垂曲误差。

5）定线误差：丈量时钢尺没有准确地放置在所量距离的直线方向上，从而所量距离并非直线而是一组折线，使测量结果偏大。因此丈量时，前后尺手要配合将尺子置于待测两点的方向线上再进行量测。

6）丈量误差：包括钢尺端点的对准误差、插测钎的误差、分划尺读数误差等，属于丈量的主要误差来源。因此丈量时要做到配合协调、对点准确、读数认真。

5.3 视 距 测 量

视距测量是根据几何光学原理，使用带有视距丝的仪器间接地测量地面两点间距离及高差的方法。这种方法观测速度快，操作方便，不受地形限制，尽管测距精度较低（一般为 $\dfrac{1}{300} \sim \dfrac{1}{200}$），但可满足地形测量的要求，普遍应用于地形测图中，用以测定大量地面点的位置和高程。

视距测量的工具包括带有视距丝的水准仪、经纬仪及与之配套的水准尺。视距丝指的是十字丝分划板上，除十字丝的横丝和竖丝外，横丝上面和下面两条对称的短丝。与视距测量配套的尺子称为视距尺，可用普通水准尺替代。

5.3.1 视线水平时的视距测量

如图 5-7 所示，要测量 A、B 两点间的水平距离，在 A 点安置带有视距丝的仪器，在 B 点竖立视距尺。p 为上、下视距丝的间距，f 为物镜的焦距，δ 为物镜到仪器中心的距离，d 为物镜焦点到视距尺的距离。当望远镜视线水平时，调节目镜调焦螺旋和物镜调焦螺旋分别使视距丝及视距尺成像清晰。根据透镜成像原理，从视距丝发出的平行于望远镜视准轴的光线，交于物镜 m、g 两点，且经过物镜产生折射后交于焦点 F 并最终交于视距尺上的 M、G 两点。M、G 两点的读数差称为视距间隔或视距，用 l 表示。因 $\triangle Fmg$ 与 $\triangle FMG$ 相似，所以可得

$$\frac{d}{f} = \frac{l}{p} \rightarrow d = \frac{f}{p} \cdot l$$

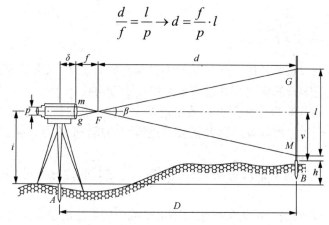

图 5-7 视线水平时的视距测量

由图 5-7 可得，A、B 两地面点的水平距离 D 为

$$D = d + f + \delta = \frac{f}{p} \cdot l + f + \delta \tag{5-5}$$

令 $K = \frac{f}{p}$，$C = f + \delta$，则 A、B 两点间的水平距离为

$$D = Kl + C \tag{5-6}$$

式中，K 为视距乘常数；C 为视距加常数。

为了简化式（5-6），在仪器的设计中，常使视距乘常数 K 为 100 并忽略视距加常数 C。也就是说，测距时，在利用视距丝读取视距间隔 l 后即可计算两点间的水平距离：

$$D = 100l \tag{5-7}$$

例如，某次测量中读取上丝读数为 1.255m，下丝读数为 1.145m，则视距间隔 $l = 1.255 - 1.145 = 0.110$（m），待测距离 $D = 100 \times 0.110 = 11.0$（m）。

此外，当视线水平时，十字丝中横丝在尺上的读数为 v，仪器高即仪器横轴中心到地面点 A 的距离为 i，则 A 点到 B 点的高差 h 为

$$h = i - v \tag{5-8}$$

5.3.2 视线倾斜时的视距测量

当地面起伏较大时，为了测定地面两点之间的水平距离与高差，一般要使视线倾斜才能够在视距尺上读数，如图 5-8 所示，A、B 两点间的地面较为起伏。因此上面所推导的公式不再适用。

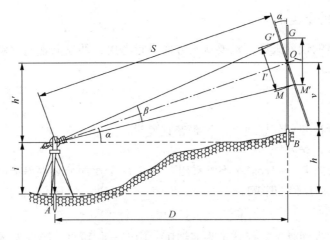

图 5-8 视线倾斜时的视距测量

设想将尺子以中丝视线的交点 O 为中心，转动 α 角，使尺子与视线相垂直，此时上、下视距丝的视线交点由 G、M 变为 G'、M'，可得视距间隔为 l'，则可用式（5-7）求得斜距 S 为

$$S = Kl' \quad (5\text{-}9)$$

那么 GM 与 $G'M'$（即 l 与 l'）的关系是什么呢？由于角度 β 很小，约为 $34'$，因此可将 $\angle GG'O$ 和 $\angle MM'O$ 看成直角。在直角三角形 $GG'O$ 和 $MM'O$ 中，$G'O = GO \cdot \cos\alpha$；$M'O = MO \cdot \cos\alpha$，则 $l' = G'O + M'O = (GO + MO) \cdot \cos\alpha = l\cos\alpha$，故可得

$$S = Kl' = Kl\cos\alpha \quad (5\text{-}10)$$

再将倾斜距离换算为水平距离，即 $D = S \cdot \cos\alpha$，将式（5-10）代入其中得视线倾斜时 A、B 间的水平距离为

$$D = Kl\cos^2\alpha \quad (5\text{-}11)$$

由图 5-8 可知

$$h' = S\sin\alpha = Kl\cos\alpha\sin\alpha = \frac{1}{2}Kl\sin 2\alpha = D\tan\alpha$$

则视线倾斜时，A、B 两点间的高差公式为

$$h = \frac{1}{2}Kl\sin 2\alpha - v + i = D\tan\alpha - v + i \quad (5\text{-}12)$$

【例 5-3】在 A 点安置经纬仪，在 B 点竖立水准尺，量得仪器高 $i = 1.550\text{m}$，上、下丝读数分别为 1.845m、1.122m，盘右竖盘读数为 $285°16'30''$，求 A、B 两点间的水平距离与高差。

解：视距间隔 $l = 1.845 - 1.122 = 0.723$（m）。

竖直角 $\alpha =285°16'30''-270°00'00''=15°16'30''$。

水平距离 $D = Kl\cos^2\alpha = 100\times 0.723\times 0.965^2 \approx 67.328$ （m）。

中丝读数 $v = \dfrac{1.845+1.122}{2} = 1.484$ （m）。

高差 $h_{AB} = D\tan\alpha - v + i \approx 67.328\times 0.273 - 1.484 + 1.550 = 18.446$ （m）。

5.3.3 视距测量的误差来源

对于视距测量的误差来源，需要从三方面进行考虑，即仪器误差、观测误差、外界环境的影响。

1. 仪器误差

仪器误差包括视距尺分划误差、常数 K 误差等。

（1）视距尺分划误差

由视距测量公式 $D = Kl\cos^2\alpha$ 不难看出，若 l 由于尺面分划误差造成读数不准确，则会对距离造成 $K\cos^2\alpha$ 倍的影响。

（2）常数 K 误差

普通视距仪的视距乘常数已认定为 $K=100$。由 $K = \dfrac{f}{p}$ 可见，影响 K 的误差主要是视距丝间隔的误差，在仪器制造时要求对乘常数的影响小于 0.2%。此外，常数也会受到气温的影响而变得不稳定。

2. 观测误差

（1）用视距丝读取视距间隔的误差

视距间隔 l 由上、下丝读数相减后获得。读数的误差与尺子最小分划的宽度、距离远近、望远镜的放大率及成像清晰情况有关。由于视距乘常数 $K=100$，视距丝的读数误差会被扩大 100 倍影响所测距离，因此在水准尺上读数前，要调节目镜调焦螺旋及物镜调焦螺旋使十字丝和成像清晰，消除视差，且读数时要十分仔细。此外，由于竖立水准尺的测量人员难以在长时间内完全使水准尺稳定不动，因此上、下丝读数应做到快速且同时进行。

（2）观测竖直角的误差

由 $D = Kl\cos^2\alpha$ 可知，α 有误差必然影响视距测量的精度。假设 $Kl=100$m，$\alpha=45°$，测角误差如果为 $10''$，则对水平距离的影响约为 5mm。因此观测竖直角之前，要对竖盘指标差进行检验与校正，使其尽可能小。

（3）视距尺倾斜误差

尺子不竖直将对视距产生误差。设 l 与 l' 分别为视距尺竖直与不竖直时的视距间隔，尺子倾斜角度为 ϕ，视线竖直角为 α，则对距离的影响为

$$\Delta D_\phi = Kl'\cos^2\alpha\left(\frac{\phi^2}{2\rho^2} - \frac{\phi}{\rho}\tan\alpha\right) \tag{5-13}$$

式中，括号内的第一项与视线竖直角 α 无关，影响也较小，如 $\phi=3°$ 时为 $\dfrac{1}{730}$。第二项随 α

增大而迅速增大，如当$\phi = 3°$，α为 10° 或 20° 时，分别为$\frac{1}{108}$和$\frac{1}{52}$。这在视距测量过程中是不可忽视的，特别是在山区作业，视距尺倾斜 3° 是完全可能的。为减小其影响，应在尺上安装圆水准器。

3. 外界环境的影响

近地面的大气折光使视线产生弯曲，在日光照射下，大气湍流会使成像晃动，风力使水准尺摇动，这些因素都会使视距测量产生误差。因此，视距测量时，不要使视线太贴近地面，在成像晃动剧烈或风力较大时，应停止观测。阴天且有无风是观测的最有利气象条件。

5.4 电磁波测距

与钢尺量距的烦琐和视距测量的低精度相比，电磁波测距具有测程长、精度高、操作简便、自动化程度高的特点。电磁波测距按精度（测距中误差m_D）可分为Ⅰ级（$m_D \leqslant 5mm$）、Ⅱ级（$5mm < m_D \leqslant 10mm$）和Ⅲ级（$m_D > 10mm$）；按测程可分为短程（小于 3km）、中程（3～15km）和远程（大于 15km）；按采用的载波类型可分为利用微波作载波的微波测距仪和利用光波作载波的光电测距仪。光电测距仪所使用的光源一般有激光和红外光。下面简要介绍光电测距的基本原理及误差分析等内容。

5.4.1 光电测距的基本原理

光电测距是通过测量光波在待测距离上往返一次所经历的时间确定两点之间距离的方法。如图 5-9 所示，在 A 点安置测距仪，在 B 点安置反射棱镜，测距仪发射的调制光波到达反射棱镜后又返回测距仪。设光速 c 为已知，如果调制光波在待测距离 D 上的往返传播时间为t_{2D}，则距离 D 为

$$D = \frac{1}{2}ct_{2D} \qquad (5\text{-}14)$$

即通过测定电磁波在待测距离两端点间往返一次的传播时间，利用电磁波在大气中的传播速度 c 来计算两点间的距离。式中，$c = \dfrac{c_0}{n}$，其中 c_0 为真空中的光速，其值为 299792458m/s；n 为大气折射率，它与光波波长，测线上的气温、气压和湿度有关。因此，测距时还需测定气象元素，对距离进行气象改正。

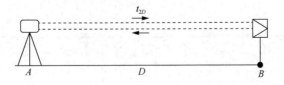

图 5-9 光电测距原理图

（1）脉冲法测距

脉冲法是将发射光波调制成一定频率的尖脉冲，如图 5-10 所示，通过测量发射的尖脉冲在待测距离上往返传播的时间计算距离。其测量距离的精度 m_D 取决于往返传播时间的测量精度 $m_{t_{2D}}$。例如，要求测距达到 $\pm 1cm$ 的观测精度，假设 $\dfrac{c_0}{n} = 3 \times 10^8 \, m/s$，则时间 t_{2D} 的精度需达到：

$$m_{t_{2D}} \leqslant \frac{2n}{c_0} m_D = \frac{2}{3 \times 10^{10}} \approx 6.7 \times 10^{-11} \ （s）$$

时间 t_{2D} 的测量精度需达到 $6.7 \times 10^{-11} s$，这对电子元件的性能要求非常高，一般用于激光雷达等远程测距上，测距精度可以达到 $0.5 \sim 1m$。

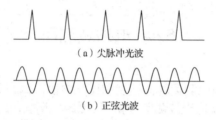

（a）尖脉冲光波

（b）正弦光波

图 5-10　尖脉冲光波与正弦光波

（2）相位法测距

要进一步提高测距精度，还可以采用间接的测量手段，即通过测定测距仪所发出的一种连续调制光波在测线上往返传播所产生的相位移间接地测定时间 t_{2D}。许多高精度的光电测距仪一般采用"相位法"间接测定时间，这种测距仪又称为相位式测距仪。

红外光电测距仪就是典型的相位式测距仪，利用相位计对高频信号发生器发射的高频信号（参考信号）与接收信号（测距信号）的相位进行比较，获得调制光波在待测距离上往返传播的相位移，从而确定待测距离。红外光电测距仪的红外光源是由砷化镓（GaAs）发光二极管产生的。如果在发光二极管上注入一恒定电流，则其发出的红外光光强恒定不变。若在其上注入频率为 f 的高变电流（高变电压），则发出的光强随着注入的高变电流呈正弦变化，这种光称为调制光。

测距仪发射的调制光在待测距离上传播，被反射棱镜反射后又回到测距仪而被接收机接收，然后相位计将发射信号与接收信号进行相位比较，得到调制光在待测距离上往返传播所引起的相位移 φ。如果将调制波的往程和返程展开，则有如图 5-11 所示的波形。

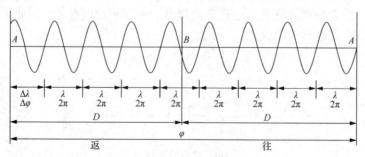

图 5-11　相位法测距原理

由图 5-11 可知，调制光波往返传播全程的相位变化值 φ 为

$$\varphi = N \cdot 2\pi + \Delta\varphi = 2\pi\left(N + \frac{\Delta\varphi}{2\pi}\right) = 2\pi(N + \Delta N) \qquad (5\text{-}15)$$

式中，N 为 0 或正整数，表示 φ 的整周期数目；$\Delta\varphi$ 为不足整周期的相位移尾数，$\Delta\varphi < 2\pi$；ΔN 为不足整周期的比例数，$\Delta N = \dfrac{\Delta\varphi}{2\pi} < 1$。

假设调制光波波长为 λ，频率为 f，角频率为 ω，则有

$$c = \lambda f$$

$$\varphi = \omega t_{2D} = \frac{2\pi}{T}t_{2D} = 2\pi f t_{2D}$$

$$t_{2D} = \frac{\varphi}{2\pi f}$$

将上述关系及式（5-15）代入式（5-14）中，可得到

$$D = \frac{1}{2}ct_{2D} = \frac{1}{2}\lambda f\frac{\varphi}{2\pi f} = \frac{1}{2}\cdot\frac{\lambda}{2\pi}\cdot 2\pi\left(N + \frac{\Delta\varphi}{2\pi}\right) = \frac{\lambda}{2}(N + \Delta N) \qquad (5\text{-}16)$$

令 $u = \dfrac{\lambda}{2}$，则式（5-16）变为

$$D = u(N + \Delta N) \qquad (5\text{-}17)$$

u 通常称为测尺长度，相位法测距的实质相当于用一根长度为 u 的尺子丈量待测距离（和用钢尺量距一样），其中 N 为量取的整尺段数，ΔN 为量得的不足一整尺段的尾数。但在相位式测距仪中，测相器只能测定出相位差的尾数 $\Delta\varphi$（ΔN），而无法测定整周期数 N，因此式（5-17）产生多值解，距离 D 无法直接确定。当 $u>D$ 时，可使 $N=0$，以获得 D 值的唯一解。

测距时，选择的测尺长度越大，测距精度越低，说明扩大测程与提高测距精度之间存在矛盾。因此为了获得完整距离且保证精度，需采用在测距仪上设置多个测尺（多个调制频率）的方法来解决。例如，选定一个 10m 和一个 1000m 的测尺，设待测距离为 316.463m，则用 10m 测尺测得小于 10m 的尾数为 6.463m，而 1000m 测尺测得小于 1000m 的数，如 316.5m，将两数组合起来，对于 1000m 测尺只取百米和十米位，即可得所求距离为 316.463m。若距离再大，则需要增加第三个测尺。

5.4.2　光电测距的误差分析

（1）比例误差分析

1）真空中光速值误差的影响：这对测距的影响很小，可以忽略不计。

2）调制频率误差的影响：调制频率误差是指测距仪主控晶体振荡器提供的精测尺的测尺频率误差。调制频率决定了测尺长度，调制频率变化将给测距成果带来影响，此项误差将随测量距离的增大而增大，其比例常数称为乘常数。对于长边需进行检定和改正，而对于短边可不考虑。在作业时对仪器要有足够的预热时间，否则会给测距成果带来确定性系统误差。

3）大气折射率误差的影响：由于光波在真空中的传播速度已知，光波传播速度是由已知的真空光速值和观测时的大气折射率计算得到的，而大气折射率又是根据测距仪所采用的光波波长和观测时的气象因素计算得到的，因此气象因素影响大气折射率的误差，进而影响测距的误差。在测距时，温度测量误差小于 1℃，气压测定误差小于 3mmHg[①]，将使气象因素导致的误差减到很小。但气象因素是影响测距精度最大的因素，目前尚无较好的办法减小气象因素导致的误差。

（2）固定误差分析

1）测相误差：包括自动数字测相系统误差、信噪比误差、幅相误差和照准误差。这些误差与所测距离的长短无关，并且一般具有偶然误差的性质。

自动数字测相系统误差与相位计灵敏度、检相电路的时间分辨率、噪声干扰、时标脉冲的频率及一次测相的平均次数等因素有关，要减弱此项误差需提高仪器的结构、元件的质量或调整电路，也可以采取多次测相取平均值的方法来减弱此项误差。

信噪比误差是大气湍流和杂散光等的干扰使测距的回光信号产生附加随机相移而产生的误差。噪声不能完全避免，但要求有较高的信噪比，信噪比越低，测距误差就越大。因此在高温条件下作业需注意通风散热并避免长时间的连续作业，在高精度测距时，应选择在阴天及大气清晰的气象条件下操作。

幅相误差是由于接收光信号强弱不同而产生的测相误差。要减小此项误差，可将接收光信号的强度控制在一定的范围内。

照准误差是由调制光束截面不同部位的相位不均匀导致的：当反射镜位于发射光束截面的不同部分时，测距结果不一致。因此对于购置的仪器要进行等相位曲线的测定、电照准系统共轴性或平行性的检验，在实际操作时，先用望远镜瞄准反射镜进行光照准，再根据面板上的光信号指示调整水平、竖直微动螺旋，使信号强度达到最大，完成电照准，以减少照准误差对测距的影响。

2）对中误差：要减弱此项误差，需操作人员精心操作，一般要把对中误差控制在±3mm之内。另外要对测距仪和反射棱镜的对中器进行校正，操作时要严格整平水准管和精确对中。

3）仪器加常数校正误差：测距仪的加常数误差包括在基线上检测的加常数误差，以及在长期使用过程中发生的加常数变化。由于加常数给测距带来的是确定性系统误差，因此要对仪器的加常数进行定期的检测。检测时需注意反射棱镜的配套，同一测距仪对不同的反射棱镜可能有不同的加常数。

（3）周期误差分析

周期误差是测距仪内部电信号的串扰而存在相位不变的串扰信号，使相位计测得的相位值为测距信号和串扰信号合成矢量的相位值，从而产生的误差。它随所测距离的不同而做周期性变化，并以精测尺的尺长为周期，变化周期为半个波长，误差曲线为正弦曲线。在测距作业时，应定期对仪器进行周期误差的测定，在观测成果中加以改正，以消除周期误差对测距的影响。

---

① 1mmHg=1.33322×10²Pa。

5.5 三角高程测量

三角高程测量是通过观测两点间的水平距离和天顶距（或高度角）求定两点间的高差的方法。它观测方法简单，不受地形条件限制，是测定大地控制点高程的基本方法。目前，由于水准测量方法的发展，它已经退居次要位置，但在山区和丘陵地带依然被广泛采用。

在三角高程测量中，需要使用全站仪或经纬仪测出两点之间的距离（水平距离或斜距）和高度角，以及测量时的仪器高和棱镜高，然后根据三角高程测量的公式推算出待测点的高程。仪器与棱镜的高度，应在观测前后各量测 1 次，并应精确至 1mm，取平均值作为最终高度。

根据图 5-12 中各观测量的表示方法，得出 A、B 两点间高差的公式为

$$h = D \tan \alpha + i - v \tag{5-18}$$

但是，在实际的三角高程测量中，地球曲率、大气折光等因素对测量结果精度的影响非常大，必须纳入考虑分析的范围，因此，出现了不同的三角高程测量方法，主要分为单向观测法、对向观测法及中间观测法。

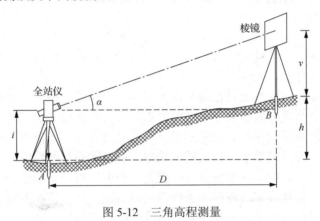

图 5-12 三角高程测量

5.5.1 三角高程测量原理

（1）单向观测法

单向观测法是最基本、最简单的三角高程测量方法，它直接在已知点对待测点进行观测，然后在式（5-18）的基础上加上大气折光和地球曲率的改正，就得到待测点的高程。虽然这种方法操作简单，但是大气折光和地球曲率的改正不便计算，因而精度相对较低。

（2）对向观测法

对向观测法是目前使用较多的一种方法。对向观测法同样要在 A 点设站进行观测，不同的是在此同时还在 B 点设站，在 A 点架设棱镜进行对向观测，就可以得到以下两个观测量。

直觇：

$$h_{AB} = D_{往} \tan \alpha_{往} + i_{往} - v_{往} + c_{往} + r_{往} \tag{5-19}$$

反觇：

$$h_{BA} = D_{返} \tan \alpha_{返} + i_{返} - v_{返} + c_{返} + r_{返} \qquad (5\text{-}20)$$

式中，$D_{往}$ 和 $D_{返}$ 为 A、B 两点间的水平距离；$\alpha_{往}$ 和 $\alpha_{返}$ 为观测时的高度角；$i_{往}$ 和 $i_{返}$ 为仪器高；$v_{往}$ 和 $v_{返}$ 为棱镜高；$c_{往}$ 和 $c_{返}$ 为地球曲率改正；$r_{往}$ 和 $r_{返}$ 为大气折光改正。

然后对两次观测所得高差的结果取平均值，就可以得到 A、B 两点之间的高差值。由于同时进行对向观测，观测时的路径也是一样的，因此可以认为在观测过程中，地球曲率和大气折光对往返两次观测的影响相同，所以在对向观测法中可以将它们消除。

$$
\begin{aligned}
h &= \frac{h_{AB} - h_{BA}}{2} \\
&= \frac{(D_{往} \tan \alpha_{往} + i_{往} - v_{往} + c_{往} + r_{往}) - (D_{返} \tan \alpha_{返} + i_{返} - v_{返} + c_{返} + r_{返})}{2} \\
&= \frac{D_{往} \tan \alpha_{往} - D_{返} \tan \alpha_{返} + i_{往} - v_{往} - i_{返} + v_{返}}{2} \qquad (5\text{-}21)
\end{aligned}
$$

与单向观测法相比，对向观测法不用考虑地球曲率和大气折光的影响，具有明显的优势，而且所测得的高差也比单向观测法精确。《工程测量标准》（GB 50026—2020）规定：采用对向观测的电磁波测距三角高程测量可达到四等水准测量精度，要求测距边长度 $D \leqslant$ 1km，每千米高差全中误差限值 10mm，对向观测高差较差限值为 $40\sqrt{D}$mm。

（3）中间观测法

中间观测法是模拟水准测量的一种方法，它像水准测量一样，在两个待测点之间架设仪器，分别照准待测点上的棱镜，再根据三角高程测量的基本原理，类似于水准测量进行两待测点之间的高差计算。

此方法要求将全站仪尽量架设在两个待测点的中间位置，使前后视距大致相等，在偶数站上施测控制点，从而有效地消除大气折光误差和前后棱镜不等高的零点差，这样就可以像水准测量一样将地球曲率的影响降到最低。而且这种方法不需要测量仪器高，这样在观测时相对简单些，并且减少了一种误差的来源，提高了观测的精度。全站仪中间观测法三角高程测量可代替三、四等水准测量。在测量过程中，应选择硬地面作转点，用对中脚架支撑对中杆棱镜，棱镜上安装觇牌，保持两棱镜等高，并轮流作为前镜和后镜，同时将测段设成偶数站，以消除两棱镜不等高导致的残余误差的影响。

当两观测点间的水平距离小于等于 1km 时，对向观测法三角高程测量精度一般高于中间观测法三角高程测量精度；而当两观测点间的水平距离大于 1km 时，中间观测法三角高程测量精度一般高于对向观测法三角高程测量精度。在长距离、高低起伏大的区域高程测量中，可选择用中间观测法三角高程测量，其精度可达三等、四等水准测量精度，在提高观测条件的情况下，理论上可达二等水准测量精度。

5.5.2　三角高程测量的误差分析及消减方法

根据三角高程测量的基本原理，以及观测过程中的各种影响因素，三角高程法测量高差主要的误差来源有测距误差、垂直角的误差、测量仪器高和棱镜高的误差、大气折光和地球曲率引起的误差。

（1）测距误差

在上述基本计算式中，平距或斜距都是利用全站仪直接测量得到的，而仪器本身有其精度限制，因而不可避免地会产生误差。因此，可以采用相对精确的测距仪器来获取两点之间的水平距离或斜距。然后根据仪器本身提供的相关参数对测得的数据进行相应的改正，以提高数据的精度。

（2）垂直角的误差

垂直角的误差对高差的影响随边长的增大而增大。垂直角的误差包括仪器误差、观测误差及外界条件的影响等。仪器误差不可避免，可以根据具体情况选取更精密的仪器来测量。垂直角的观测误差主要有照准误差、读数误差、气泡居中误差。由于人眼的分辨力有限，在工作中垂直角用红外全站仪观测两个测回，可以在一定程度上提高测量精度。外界环境条件对观测也会产生一定的影响，如大气能见度不足时会严重干扰观测的瞄准质量，从而影响观测值的精度。

对于垂直角的误差，有的也可以通过观测方法来减弱或消除：事先仔细检验仪器竖盘分划误差；改进测标结构；在观测程序上采用盘左、盘右分别依次照准测标，使垂直角的观测精度提高。

（3）测量仪器高和棱镜高的误差

仪器高和棱镜高量取误差直接影响高差值，因此应认真、细致地量取仪器高和棱镜高，以控制其在最小误差范围内。在测量时，可以采取三次测量取平均值的方式来获取仪器高和棱镜高，从而使测量精度得到提高。也可以通过改变测量方式（如采用中间观测法），避免仪器高的量测，减少误差的来源。

（4）大气折光和地球曲率引起的误差

在三角高程测量中，由于相邻两点之间的距离相对较大，必须考虑大气折光和地球曲率对测量结果的影响。

大气折光误差系数随地区、气候、季节、地面、覆盖物和视线超出地面高度等因素而变化，目前还不能精确测定它的数值。为了减弱或消除大气折光误差，可采用对向观测法，用往返测单向观测值取平均值得到的对向观测中就不含有大气折光误差。另外，为减少大气折光误差对观测视线的影响，可以选择在阴天或夜间进行测量。

地球是一个椭球体，在较小范围内可以不考虑地球曲率的影响，但三角高程测量涉及两相邻点间的距离都较大，必须考虑它的影响。尤其是在地形起伏较大的地区，地球曲率的影响更加明显。对于该项误差，也必须进行相应的改正，而大地水准面是一个不规则的曲面，地球曲率改正很难做到十分精确。所以，可以根据实际情况改变测量方式，如采用对向观测法进行观测，以减弱或消除它的影响。

在以上几种误差中，垂直角的误差对测量结果的影响最大。由于在基本测量公式中，垂直角需要与距离相乘，而距离一般比较大，进行乘法运算后的值也就相应比较大，因此在观测中垂直角的精度一定要得到保证。

5.6　全站仪简介

1. 全站仪的基本构造

全站仪是由电子测角、电子测距、电子计算和数据存储等单元组成的三维坐标测量系统，是能自动显示测量结果、与外围设备交换信息的多功能测量仪器。由于仪器较完善地实现了测量和处理过程的电子一体化，因此人们通常称之为全站型电子速测仪。

全站仪由以下两大部分组成。

1）采集数据设备：主要包括电子测角系统、电子测距系统、自动补偿设备等。

2）微处理器：全站仪的核心装置，主要由中央处理器、随机储存器和只读存储器等构成。测量时，微处理器根据键盘或程序的指令控制各分系统的测量工作，进行必要的逻辑和数值运算，以及数字存储、处理、管理、传输、显示等。

采集数据设备和微处理器的有机结合，使全站仪真正实现了"全站"功能，既能自动完成数据采集，又能自动处理数据，使整个测量过程工作有序、快速、准确地进行。

2. 全站仪的分类

按其结构形式，全站仪可分成积木式（modular）和整体式（integrated）两大类。

积木式也称组合式，它是指电子经纬仪和测距仪可以分开使用，照准部与测距轴不共轴。作业时，测距仪安装在电子经纬仪上，互相用电缆实现数据通信，作业结束后卸下分别装箱。这种仪器可根据精度要求作业，用户可以选择不同的测角、测距设备进行组合，灵活性较好。

整体式也称集成式，它将电子经纬仪和测距仪融为一体，共用一个光学望远镜，使用起来更方便。

世界各仪器厂商生产出各种型号的全站仪，而且品种越来越多，精度越来越高。常见的有（SOKKIA）SET 系列、拓普康（TOPCON）GTS 系列、尼康（Nikon）DTM 系列、徕卡（LEICA）TPS 系列，以及我国的 NTS 和 ETD 系列。随着计算机技术的不断发展与应用，以及用户对产品要求的不断提高，逐渐出现了带内存、防水型、防爆型、计算机型、电动机驱动型等全站仪，从而使这一常规的测量仪器越来越能满足各项测绘工作的需求，发挥更大的作用。

3. 全站仪的操作和使用

（1）仪器安置

仪器安置包括对中与整平，其方法与光学仪器相同。它有光学对中器，还有激光对中器，使用十分方便。仪器有双轴补偿器，整平后气泡略有偏离，对观测并无影响。

（2）开机和设置

开机后仪器进行自检，自检通过后，显示主菜单。全站仪除厂家进行的固定设置外，在测量工作中进行的一系列相关设置主要包括以下内容。

1）各种观测量单位与小数点位数的设置，包括距离单位、角度单位及气象参数单位等的设置。

2）指标差与视准差的存储。

3）测距仪常数的设置，包括加常数、乘常数及棱镜常数设置。

4）标题信息、测站标题信息、观测信息。根据实际测量作业的需要，如导线测量、交点放线、中线测量、断面测量、地形测量等不同作业建立相应的电子记录文件，主要包括建立标题信息、测站标题信息、观测信息等。标题信息包括测量信息、操作员、技术员、操作日期、仪器型号等。测站标题信息：仪器安置好后，应在气压或温度输入模式下设置当时的气压和温度。在输入测站点号后，可直接用数字键输入测站点的坐标，或者从存储卡中的数据文件直接调用。按相关键可对全站仪的水平角置零或输入一个已知值。观测信息内容包括附注、点号、反射镜高、水平角、竖直角、平距、高差等。

（3）角度距离坐标测量

在标准测量状态下，角度测量模式、斜距测量模式、平距测量模式、坐标测量模式可互相切换，全站仪精确照准目标后，通过不同测量模式之间的切换，可得到所需要的观测值。

全站仪均备有操作手册，要全面掌握它的功能和使用方法，使其先进性得到充分的发挥，应详细阅读操作手册。

习　　题

一、名词解释题

1. 视距间隔
2. 三角高程测量
3. 全站仪

二、填空题

1. 距离测量方法有_____、_____、_____、_____、_____。
2. 钢尺量距时，如定线不准，则所量结果总是偏_____。
3. 钢尺量距时，倾斜地面的丈量方法有_____与_____。
4. 经纬仪与水准仪十字丝分划板上丝和下丝的作用是测量_____。
5. 用钢尺在平坦地面上丈量 AB、CD 两段距离，AB 往测为 476.4m，返测为 476.3m；CD 往测为 126.33m，返测为 126.3m，则 AB 比 CD 丈量精度要_____。
6. 某钢尺名义长度为 30m，检定时的实际长度为 30.012m，用其丈量了一段 23.586m 的距离，则真实距离应为_____。
7. 电磁波测距的基本公式 $D = \frac{1}{2}ct_{2D}$，式中 t_{2D} 定义为_____。
8. 钢尺的尺长误差对距离测量的影响属于_____误差。

三、问答题

1. 相位测距原理是什么？
2. 视距测量有哪些误差来源？

四、计算题

1. 用计算器完成表 5-1 的视距测量计算。其中仪器高 $i = 1.520\,\mathrm{m}$，竖直角的计算公式

为 $\alpha_L = 90° - L$（L 为竖盘读数，水平距离和高差计算取位至 0.001m，需要写出计算公式和计算过程）。

表 5-1　视距测量计算

目标	上丝读数/m	下丝读数/m	竖盘读数 ° ′ ″	水平距离/m	高差/m
1	2.003	0.960	83 50 24		

2．在测站 A 进行视距测量，仪器高 i=1.450m，望远镜盘左照准 B 点水准尺，中丝读数 v=2.360m，视距间隔 l=0.586m，竖盘读数 L=93°28′00″，求 A、B 两点的水平距离 D 及高差 h。

第 *6* 章

直线定向

6.1 直线定向概述

确定直线方向的工作简称直线定向。为了确定地面点的平面位置，不仅需要知道直线的长度，还需要知道直线的方向。直线方向的测量也属于基本的测量工作。确定直线方向首先要有一个共同的基本方向，此外还要有一定的方法来确定直线与基本方向之间的角度关系。

6.1.1 直线定向的基本方向

三北方向是真子午线北方向（真北方向）、磁子午线北方向（磁北方向）、坐标北方向的总称，如图 6-1 所示。在中小比例尺地形图图廓外应绘制有三北方向图。

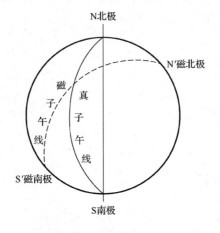

图 6-1 三北方向

（1）真北方向

过地球表面某点的天文子午面与地球表面的交线称为该点的真子午线。通过地球表面某点的真子午线的切线北方向称为该点的真北方向。真北方向可以用天文观测法或陀螺经纬仪进行测定。

（2）磁北方向

在地球表面某点上，磁针在地球磁场的作用下自由静止时其轴线所指的方向称为磁子午线方向，其北端所指方向又称为磁北方向。磁北方向可以用罗盘仪进行测定。

（3）坐标北方向

过地球表面一点的高斯平面坐标系的+x 方向称为该点的坐标北方向，各点的坐标北方向相互平行。不同点的真北方向或磁北方向都是不平行的，这使直线方向的计算很不方便。采用坐标北方向作为基本方向，这样各点的基本方向都是平行的，便于计算方向。

6.1.2　确定直线方向的方法

测量中，常采用方位角来表示直线的方向。从标准北方向起，顺时针转到直线形成的水平夹角称为该直线的方位角。角值范围为 $0°\sim360°$。由于标准北方向有真北方向、磁北方向和坐标北方向三种，因此一条直线所对应的方位角也有真方位角、磁方位角、坐标方位角三种。

由真北方向起，顺时针旋转到某直线形成的水平夹角称为该直线的真方位角，用 A 表示。如图 6-2 所示，直线 O1、O2、O3 和 O4 的真方位角分别为 A_1、A_2、A_3 和 A_4。如图 6-3 所示，直线 EF 的真方位角用 A_{EF} 表示。

由磁北方向起，顺时针旋转到某直线形成的水平夹角称为该直线的磁方位角，用 A_m 表示。如图 6-3 所示，直线 EF 的磁方位角用 A_{mEF} 表示。

由坐标北方向起，顺时针旋转到某直线形成的水平夹角称为该直线的坐标方位角，用 α 表示。如图 6-3 所示，直线 EF 的坐标方位角用 α_{EF} 表示。

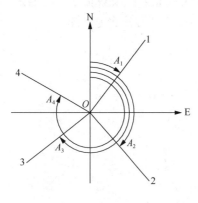

图 6-2　真方位角

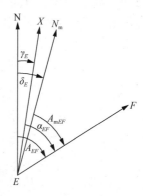

图 6-3　三北关系图

6.1.3　三种方位角的关系

（1）真方位角与磁方位角的关系

由于地球南北极与地磁南北极不重合，地表一点的真北方向与磁北方向也不重合，两者间的水平夹角称为磁偏角，用 δ 表示。磁偏角正负定义为：以真北方向为基准，磁北方向偏东，磁偏角为正；磁北方向偏西，磁偏角为负。我国境内磁偏角值在+6°（西北地区）

和-10°（东北地区）之间。如图 6-3 所示，直线 EF 的磁偏角 δ_E 为正值，直线 EF 的真方位角和磁方位角的关系为

$$A_{EF} = A_{mEF} + \delta_E \tag{6-1}$$

（2）真方位角与坐标方位角的关系

通过地面某点的真子午线方向与该点的高斯平面坐标系纵轴方向之间的夹角称为子午线收敛角，用 γ 表示。其正负定义方法与磁偏角相同：以真北方向为基准，坐标北方向偏东，子午线收敛角为正；坐标北方向偏西，子午线收敛角为负。如图 6-3 所示，直线 EF 的真方位角和坐标方位角的关系可表示为

$$A_{EF} = \alpha_{EF} + \gamma_E \tag{6-2}$$

（3）坐标方位角与磁方位角的关系

由式（6-1）和式（6-2）可得，直线 EF（图 6-3）的坐标方位角和磁方位角的关系为

$$\alpha_{EF} = A_{mEF} + \delta_E - \gamma_E \tag{6-3}$$

6.1.4 直线的正反方位角

一条直线有正反两个方向，在直线起点量得的直线方向称为直线的正方向；反之，在直线终点量得该直线的方向称为直线的反方向。

在图 6-4 中，直线由 E 点到 F 点，在起点 E 得到直线方位角为 A_{EF} 或 α_{EF}，而在终点 F 得到直线方位角为 A_{FE} 或 α_{FE}，A_{FE} 或 α_{FE} 称为直线 EF 的反方位角。同一直线的正反真方位角关系为

$$A_{FE} = A_{EF} \pm 180° + \gamma_F \tag{6-4}$$

式中，γ_F 为 E、F 两点间的子午线收敛角。正反坐标方位角的关系为

$$\alpha_{FE} = \alpha_{EF} \pm 180° \tag{6-5}$$

由以上的变换关系可以看出，采用坐标方位角计算直线方向最为方便，因此在直线定向工作中一般情况下采用坐标方位角。

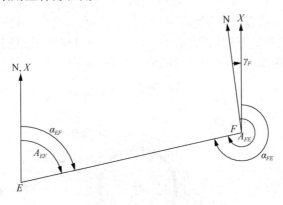

图 6-4 直线的正反方位角

6.2 用罗盘仪测量直线的磁方位角

罗盘仪是测量直线磁方位角的一种仪器，它主要由望远镜、磁针和度盘等部分组成，如图6-5所示。

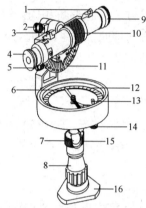

1—准星；2—望远镜制动螺旋；3—照门；4—目镜调焦旋钮；5—望远镜微动螺旋；6—磁针；
7—球臼接头；8—接头螺旋；9—望远镜物镜；10—物镜调焦螺旋；11—竖盘；12—水平度盘；
13—管水准器；14—磁针固定螺旋；15—水平制动螺旋；16—三脚架头。

图6-5 罗盘仪

望远镜是照准用设备，竖盘与望远镜固定在一起，共同安装在支架上，而支架则连接在水平度盘盒上，可随度盘一起旋转。磁针支承在水平度盘中心的顶针上，可以自由转动，静止时所指方向为磁子午线方向。为保护磁针和顶针，不用时应旋紧磁针固定螺旋，可将磁针托起压紧在玻璃盖上。一般磁针的指北端染成黑色或蓝色，用来辨别指北端。由于受两极不同磁场强度的影响，在北半球磁针的指北端向下倾斜，倾斜的角度称为磁倾角。为使磁针水平，在磁针的指南端加上一些平衡物，这有助于辨别磁针的指南端。

水平度盘安装在度盘盒内，随望远镜一起转动。水平度盘上刻有1°或0.5°的分划，其注记是自0°起按逆时针方向增加至360°，过0°和180°的直径和望远镜视准轴方向一致，用这种方式可直接读出直线的磁方位角，如图6-6所示。

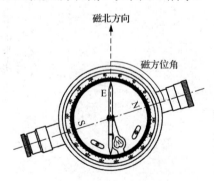

图6-6 罗盘仪及其读数

用罗盘仪测量直线方向时，将罗盘仪安置在直线的起点。对中、整平后，照准直线的另一端，然后放松磁针，当磁针静止后，即可进行读数。读数规则为：如果观测时物镜靠近 0°，目镜靠近 180°，则用磁针的指北端直接读出直线的磁方位角；反之则用磁针的指南端读出，如图 6-6 所示。使用罗盘仪测量时应注意使磁针能自由旋转，勿触及盒盖或盒底，且测量时应避开钢轨、高压线等，仪器附近不要有铁器。

6.3　用陀螺经纬仪测量直线的真方位角

陀螺经纬仪是由陀螺仪和经纬仪组合而成的一种定向用仪器。陀螺是一个悬挂着的能进行高速旋转的转子。陀螺仪有两个重要的特性：一个是定轴性，即在无外力作用下，高速旋转中的陀螺轴的方向保持不变；另一个是陀螺仪的进动性，即在受外力作用时，高速旋转中的陀螺轴按一定的规律产生进动。基于这两种特性，在陀螺仪高速旋转和地球自转的共同作用下，陀螺轴可以在测站的真北方向两侧进行有规律的往复转动，从而可以得出测站的真北方向。

6.3.1　陀螺经纬仪的构造

陀螺经纬仪由经纬仪、陀螺仪和电源箱三大部分组成。图 6-7 所示为国产 JT-15 型陀螺经纬仪，其陀螺方位角的测定精度为 $\pm 15''$，经纬仪的等级为 DJ_6 级。

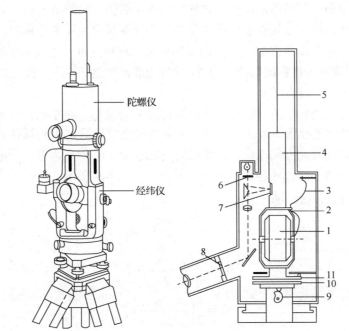

1—陀螺马达；2—陀螺房；3—导流丝；4—悬挂柱；5—悬挂带；6—光标线；7—反光镜；
8—分划板；9—凸轮；10—锁紧限幅装置；11—灵敏部底座。

图 6-7　国产 JT-15 型陀螺经纬仪

陀螺仪主要由以下几部分组成。

1）灵敏部：陀螺仪的核心部分是陀螺马达 1，它的转速通常为 21500r/min，安装在密封充氢的陀螺房 2 中，通过悬挂柱 4 由悬挂带 5 悬挂在仪器的顶部，由两根导流丝 3 和悬挂带 5 及旁路结构为陀螺马达供电，悬挂柱上装有反光镜 7，它们共同组成陀螺仪的灵敏部。

2）光学观测系统：与支架固连的光标线 6，经过反射棱镜和反光镜反射后，通过透镜成像在分划板 8 上。光标像在视场内的摆动反映了陀螺灵敏部的摆动。

3）锁紧限幅装置：用于固定灵敏部或限制它的摆动。转动仪器的外部手轮，凸轮 9 会带动锁紧限幅装置 10 的升降，使陀螺仪灵敏部被托起（锁紧）或放下（摆动）。

陀螺经纬仪外壳的内壁有磁屏蔽罩，用于防止外界磁场的干扰，陀螺仪的底部与经纬仪的桥形支架相连。

6.3.2　用陀螺经纬仪测量直线真方位角的步骤

用陀螺经纬仪测量直线真方位角的步骤如下。

（1）准备工作

在测线的一端，对中、整平，用罗盘仪使望远镜近似指北，使观测目镜与望远镜目镜在同一侧。打开电源箱，接好电缆，将操作钮旋到"照明"位置，检查电池电压，电表指针在红区即可开始工作。

（2）粗定向

启动陀螺经纬仪后指示灯亮起，当陀螺马达达到额定转速时指示灯会熄灭。之后 1min 即可慢慢放下灵敏部，在观测目镜中可看到光标像在摆动，如图 6-8 所示。旋转照准部进行跟踪，使光标像保持与分划板零刻度线重合。当光标像出现短暂停留时，表示已到达逆转点，读取经纬仪水平度盘读数。当光标像到达另一逆转点时，读取水平度盘读数后托起灵敏部。之后取两次水平度盘读数的平均值，并将照准部转到平均值位置，即可完成粗定向。

（3）精确定向（逆转点法）

启动陀螺马达，当马达达到额定转速后慢慢放下灵敏部。在观测目镜中用零分划线跟踪光标像，当 t_1 时刻光标像到达逆转点时，读取水平度盘读数 a_1；光标像到达逆转点并稍作停留后，即开始向真北方向摆动，继续追踪光标直至 t_2 时刻到达下一个逆转点，读取水平度盘读数 a_2。依次类推，连续跟踪 5 个逆转点，如图 6-9 所示，取 5 个点的平均值作为真北方向的水平度盘读数。即

$$\begin{cases} N_1 = \dfrac{1}{2}\left(\dfrac{a_1+a_3}{2}+a_2\right) \\ N_2 = \dfrac{1}{2}\left(\dfrac{a_2+a_4}{2}+a_3\right) \\ N_3 = \dfrac{1}{2}\left(\dfrac{a_3+a_5}{2}+a_4\right) \end{cases} \tag{6-6}$$

真北方向水平度盘读数为 $\dfrac{1}{3}(N_1+N_2+N_3)$。

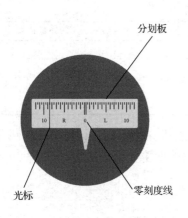

图 6-8 陀螺摆观测

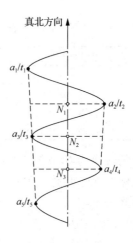

图 6-9 逆转点法

6.4 直线坐标方位角的推算方法

6.4.1 象限角的定义及计算

由坐标纵轴的北端或南端起，沿顺时针或逆时针方向旋转至直线形成的锐角，称为该直线的象限角，用 R 表示，其角值范围为-90°～0°或 0°～90°。如图 6-10 所示，直线 $O1$、$O2$、$O3$ 和 $O4$ 的象限角分别为北东 R_{O1}、南东 R_{O2}、南西 R_{O3} 和北西 R_{O4}。

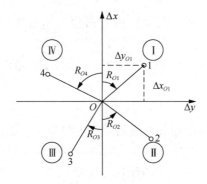

图 6-10 象限角

利用图 6-10 中的直线 $O1$ 的坐标增量 Δx_{O1} 和 Δy_{O1} 可以计算象限角 R_{O1}，即

$$R_{O1} = \arctan \frac{\Delta y_{O1}}{\Delta x_{O1}} \tag{6-7}$$

参考表 6-1，由于直线 $O1$ 处于第一象限，Δx_{O1} 为正值，Δy_{O1} 也为正值，故 R_{O1} 为正角。对于处于第二象限的直线 $O2$，Δx_{O2} 为负值，Δy_{O2} 为正值，故 R_{O2} 为负角。同理，R_{O3} 为正角，R_{O4} 为负角。

表 6-1　不同象限坐标增量的符号

坐标方位角及其所在象限	Δx 的符号	Δy 的符号
0°～90°（第一象限）	+	+
90°～180°（第二象限）	－	+
180°～270°（第三象限）	－	－
270°～360°（第四象限）	+	－

将象限角转换为坐标方位角时，需要根据其正负情况采用不同的计算方法。由于方位角指的是从标准北方向起，顺时针转到直线形成的水平夹角，不难得出如下坐标方位角与象限角的换算关系。

1）在第一象限中，$\alpha=R$。

2）在第二象限中，$\alpha=180°-R$。

3）在第三象限中，$\alpha=180°+R$。

4）在第四象限中，$\alpha=360°-R$。

【例 6-1】已知 A 点坐标为 $x_A=2537808.195\,\mathrm{m}$，$y_A=480413.330\,\mathrm{m}$，$B$ 点坐标为 $x_B=2538145.245\,\mathrm{m}$，$y_B=480733.530\,\mathrm{m}$，求直线 AB 象限角 R_{AB}、坐标方位角 α_{AB} 和坐标反方位角 α_{BA}。

解：
$$\Delta x_{AB}=2538145.245-2537808.195=337.05\,（\mathrm{m}）$$
$$\Delta y_{AB}=480733.530-480413.330=320.20\,（\mathrm{m}）$$

象限角 $R_{AB}=\arctan\dfrac{\Delta y_{AB}}{\Delta x_{AB}}\approx43.5311°=43°31'52''$。

因为 Δx_{AB}、Δy_{AB} 均大于 0，故 AB 边方向位于增量坐标系第一象限，坐标方位角 $\alpha_{AB}=R_{AB}=43°31'52''$。

坐标反方位角 $\alpha_{BA}=\alpha_{AB}+180°=43°31'52''+180°=223°31'52''$。

6.4.2　坐标方位角的推算

在实际工作中并不需要测定每条直线的坐标方位角，可以通过与一条直线相连的另外一条直线的方位角及两条直线的转角，推算出该直线的坐标方位角。如图 6-11 所示，已知直线 AB 的坐标方位角 α_{AB}，如要推算直线 BC 的坐标方位角 α_{BC}，需要在 B 点安置一台经纬仪或全站仪，观测直线 AB 与 BC 的转角。如果观测的转角位于坐标方位角推算方向的左侧，则该转角称为左角，用 $\beta_左$ 表示；如果观测的转角位于坐标方位角推算方向的右侧，则该转角称为右角，用 $\beta_右$ 表示。

根据图 6-11 所示的角度关系，不难得出

$$\alpha_{BC}=\alpha_{AB}+\beta_左-180° \tag{6-8}$$
$$\alpha_{BC}=\alpha_{AB}-\beta_右+180° \tag{6-9}$$

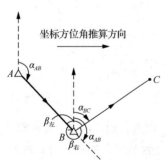

图 6-11　推算坐标方位角

由于方位角的取值范围是 $0°\sim360°$，可将式（6-8）和式（6-9）变换为

$$\alpha_{BC}=\alpha_{AB}+\beta_左\pm180°$$
$$\alpha_{BC}=\alpha_{AB}-\beta_右\pm180°$$

（6-10）

为保证用式（6-10）计算的 α_{BC} 的值为 $0°\sim360°$，式中的"±"的选取规则如下：当 $\alpha_{AB}+\beta_左$ 或 $\alpha_{AB}-\beta_右$ 的结果大于 $180°$ 时取"−"；当 $\alpha_{AB}+\beta_左$ 或 $\alpha_{AB}-\beta_右$ 的结果小于 $180°$ 时取"+"。

【例 6-2】已知直线 AB 坐标方位角 $\alpha_{AB}=43°31'52''$，直线 BC 与 AB 所夹左角为 $195°11'02''$，求直线 BC 的坐标方位角 α_{BC}。

解：

$$\alpha_{BC}=\alpha_{AB}+\beta_左-180°=43°31'52''+195°11'02''-180°=58°42'54''$$

习　题

一、名词解释题

1．三北方向
2．磁偏角
3．子午线收敛角
4．象限角
5．方位角

二、填空题

1．直线 AB 从 A 点到 B 点的 x 坐标增量 Δx_{AB} 为 -30.136m，y 坐标增量 Δy_{AB} 为 40.584m，则该直线的象限角 R_{AB} 是_____，坐标方位角 α_{AB} 是_____，反方位角 α_{BA} 是_____。

2．问题 1 中的直线 AB 与直线 BC 的左角为 $110°45'08''$，直线 BC 的坐标方位角 α_{BC} 是_____。

3．用陀螺经纬仪测得 PQ 的真方位角为 $A_{PQ}=62°11'08''$，计算得 P 点的子午线收敛角 $\gamma_P=-0°48'14''$，则 PQ 的坐标方位角 $\alpha_{PQ}=$_____。

4．已知直线 AB 的真方位角为 $62°11'08''$，A 点的磁偏角为 $\delta_A=-0°2'45''$，则 AB 的磁方位角为_____。

5．已知直线 AB 的磁方位角为 $136°46'00''$，磁偏角为 $\delta_A=3'$，子午线收敛角为 $\gamma_A=-2'$，则直线 AB 的坐标方位角为_____。

6．坐标方位角的取值范围为_____。

三、问答题

1．为什么要确定直线的方向？怎样确定直线的方向？
2．使用罗盘仪和陀螺经纬仪测定直线的磁方位角和真方位角的原理是什么？

第 **7** 章

平面控制测量

7.1 平面控制测量概述

为确定控制点平面坐标（X，Y）而开展的测量工作称为平面控制测量。测量工作的基本原则是"先整体后局部""先控制后碎部"，也就是说，在测量工作中，为了精确获取地面点的坐标，需要通过控制测量限制测量误差的传播和积累。控制测量就是使用足够精密的测量仪器，利用严格的方法，准确地测定测区范围内起控制作用的点（控制点）的坐标。控制测量结束之后，再以控制点为基准开展碎部测量，才能保证必要的测量精度，使分区的测图拼接成整体，整体设计的工程建筑物能分区测设。控制测量贯穿工程建设的整个阶段：在工程勘测的测图阶段，需要进行控制测量；在工程施工阶段，要进行施工控制测量；在工程竣工后的运营阶段，也需要为了建筑物变形观测而进行控制测量。

1. 平面控制网布设方法

平面控制网常规的布设方法有三角网、导线网和 GPS 控制网。

（1）三角网

在地面上选定一系列点构成以三角形互相连接的网称为三角网，如图 7-1 所示。网点称为三角点，进行三角网形式的控制测量称为三角测量。通过测定三角形的所有内角及少量边，可以计算确定控制点的平面位置。三角网检核条件多，精度较高，但易受障碍物影响，布网难度较大。

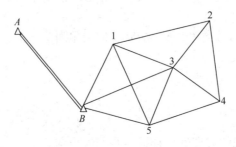

图 7-1 三角网

（2）导线网

将选定的地面点依相邻次序连成折线，依次测量各折线长度、转折角，再根据已知数据推算各点的平面位置的测量方法，称为导线测量，这时的控制网称为导线网（图 7-2），这时的控制点称为导线点。导线网中各点上方向数较少，受通视要求限制小，因此选点容易，布网灵活，但相比较而言，约束条件较少，观测粗差不易被发现。

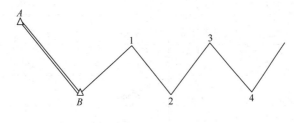

图 7-2　导线网

（3）GPS 控制网

除以上两种布网方法外，目前常用的还有 GPS 控制网。20 世纪 80 年代末，GPS 开始在我国用于建立平面控制网，该方法目前已成为建立平面控制网的主要方法。应用 GPS 技术建立的控制网称为 GPS 控制网。它的优点是建网速度快、精度高、全天候、操作方便等，但是在狭窄的区域使用会受到限制。

2.　平面控制网的类型

平面控制网按布设范围可分为国家平面控制网、城市平面控制网和小区域控制网，具体介绍如下。

（1）国家平面控制网

在全国范围内布设的平面控制网称为国家平面控制网。国家平面控制网提供全国性的、统一的空间定位基准，是全国各种比例尺测图和工程建设的基本控制网，也为空间科学技术和军事提供精确的点位资料。国家平面控制网采用逐级控制、分级布设的原则，按精度大小分一、二、三、四等，主要采用三角测量法布设，在西部测量困难地区采用导线测量法。一、二等国家平面控制网一般布设成三角锁，有时也根据地形布设成精密导线网。一等三角锁沿经线和纬线布设成纵横交叉的三角锁系，锁长 200～250km，构成 120 个锁环。一等三角锁内由近于等边的三角形组成，边长为 20～30km。

二等三角测量有两种布网形式：一种是由纵横交叉的两条二等基本锁将一等锁环划分成 4 个大致相等的部分，这 4 个空白部分用二等补充网填充，称为纵横锁系布网方案；另一种是在一等锁环内布设全面二等三角网，称为全面布网方案。二等基本锁的边长为 20～25km，二等网的平均边长为 13km。国家一、二等网合称为天文大地网。我国天文大地网于 1951 年开始布设，1961 年基本完成，1975 年修补测量工作全部结束，全网约有 5 万个大地点。

（2）城市平面控制网

在城市地区为满足大比例尺测图和城市建设施工的需要，布设城市平面控制网。城市平面控制网在国家控制网的控制下布设，按城市范围大小布设不同等级的平面控制网，分为二、三、四等及一、二级三角网，二、三、四等及一、二级卫星定位网，三、四等及一、二、三级、图根导线网，其主要技术要求如表 7-1～表 7-3 所示。

表 7-1　城市三角网主要技术要求

等级	平均边长/km	测角中误差/（"）	测边相对中误差	最弱边边长相对中误差	测回数			三角形最大闭合差/（"）
					DJ$_1$	DJ$_2$	DJ$_6$	
二等	9	1	$\leq \dfrac{1}{250000}$	$\leq \dfrac{1}{120000}$	12			3.5
三等	4.5	1.8	$\leq \dfrac{1}{150000}$	$\leq \dfrac{1}{70000}$	6	9		7
四等	2	2.5	$\leq \dfrac{1}{100000}$	$\leq \dfrac{1}{40000}$	4	6		9
一级	1	5	$\leq \dfrac{1}{40000}$	$\leq \dfrac{1}{20000}$		2	4	15
二级	0.5	10	$\leq \dfrac{1}{20000}$	$\leq \dfrac{1}{10000}$		1	2	30

注：当测区测图的最大比例尺为 1:1000 时，一、二级三角网的平均边长可适当放长，但不应大于表中规定长度的 2 倍。

表 7-2　卫星定位测量的主要技术要求

等级	基线平均长度/km	固定误差 A/mm	比例误差系数 B/（mm·km^{-1}）	约束点间的边长相对中误差	约束平差后最弱边相对中误差
二等	9	≤ 10	≤ 2	$\leq \dfrac{1}{250000}$	$\leq \dfrac{1}{120000}$
三等	4.5	≤ 10	≤ 5	$\leq \dfrac{1}{150000}$	$\leq \dfrac{1}{70000}$
四等	2	≤ 10	≤ 10	$\leq \dfrac{1}{100000}$	$\leq \dfrac{1}{40000}$
一级	1	≤ 10	≤ 20	$\leq \dfrac{1}{40000}$	$\leq \dfrac{1}{20000}$
二级	0.5	≤ 10	≤ 40	$\leq \dfrac{1}{20000}$	$\leq \dfrac{1}{10000}$

表 7-3　导线测量的主要技术要求

等级	导线长度/km	平均边长/km	测角中误差/（"）	测距中误差/mm	测距相对误差	测回数			方位角闭合差/（"）	相对闭合差
						DJ$_1$	DJ$_2$	DJ$_6$		
三等	14	3	1.8	20	$\dfrac{1}{150000}$	6	10		$3.6\sqrt{n}$	$\leq \dfrac{1}{55000}$
四等	9	1.5	2.5	18	$\dfrac{1}{80000}$	4	6		$5\sqrt{n}$	$\leq \dfrac{1}{35000}$
一级	4	0.5	5	15	$\dfrac{1}{30000}$		2	4	$10\sqrt{n}$	$\leq \dfrac{1}{15000}$
二级	2.4	0.25	8	15	$\dfrac{1}{14000}$		1	3	$16\sqrt{n}$	$\leq \dfrac{1}{10000}$
三级	1.2	0.1	12	15	$\dfrac{1}{7000}$		1	2	$24\sqrt{n}$	$\leq \dfrac{1}{5000}$

续表

等级		导线长度/km	平均边长/km	测角中误差/(″)	测距中误差/mm	测距相对误差	测回数			方位角闭合差/(″)	相对闭合差
							DJ₁	DJ₂	DJ₆		
图根	首级	≤aM		20		$\frac{1}{4000}$			1	$40\sqrt{n}$	$\leq \frac{1}{2000a}$
	一般			30						$60\sqrt{n}$	

注：1．表中 n 为测站数。

2．对于图根级，a 为比例系数，取值宜为 1，当采用 1∶500、1∶1000 比例尺测图时，其值可选用 1~2；M 为测图比例尺分母，但对于工矿区现状图测量，不论测图比例尺大小，M 均应取值为 500；在隐蔽或实测困难地区，导线相对闭合差可放宽但不应大于 $\frac{1}{1000a}$。

3．当测区测图的最大比例尺为 1∶1000 时，一、二、三级导线的平均边长可适当放长，但最大长度不应大于表中规定相应长度的 2 倍。

（3）小区域控制网

在小于 10km² 的范围内建立的控制网称为小区域控制网。在这个范围内，水准面可视为水平面，可采用直角坐标系，直接在平面上计算坐标。在建立小区域控制网时，应尽量与已建立的国家或城市控制网连测，将国家或城市高级控制点的坐标作为小区域控制网的起算和校核数据。如果测区内或测区周围无高级控制点，或者不便于联测，也可建立独立平面控制网。

7.2 导 线 测 量

7.2.1 导线的布网形式

导线是由相邻控制点连成直线而构成的折线。导线中的控制点称为导线点，每条直线称为导线边，相邻两导线边之间的水平夹角称为导线转折角。依次测定导线边的水平距离和相邻导线的转折角，进而根据已知坐标方位角和已知坐标算出各导线点平面坐标的工作称为导线测量。按照测区的条件和需要，导线可以布置成闭合导线、附合导线和支导线三种形式。

1）闭合导线：如图 7-3 所示，闭合导线是起点和终点均为同一已知点的闭合多边形。其中 B 为已知点，1、2、3 点为待测点，且直线 AB 的坐标方位角已知。

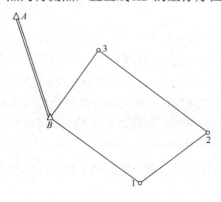

图 7-3 闭合导线

2）附合导线：如图 7-4 所示，布设在两个已知点之间的导线称为附合导线。其中 D 点为已知点，直线 CD 坐标方位角已知，经过 1、2、3 点后附合到已知点 E，且直线 EF 坐标方位角已知。

3）支导线：如图 7-5 所示，从一个已知点 H 出发，最终既不附合到另一个控制点，也不回到原来的已知点。由于支导线没有检核条件，因此一般只在地形测量的图根导线中采用，且支导线不能超过三条边。

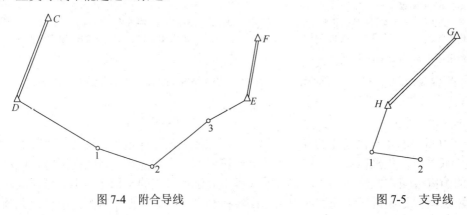

图 7-4　附合导线　　　　　　　　　　图 7-5　支导线

7.2.2　导线测量的外业工作

导线测量的外业包括踏勘选点、埋石造标、测角量边三项主要工作。

（1）踏勘选点

在选择导线点之前，应收集测区已有的地形图及高一级控制点的成果资料，然后在地形图上初步拟定导线布设路线，再根据设计方案到实地踏勘选点。选点的原则如下：

1）相邻导线点之间必须通视良好，便于测角与量边。

2）点位应选择在坚实土地上，便于保存标志和安置仪器。

3）点位上视野要开阔，便于对周围的地物和地貌开展碎部测量。

4）导线各边长度应大致相等，不能过长或过短且边长应符合相应级别的规范要求。

5）导线点需要有足够的密度，均匀分布在测区内，以便控制整个测区。

（2）埋石造标

导线点确定之后，需要在地面上建立标志，即埋石造标，如图 7-6 所示。如果选点在较软地面上，则可在点位处打一木桩，桩顶钉一小铁钉或划"＋"作为点的标志，必要时在木桩周围灌上混凝土。如果地面较坚硬，则可在点位处用钢凿凿一十字纹，再涂上红油漆建立标志。如果导线点需要长期保存，则应埋设混凝土导线点标石。导线点埋设后应统一进行编号，便于管理。此外，为方便观测时寻找导线点，可在导线点附近明显的地物点（如房脚、电杆等处）用油漆注明导线点编号和距离。还需为各导线点绘制一张草图，上面注明地名、路名、导线点编号及导线点与周围明显地物点的距离，该草图称为点之记，如图 7-7 所示。

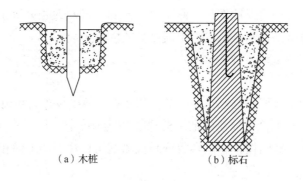

（a）木桩　　　　　　（b）标石

图 7-6　埋石造标

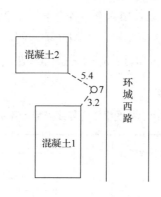

图 7-7　点之记

（3）测角量边

测角：使用经纬仪或全站仪，采用测回法，对相邻导线边的转折角进行测量。所测转折角可以为左角（位于导线前进方向左侧的角）或右角（位于导线前进方向右侧的角）。如图 7-8 所示，闭合导线按照 A—B—1—2—3—B—A 的顺序来编号，如果该顺序为逆时针方向，则多边形内角为左角；如果该顺序为顺时针方向，则多边形内角为右角。若观测无误差，则在同一导线点测得的左角和右角之和应为 360°。导线转折角测量的精度要求见表 7-3。

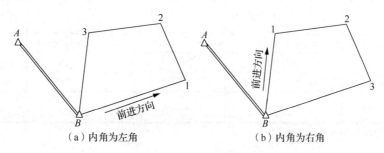

（a）内角为左角　　　　　　（b）内角为右角

图 7-8　闭合导线的左、右角

一般附合导线中统一观测左角或统一观测右角，闭合导线中均测内角。

量边：传统导线边长可采用钢尺、测距仪（气象、倾斜改正）等工具来测量。随着测绘技术的发展，目前全站仪测绘已成为距离测量的主要手段。

7.2.3 导线测量的内业工作

导线测量的内业工作即根据已知条件及测量结果（导线转折角和边长），计算各导线点的坐标。计算之前应仔细检查外业记录，查看数据是否齐全、是否符合精度要求、有无计算错误等；然后绘制导线略图，将已知数据和观测结果标注在图上的相应位置。

1. 闭合导线计算

首先将点号、观测的内角、边长填入表 7-4 中的 1、2、6 列，起始边坐标方位角和起点坐标值填入 5 和 11、12 列的相应位置。以图 7-9 为例，已知 A、B 两点坐标及 AB 直线坐标方位角，推算导线点坐标顺序为 $A—B—1—2—3—B—A$，则所测导线转折角均为左角。计算 1、2、3 点坐标的步骤如下。

表 7-4 某图根闭合导线坐标计算例表

点号	观测角（左角）			角度改正数/(″)	改正后的观测角			坐标方位角			边长/m	坐标增量		改正后的坐标增量		坐标值	
	°	′	″		°	′	″	°	′	″		Δx/m	Δy/m	Δx/m	Δy/m	X/m	Y/m
A								271	38	29							
B	**120**	**29**	**23**	−6	120	29	17									**121345.354**	**87345.278**
								212	7	46	**123.365**	0.004 −104.472	0.027 −65.610	−104.468	−65.583		
1	**123**	**40**	**12**	−6	123	40	6									121240.886	87279.695
								155	47	52	**144.285**	0.005 −131.603	0.031 59.151	−131.598	59.182		
2	**116**	**23**	**23**	−6	116	23	17									121109.288	87338.877
								92	11	9	**234.462**	0.007 −8.942	0.051 234.291	−8.935	234.342		
3	**44**	**52**	**17**	−6	44	52	11									121100.353	87573.219
								317	3	20	**334.680**	0.010 244.991	0.073 −228.014	245.001	−227.941		
B	**314**	**35**	**15**	−6	314	35	9									**121345.354**	**87345.278**
A								91	38	29							
总和	720	0	30	−30	720	0	0				836.792	−0.026	−0.182	0.000	0.000		
辅助计算	$\Sigma\beta_测$			720°0′30″				坐标闭合差 f_x/mm				−26		距离闭合差 f/mm		184	
	$\Sigma\beta_理$			720°0′0″				坐标闭合差 f_y/mm				−182					
	角度闭合差 f_β			30″				相对误差 K				$\dfrac{1}{4548}$					

注：表中加粗数据为已知条件和测量结果。

（1）角度闭合差计算与调整

根据几何原理可知，n 边形的内角和理论值为

$$\Sigma\beta_理=(n-2)\times180° \tag{7-1}$$

根据图 7-9，所测角度为 AB 边与 $B1$ 边左角 β_1、$B1$ 边与 12 边左角 β_2、12 边与 23 边左角 β_3、23 边与 $3B$ 边左角 β_4、$3B$ 边与 BA 边左角 β_5，可以理解为 AB—$B1$—12—23—$3B$—BA 六条边构成了一个六边形，则 β_1、β_2、β_3、β_4、β_5 角度之和理论值（即六边形内角和理论值）为

$$\Sigma\beta_{理} = (6-2)\times180° = 720°$$

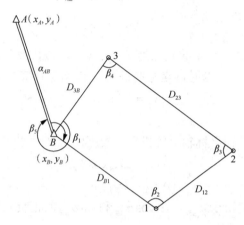

图 7-9　闭合导线简图（略去数据）

由于观测角不可避免地含有误差，从而实测的内角和不等于理论值，因此产生了角度闭合差 f_β：

$$f_\beta = \Sigma\beta_{测} - \Sigma\beta_{理} \tag{7-2}$$

各级导线角度闭合差允许值 $f_{\beta允}$ 见表 7-3 中"方位角闭合差"一列，如二级导线角度闭合差允许值为 $16\sqrt{n}$，一般图根导线角度闭合差允许值为 $60\sqrt{n}$（此处 n 并非多边形边数，而是指测站数，也可以理解为所观测转角的个数。以图 7-9 为例，$n=5$）。如果 $f_\beta \leqslant f_{\beta允}$，则可将闭合差反符号平均分配给各观测角度，各观测角改正数 v_β 为

$$v_\beta = \frac{-f_\beta}{n} \tag{7-3}$$

将改正数加至各观测角 β_i，则改正后的角度 $\hat{\beta}_i$ 为

$$\hat{\beta}_i = \beta_i + v_\beta \tag{7-4}$$

角度改正数和改正后的角度分别填写至表 7-4 的"角度改正数"和"改正后的观测角"两列。$\Sigma\beta_{测}$、$\Sigma\beta_{理}$、f_β 填写至表 7-4 的辅助计算部分相应位置。

（2）推算各边坐标方位角

根据起始边 AB 的坐标方位角 α_{AB} 及修正后的各内角（左角），利用式（6-10），可推算各边方位角。例如，$B1$ 边坐标方位角 α_{B1} 为

$$\alpha_{B1} = \alpha_{AB} + \hat{\beta}_1 \pm 180°$$

用相同方法，依次计算 12 边坐标方位角 α_{12}、23 边坐标方位角 α_{23}、$3B$ 边坐标方位角 α_{3B}，并将结果填写在表 7-4 的"坐标方位角"列。

推算坐标方位角的公式可以归纳为

$$\begin{cases} \alpha_{前} = \alpha_{后} + \hat{\beta}_{左} \pm 180° \\ \alpha_{前} = \alpha_{后} - \hat{\beta}_{右} \pm 180° \end{cases} \tag{7-5}$$

由于坐标方位角为 $0°\sim360°$，式中的 "±" 选取规则如下：当 $\alpha_{后} + \hat{\beta}_{左}$ 或 $\alpha_{后} - \hat{\beta}_{右}$ 的结果大于 $180°$ 时，取 "−"；当 $\alpha_{后} + \hat{\beta}_{左}$ 或 $\alpha_{后} - \hat{\beta}_{右}$ 的结果小于 $180°$ 时，取 "+"。

（3）坐标增量计算与增量闭合差调整

1）坐标增量的计算方法。

如图 7-10 所示，已知一点 A 的坐标为（x_A，y_A），边长 D_{AB} 和坐标方位角 α_{AB}，如要求 B 点的坐标（x_B，y_B），可以通过坐标增量 Δx_{AB} 和 Δy_{AB} 计算，即

$$\begin{cases} x_B = x_A + \Delta x_{AB} \\ y_B = y_A + \Delta y_{AB} \end{cases} \tag{7-6}$$

式中，Δx_{AB} 和 Δy_{AB} 为边长在坐标轴上的投影，根据图 7-10 中的几何关系，可以得到

$$\begin{cases} \Delta x_{AB} = D_{AB} \cos \alpha_{AB} \\ \Delta y_{AB} = D_{AB} \sin \alpha_{AB} \end{cases} \tag{7-7}$$

Δx_{AB} 和 Δy_{AB} 的正负取决于 α_{AB}，由 $\cos\alpha_{AB}$ 和 $\sin\alpha_{AB}$ 的正负号决定。

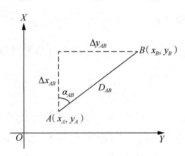

图 7-10 坐标增量的计算

根据式（7-7），利用各边长度及第（2）步中所得到的各边坐标方位角可以计算出 $B1$ 边、12 边、23 边、$3B$ 边的坐标增量，然后填入表 7-4 的 "坐标增量" 列。

2）坐标增量闭合差调整。

闭合导线起点与终点为同一点，因此各边坐标增量代数和的理论值应分别等于 0，即

$$\begin{cases} \Sigma\Delta x_{理} = 0 \\ \Sigma\Delta y_{理} = 0 \end{cases} \tag{7-8}$$

实际上由于量边的误差和角度闭合差调整后的残余误差，通常 $\Sigma\Delta x_{测}$ 与 $\Sigma\Delta y_{测}$ 均不等于 0。设坐标增量闭合差为 f_x 与 f_y，则有

$$\begin{cases} f_x = \Sigma\Delta x_{测} - \Sigma\Delta x_{理} = \Sigma\Delta x_{测} \\ f_y = \Sigma\Delta y_{测} - \Sigma\Delta y_{理} = \Sigma\Delta y_{测} \end{cases} \tag{7-9}$$

如图 7-11 所示，由于坐标增量闭合差 f_x 与 f_y 的存在，导线在平面图形上无法闭合。即从 B 点出发，按照 B—1—2—3—B' 计算出来的 B' 点的坐标不等于 B 点的坐标。B 点与 B' 点之间的直线距离 f 称为导线全长闭合差，计算公式为

$$f = \sqrt{f_x^2 + f_y^2} \qquad (7-10)$$

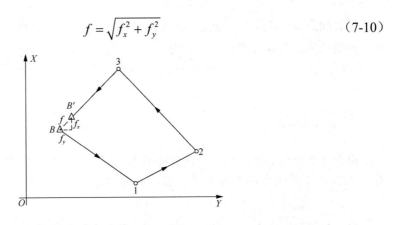

图 7-11　闭合导线坐标增量闭合差

导线测量的精度还需要通过导线全长相对闭合差 K 来衡量，K 定义为

$$K = \frac{f}{\sum D} = \frac{1}{\dfrac{\sum D}{f}} \qquad (7-11)$$

式中，$\sum D$ 为导线全长。将 f_x、f_y、f、K 填写至表 7-4 的"辅助计算"部分相应位置。各级导线全长相对闭合差允许值 $K_允$ 见表 7-3 中"相对闭合差"列，如二级导线全长相对闭合差允许值为 $\dfrac{1}{10000}$，图根导线全长相对闭合差允许值为 $\dfrac{1}{2000}$。如果 $K \leqslant K_允$，则证明结果符合精度要求，可以分配坐标增量闭合差 f_x 与 f_y。分配原则是：将 f_x 与 f_y 以反符号按边长成正比分配到各边纵横坐标增量中。设第 i 边的坐标增量改正数为 v_{xi} 和 v_{yi}，可得

$$\begin{cases} v_{xi} = -\dfrac{f_x}{\sum D} D_i \\ v_{yi} = -\dfrac{f_y}{\sum D} D_i \end{cases} \qquad (7-12)$$

改正数记录在表 7-4 的"坐标增量"列相应坐标增量数据的上方。

改正后的坐标增量为

$$\begin{cases} \Delta \hat{x}_i = \Delta x_i + v_{xi} \\ \Delta \hat{y}_i = \Delta y_i + v_{yi} \end{cases} \qquad (7-13)$$

改正后的纵、横坐标增量代数和应该分别为 0。计算结果记录在表 7-4 的"改正后的坐标增量"列。

（4）计算导线点坐标

根据起点 B 的坐标及各边改正后的坐标增量，即可计算出各导线点坐标。例如，1 点坐标为

$$\begin{cases} x_1 = x_B + \Delta \hat{x}_{B1} \\ y_1 = y_B + \Delta \hat{y}_{B1} \end{cases}$$

用相同方法，依次计算 2、3 点的坐标，并将结果填写在表 7-4 的"坐标值"列。最后

还应推算起点 B 点的坐标，其值应与初始条件相等，用于计算检核。

导线点坐标推算公式可以归纳为

$$\begin{cases} x_{前} = x_{后} + \Delta x_{改} \\ y_{前} = y_{后} + \Delta y_{改} \end{cases}$$ （7-14）

2. 附合导线计算

附合导线坐标计算步骤与闭合导线基本相同，只是由于二者布设形式不同，角度闭合差 f_{β} 与坐标增量闭合差 f_x 与 f_y 的计算略有差别。

（1）角度闭合差 f_{β} 的计算

附合导线角度闭合差为坐标方位角闭合差，以图 7-12 为例，CD 边的坐标方位角 α_{CD} 和 EF 边的坐标方位角 α_{EF} 为已知条件。根据 α_{CD}，利用观测所得的各导线转折角 β_1、β_2、β_3、β_4、β_5，可以依次推算出 $D1$ 边、12 边、23 边、$3E$ 边、EF 边的坐标方位角，设推算出的 EF 边的坐标方位角为 α'_{EF}，则角度闭合差 f_{β} 为

$$f_{\beta} = \alpha'_{EF} - \alpha_{EF}$$

即

$$f_{\beta} = \alpha'_{终} - \alpha_{终}$$ （7-15）

式中，$\alpha'_{终}$ 为推算出的终止边的坐标方位角；$\alpha_{终}$ 为已知终止边的坐标方位角。

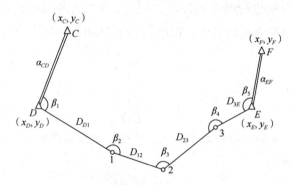

图 7-12 附合导线简图（略去数据）

（2）坐标增量闭合差 f_x 与 f_y 的计算

$D1$ 边、12 边、23 边、$3E$ 边的坐标增量之和理论值应为

$$\begin{cases} \Sigma\Delta x_{理} = x_E - x_D \\ \Sigma\Delta y_{理} = y_E - y_D \end{cases}$$

设实际所得的坐标增量之和为 $\Sigma\Delta x_{测}$ 与 $\Sigma\Delta y_{测}$，则坐标增量闭合差 f_x 与 f_y 为

$$\begin{cases} f_x = \Sigma\Delta x_{测} - \Sigma\Delta x_{理} = \Sigma\Delta x_{测} - (x_E - x_D) \\ f_y = \Sigma\Delta y_{测} - \Sigma\Delta y_{理} = \Sigma\Delta y_{测} - (y_E - y_D) \end{cases}$$

即

$$\begin{cases} f_x = \Sigma\Delta x_{测} - \Sigma\Delta x_{理} = \Sigma\Delta x_{测} - (x_{终} - x_{起}) \\ f_y = \Sigma\Delta y_{测} - \Sigma\Delta y_{理} = \Sigma\Delta y_{测} - (y_{终} - y_{起}) \end{cases} \qquad (7\text{-}16)$$

式中，（$x_{终},y_{终}$）为终点的已知坐标，（$x_{起},y_{起}$）为起点的已知坐标。

表 7-5 所示为某图根附合导线坐标计算例表。

表 7-5　某图根附合导线坐标计算例表

点号	观测角（左角）			角度改正数	改正后的观测角			坐标方位角			距离/m	坐标增量		改正后的坐标增量		坐标值	
	°	′	″	″	°	′	″	°	′	″		Δx/m	Δy/m	Δx/m	Δy/m	X/m	Y/m
A								**237**	**59**	**30**							
B	**99**	**01**	**00**	1	99	01	01									**507.693**	**215.638**
								157	00	31	**225.852**	0.037	-0.048	-207.874	88.168		
												-207.911	88.216				
1	**167**	**45**	**36**	1	167	45	37									299.819	303.806
								144	46	08	**139.031**	0.023	-0.030	-113.542	80.174		
												-113.565	80.204				
2	**123**	**11**	**24**	1	123	11	25									186.277	383.980
								87	57	33	**172.569**	0.028	-0.037	6.173	172.423		
												6.145	172.460				
C	**189**	**20**	**56**	1	189	20	57									**192.450**	**556.403**
D								**97**	**18**	**30**							
总和	579	18	56	4	579	19	0				537.452	-315.331	340.880	-315.243	-340.765		
辅助计算	$\alpha'_{终}$				97°18′26″						坐标闭合差 f_x/mm			-88		距离闭合差 f/mm	145
	$\alpha_{终}$				97°18′30″						坐标闭合差 f_y/mm			115			
	角度闭合差 f_β				-4″						相对误差 K			$\dfrac{1}{3706}$			

注：表中加粗数据为已知条件和测量结果。

7.3　交　会　定　点

交会定点是加密控制点的一种方法，由于其简单、方便，因此在工程测量领域获得广泛应用，特别是在图根控制点的密度不足以满足测图需要时，交会定点是加密控制点的有效方法。交会定点主要包括前方交会、侧方交会、后方交会。

7.3.1　前方交会

前方交会是在至少两个已知点上分别架设经纬仪，测定已知边与待定点间的夹角，从而求待定点坐标的方法。如图 7-13 所示，A、B 为已知点，P 为待定点，在 A、B 点上架设经纬仪测量角度 α、β，求 P 点的坐标。

由于 A、B 为已知点，因此可以推算出 AB 的坐标方位角 α_{AB} 和边长 D_{AB}，再根据 α、β

角度和正弦定理求得 AP、BP 的方位角和边长，利用坐标推算公式即可求得 P 点的坐标。

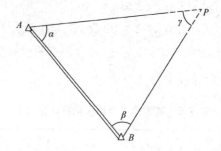

图7-13　前方交会

由图 7-13 可知，$\alpha_{AP} = \alpha_{AB} - \alpha$，则根据坐标推算公式得

$$\begin{cases} x_P = x_A + D_{AP}\cos\alpha_{AP} = x_A + D_{AP}\cos(\alpha_{AB} - \alpha) \\ y_P = y_A + D_{AP}\sin\alpha_{AP} = y_A + D_{AP}\sin(\alpha_{AB} - \alpha) \end{cases} \tag{7-17}$$

展开得

$$\begin{cases} x_P = x_A + D_{AP}(\cos\alpha_{AB}\cos\alpha + \sin\alpha_{AB}\sin\alpha) \\ y_P = y_A + D_{AP}(\sin\alpha_{AB}\cos\alpha - \cos\alpha_{AB}\sin\alpha) \end{cases} \tag{7-18}$$

又因为

$$\cos\alpha_{AB} = \frac{x_B - x_A}{D_{AB}}$$

$$\sin\alpha_{AB} = \frac{y_B - y_A}{D_{AB}}$$

将其代入式（7-18）中得

$$\begin{cases} x_P = x_A + \frac{D_{AP}\sin\alpha}{D_{AB}}[(x_B - x_A)\cot\alpha + (y_B - y_A)] \\ y_P = y_A + \frac{D_{AP}\sin\alpha}{D_{AB}}[(y_B - y_A)\cot\alpha - (x_B - x_A)] \end{cases} \tag{7-19}$$

根据正弦定理可得

$$\frac{D_{AP}}{D_{AB}} = \frac{\sin\beta}{\sin\gamma} = \frac{\sin\beta}{\sin(180° - \alpha - \beta)} = \frac{\sin\beta}{\sin\alpha\cos\beta + \cos\alpha\sin\beta} \tag{7-20}$$

从而有

$$\frac{D_{AP}\sin\alpha}{D_{AB}} = \frac{\sin\alpha\sin\beta}{\sin\alpha\cos\beta + \cos\alpha\sin\beta} = \frac{1}{\cot\alpha + \cot\beta} \tag{7-21}$$

将其代入式（7-19）并整理得

$$\begin{cases} x_P = \frac{x_A\cot\beta + x_B\cot\alpha - y_A + y_B}{\cot\alpha + \cot\beta} \\ y_P = \frac{y_A\cot\beta + y_B\cot\alpha - x_B + x_A}{\cot\alpha + \cot\beta} \end{cases} \tag{7-22}$$

在实际作业中，为了检查外业观测是否有错，提高 P 点的精度和可靠性，一般规定用

三个已知点进行交会，如图 7-14 所示。分别以 A、B，B、C 交会定点 P 点，得到两组坐标，并取平均值作为最后坐标。

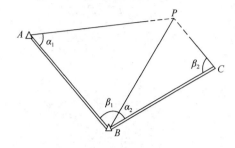

图 7-14　前方交会示意图

7.3.2　侧方交会

若两个已知点中有一个不易到达或不方便安置仪器，则可采用侧方交会。侧方交会是在一已知点和未知点上设站，测定两角度 α 和 γ，如图 7-15 所示。这时计算未知点的坐标同样可用前方交会公式，只是 β 角度利用观测角根据三角形内角和等于 180° 计算得到。

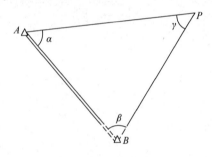

图 7-15　侧方交会示意图

7.3.3　后方交会

如图 7-16 所示，A、B、C 为三个已知点，在未知点 P 上安置经纬仪观测水平角 α、β、γ，再通过三个已知点 A、B、C 的坐标计算未知点 P 的坐标的方法，称为后方交会。

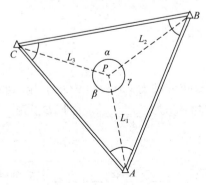

图 7-16　后方交会示意图

后方交会计算公式较多，且推导过程较复杂。下面介绍一种较简单且计算方便的公式：

$$\begin{cases} x_P = \dfrac{x_A P_A + x_B P_B + x_C P_C}{P_A + P_B + P_C} \\ y_P = \dfrac{y_A P_A + y_B P_B + y_C P_C}{P_A + P_B + P_C} \end{cases} \quad (7\text{-}23)$$

式中

$$\begin{cases} P_A = \dfrac{1}{\cot \angle A - \cot \alpha} \\ P_B = \dfrac{1}{\cot \angle B - \cot \beta} \\ P_C = \dfrac{1}{\cot \angle C - \cot \gamma} \end{cases} \quad (7\text{-}24)$$

如果将 P_A、P_B、P_C 看作三个已知点 A、B、C 的权，则待定点 P 的坐标就是三个已知点坐标的加权平均值。

习　题

一、名词解释题

1. 控制测量
2. 三角网
3. 导线网
4. 导线测量
5. 闭合导线
6. 附合导线
7. 导线角度闭合差
8. 导线坐标增量闭合差
9. 前方交会
10. 后方交会

二、填空题

1. 已知 A、B 两点的坐标值分别为 x_A=5773.633m，y_A=4244.098m，x_B=6190.496m，y_B=4193.614m，则坐标方位角 α_{AB} 为_____，边长 D_{AB} 为_____m。

2. 平面控制网的布设方法有_____、_____与_____。

3. 常用交会定点方法有_____、_____、_____。

4. 导线的起算数据至少应有_____和_____，观测数据应有_____和_____，导线计算的目的是求出_____。

5. 直线 AB 的坐标方位角为 $190°18'52''$，用经纬仪测右角 $\angle ABC$ 的值为 $308°07'44''$，则 BC 的坐标方位角为_____。

6. 某导线的 $f_x = -0.08\text{m}$，$f_y = +0.06\text{m}$，导线全长为 506.704m，该导线的全长相对闭合差为_____。

7. 已知 $S_{AB} = 136.46\text{m}$，$\alpha_{AB} = 278°56'34''$，则 Δx_{AB} 与 Δy_{AB} 分别为_____和_____。

8. 导线测量角度闭合差的调整方法是_____。

9. 附合导线与闭合导线坐标计算的主要差异是_____和_____的计算。

三、问答题

1. 导线测量的外业工作包括哪些？

2. 导线坐标计算的一般步骤是什么？

四、计算题

1. 已知直线 AB 坐标方位角为 $\alpha_{AB} = 89°12'01''$，B 点坐标 $x_B = 3065.347\text{m}$，$y_B = 2135.265\text{m}$。某导线点坐标推算路线为 $B—1—2$，测得坐标推算路线的右角分别为 $\beta_B = 32°30'12''$，$\beta_1 = 261°06'16''$，边长分别为 $D_{B1} = 123.704\text{m}$，$D_{12} = 98.506\text{m}$。试计算 1、2 点的平面坐标。

2. 某支导线的已知数据与观测数据已填于表 7-6 中，试在表 7-6 中计算 1、2、3 点的平面坐标。

表 7-6　某支导线坐标计算表

点名	水平角（左）			方位角			边长/m	Δx/m	Δy/m	x/m	y/m
	°	′	″	°	′	″					
A				237	59	30					
B	99	01	08				225.853			2507.693	1215.632
1	167	45	36				139.032				
2	123	11	24				172.571				
3											

第 8 章

大比例尺地形图的测绘与应用

8.1　地形图概述

地形图是普通地图的一种，是按一定比例尺，用规定的符号表示地物、地貌平面位置和高程的正射投影图。地形图既可以表示地物的平面位置，又可以表示地貌形态。当测区面积较大（如超过 $100km^2$），将投影至参考椭球面上的地表形态再投影到水平面时，必须考虑地球曲率的影响。当测区面积较小时，可不考虑地球曲率的影响，此时可将地图投影简化为将地面点直接沿铅垂线投影到水平面上。

为了在统一的坐标系中测定地面点的位置，我国在全国范围内建立了国家平面及高程控制网。地形图测绘一般在国家控制网统一的坐标系中进行，某些工程建设也采用独立的平面和高程系统。我国的基本地形图根据比例尺大小可以分为小比例尺地形图、中比例尺地形图和大比例尺地形图。

8.2　地形图的基本知识

8.2.1　地形图的比例尺

地形图上一段直线的长度与地面上相应线段的实际水平长度之比，称为地形图的比例尺。

1. 比例尺的种类

（1）数字比例尺

数字比例尺一般用分子为 1、分母为整数的分数表示。设地形图上某一直线长度为 d，相应实地的水平长度为 D，则地形图的比例尺为

$$\frac{d}{D} = \frac{1}{\dfrac{D}{d}} = \frac{1}{M} \qquad\qquad (8\text{-}1)$$

式中，M 为比例尺分母。分母越大（分数值越小），比例尺就越小。通常称 1∶500、1∶1000、1∶2000、1∶5000 比例尺的地形图为大比例尺地形图，称 1∶1 万、1∶2.5 万、1∶5 万、1∶10 万比例尺的地形图为中比例尺地形图，称 1∶25 万、1∶50 万、1∶100 万比例尺的地形图为小比例尺地形图。工程建筑类各专业通常使用大比例尺地形图。

（2）图示比例尺

图示比例尺一般绘制在数字比例尺下方，如图 8-1 所示。可以使用分规在图上截取直线段后，直接对比图示比例尺获得水平距离，读数较为快捷，且可以抵消图纸伸缩引起的误差。图 8-1 中图示比例尺由 2cm 为基本单位分成若干大格，一个基本单位表示 200m，所对应的数字比例尺为 1∶10000。

图 8-1　图示比例尺

2. 比例尺精度

人们用肉眼能分辨的图上最小距离为 0.1mm，一般在图上度量或实地测图描绘时，就只能达到图上 0.1mm 的准确性。因此把图上 0.1mm 所表示的实地水平距离称为比例尺精度，即 $0.1M$（mm）。比例尺越大，其比例尺精度越高。比例尺与比例尺精度的关系如表 8-1 所示。

表 8-1　比例尺与比例尺精度的关系

比例尺	1∶500	1∶1000	1∶2000	1∶5000	1∶10000
比例尺精度/mm	0.05	0.1	0.2	0.5	1.0

比例尺的精度对测绘和用图都有重要的意义。例如，在测绘 1∶500 地形图时，实地量距只需取到 5cm，因为若量得再精细，在图上都是无法表示出来的。此外，当设计规定了在图上能量出的最短长度时，根据比例尺的精度，可以确定测图比例尺。例如，某项工程建设要求在图上能反映地面上 10cm 的精度，则采用的比例尺不得小于 1∶1000。图的比例尺越大，图上地物、地貌表示得就越详细，相对应的测绘工作量及经费支出也会成倍增加，因此应根据工程的规划、设计、施工的实际情况合理地选择测图的比例尺。图 8-2 所示为某城区 1∶500 比例尺地形图样图。

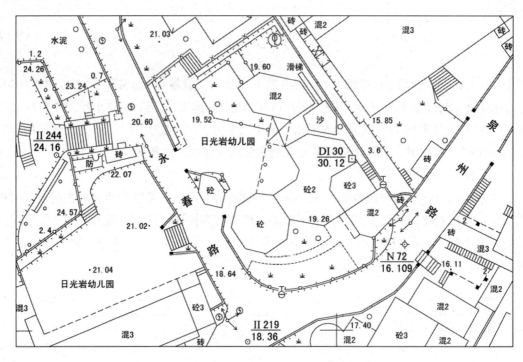

图 8-2 某城区 1∶500 比例尺的地形图样图

8.2.2 地形图的分幅与编号

为便于测绘、管理和使用地形图，需要将大面积的各种比例尺地形图进行统一的分幅和编号。地形图分幅的方法有两类：一类是按经纬线分幅的梯形分幅法（又称国际分幅法）；另一类是按坐标格网分幅的矩形分幅法。前者主要用于国家基本图的分幅，后者则用于工程建设大比例尺图的分幅。

1. 梯形分幅法

（1）1∶100 万地形图的分幅与编号

1∶100 万地形图的分幅与编号采用国际 1∶100 万地形图分幅与编号标准。标准分幅的经差是 6°、纬差是 4°。由于随纬度的增高地图面积迅速缩小，因此规定在纬度 60°～76° 之间双幅合并，即每幅图经差是 12°、纬差是 4°。在纬度 76°～88° 之间由四幅合并，即每幅图经差是 24°、纬差是 4°。纬度 88° 以上单独为一幅。我国处于纬度 60° 以下，故在绘制国内地形图时没有合幅的问题。

如图 8-3 所示，从赤道起，纬度每 4° 分为一行，至北（南）纬 88°，各分为 22 行，依次用英文字母 A，B，C，…，V 表示其相应的行号，行号前分别冠以 N 和 S，用于区别北半球和南半球（我国地处北半球，故在绘制国内地形图时，图号前的 N 全部省略）。从 180° 经线算起，自西向东每 6° 分为一列，将全球分为 60 列，依次用 1，2，3，…，60 表示。行号与列号相结合即该图幅的编号。例如，北京某地为东经 116°24′20″，北纬 39°56′30″，则其所在的 1∶100 万比例尺的图号为 J50。

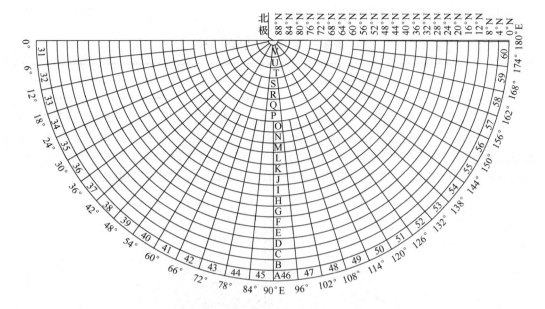

图 8-3　东半球北纬 1∶100 万地形图国际分幅与编号

我国处于东半球赤道以北，经度范围是 72°E～138°E，纬度范围是 0°～56°N。故根据东半球北纬 1∶100 万地形图国际分幅与编号，我国国土范围共占据 14 行和 11 列，分别为 A～N 行及 43～53 列，具体分幅及编号可参见有关测绘规程。

（2）1∶50 万～1∶5000 地形图的分幅与编号

1∶50 万～1∶5000 地形图的分幅和编号是以 1∶100 万地形图为基础进行的。

每幅 1∶100 万地形图划分为 2 行 2 列，共 4 幅 1∶50 万地形图，每幅 1∶50 万地形图的分幅为经差 3°、纬差 2°。

每幅 1∶100 万地形图划分为 4 行 4 列，共 16 幅 1∶25 万地形图，每幅 1∶25 万地形图的分幅为经差 1°30′、纬差 1°。

每幅 1∶100 万地形图划分为 12 行 12 列，共 144 幅 1∶10 万地形图，每幅 1∶10 万地形图的分幅为经差 30′、纬差 20′。

每幅 1∶100 万地形图划分为 24 行 24 列，共 576 幅 1∶5 万地形图，每幅 1∶5 万地形图的分幅为经差 15′、纬差 10′。

每幅 1∶100 万地形图划分为 48 行 48 列，共 2304 幅 1∶2.5 万地形图，每幅 1∶2.5 万地形图的分幅为经差 7′30″、纬差 5′。

每幅 1∶100 万地形图划分为 96 行 96 列，共 9216 幅 1∶1 万地形图，每幅 1∶1 万地形图的分幅为经差 3′45″、纬差 2′30″。

每幅 1∶100 万地形图划分为 192 行 192 列，共 36864 幅 1∶5000 地形图，每幅 1∶5000 地形图的分幅为经差 1′52.5″、纬差 1′15″。

1∶50 万～1∶5000 地形图采用行列式编号方法。将 1∶100 万地形图按所含各比例尺地形图的经差和纬差划分成若干行和列，行从上到下、列从左到右按顺序分别用阿拉伯数字编号。图幅编号的行、列代码均采用 3 位十进制数表示，不足 3 位时补 0，用行号在前、列号在后的排列形式标记。为了使各种比例尺不致混淆，分别采用不同的英文字符作为各种比例尺的代码，如表 8-2 所示。

表 8-2　我国基本比例尺代码

比例尺	1∶50 万	1∶25 万	1∶10 万	1∶5 万	1∶2.5 万	1∶1 万	1∶5000
代码	B	C	D	E	F	G	H

1∶50 万～1∶5000 地形图的图号均由其所在的 1∶100 万地形图的图号（字符码+数字码，共 3 位）、比例尺代码（1 位）、各图幅的行列号（6 位）共 10 位码组成。图 8-4 所示为在云南省昆明市所在 1∶100 万地形图编号 G48 图幅范围内进行 1∶50 万地形图分幅后的编号，图 8-4 中阴影部分所表示的 1∶50 万地形图图幅编号为 G48B002002。

28°N
001001
001002
26°N
G48
002001
002002
24°N
102°E
105°E
108°E

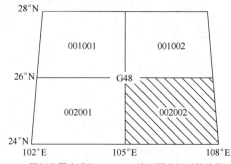

（G48 图幅范围内进行 1∶50 万地形图分幅后的编号）

图 8-4　云南省昆明市所在 1∶100 万地形图编号

2. 矩形分幅法

为了满足工程设计、施工及资源与行政管理的需要所测绘的 1∶500、1∶1000、1∶2000 和小区域 1∶5000 比例尺的地形图采用矩形分幅，图幅一般为 50cm×50cm 或 40cm×50cm，编号可按以下几种方式进行。

1）按图廓西南角坐标千米数编号：x 坐标在前，y 坐标在后，中间用短线连接。编号时，1∶5000 地形图坐标取至 1km；1∶2000、1∶1000 地形图坐标取至 0.1km；1∶500 地形图坐标取至 0.01km。例如，某幅 1∶1000 地形图图廓西南角坐标为 x=83000m，y=15500m，该图幅号为 83.0-15.5。

2）按流水编号：测区内从左到右、从上到下用阿拉伯数字编号，如图 8-5 所示。

3）按行列编号：测区内按行列排序编号，如图 8-6 所示。

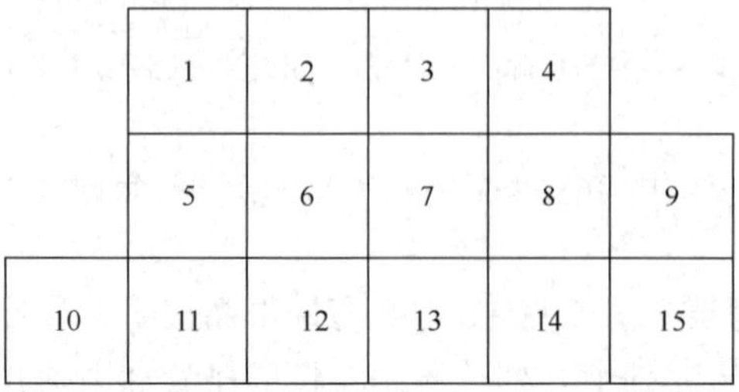

1
2
3
4
5
6
7
8
9
10
11
12
13
14
15

图 8-5　按流水编号

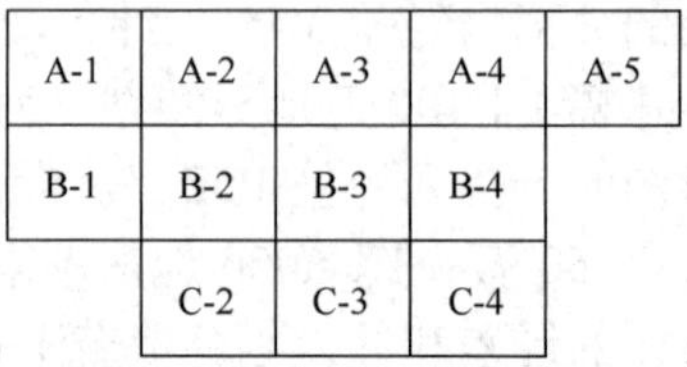

A-1
A-2
A-3
A-4
A-5
B-1
B-2
B-3
B-4
C-2
C-3
C-4

图 8-6　按行列编号

8.2.3　地形图图外注记

为了图纸管理和使用的方便，在地形图的图框外添加相关注记，如图廓、图名、图号、接图表、三北方向、坡度尺，以及其他信息，如图 8-7 所示。

1）图廓：图廓是图幅四周的范围线，有内图廓和外图廓之分。内图廓是本幅图的实际边界线。外图廓是距内图廓一定距离以外绘制的加粗平行线，仅起装饰作用。在内图廓外角处注有坐标值。

2）图名、图号：图名是地形图的名称，常用地形图中最著名的地名、村庄或厂矿企业的名称命名。图号是图的编号。根据地形图上标注的编号可确定该幅地形图所在的位置。图名和图号标注在北图廓上方的中央。图 8-7 所示地形图的图名为大龙潭，图号为 14.0-27.0。

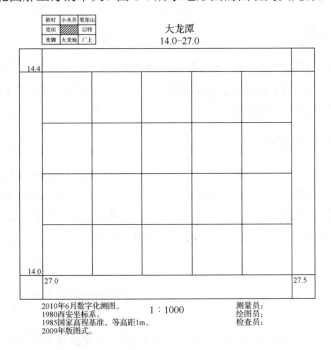

图 8-7　地形图图外注记

3）接图表：用于说明本图幅与相邻图幅的关系，供索取相邻图幅时使用。在接图表中，通常是中间一格画有斜线的代表本图幅，四邻分别注明相应的图号或图名，并绘注在图廓的左上方。除接图表外，有些地形图还把相邻图幅的图号分别标注在东、西、南、北图廓线中间，进一步表明当前图幅与四邻图幅的相互关系。

4）三北方向：在中小比例尺地形图的南图廓线的右下方，还绘有真子午线、磁子午线和坐标纵线（中央子午线）三个方向之间的角度关系，称为三北方向图，如图 8-8 所示。在图 8-8 中，磁子午线对真子午线的磁偏角为-2°23′（西偏），坐标纵线对真子午线的子午线收敛角为-0°38′（西偏）。利用三北方向图，可对图上任一方向的真方位角、磁方位角和坐标方位角三者进行相互换算。

5）坡度尺：用于在地形图上量测地面坡度和倾角的图解工具，一般绘在南图廓外图示比例尺的左边。坡度尺的水平底线下面注有地面倾角，用分规量出图上相邻两条、三条、四条、五条或六条等高线上两点间的等高线平距之后，在坡度尺上使分规的一端针尖对准下底线，另一端针尖对准曲线，即可在坡度尺上读出地面倾角，如图 8-9 所示。

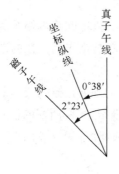

图 8-8　三北方向图

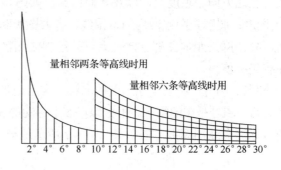

图 8-9　坡度尺

6）其他信息：每幅地形图测绘完成后，还应在南面图廓外左下方注明该图的成图日期、成图方法、坐标系统、高程系统、基本等高距、所采用的地形图图式等信息，南面图廓外右下方要有该图的测量员、绘图员、检查员的签名。

8.2.4　大比例尺地形图图式

地形图图式是表示地物和地貌的符号与方法。一个国家的地形图图式是统一的，属于国家标准。我国当前使用的大比例尺地形图图式是 2017 年发布、2018 年开始实施的《国家基本比例尺地图图式　第 1 部分：1：500　1：1000　1：2000 地形图图式》（GB/T 20257.1—2017）。图式中的符号可以分为地物符号和地貌符号。

1．地物符号

地物符号可分为依比例尺符号、不依比例尺符号和半依比例尺符号。

（1）依比例尺符号

依比例尺符号是指地物依比例尺缩小后，其长度和宽度能依比例尺表示的地物符号。这类符号一般是用实线或点线表示其外围轮廓，如房屋、花坛、停车场、湖泊、森林、农田等。

（2）不依比例尺符号

不依比例尺符号是指地物依比例尺缩小后，其长度和宽度不能依比例尺表示的地物符号，如导线点、水准点、路灯、电话亭、烟囱、消火栓等。这类符号在图上只能表示地物的中心位置，不能表示其形状和大小。

（3）半依比例尺符号

半依比例尺符号是指地物依比例尺缩小后，其长度能依比例尺而宽度不能依比例尺表示的地物符号，如小路、铁路、公路、围墙、通信线等。半依比例尺符号只能表示地物的位置（符号的中心线）和长度，不能表示宽度。

需要指出的是，依比例尺符号与半依比例尺符号的使用界限是相对的。例如，公路、铁路等地物在 1∶500～1∶2000 比例尺地形图上是用依比例尺符号绘出的，但在 1∶5000 比例尺以上的地形图上是按半依比例尺符号绘出的。同样的情况也出现在依比例尺符号与不依比例尺符号之间。总之，测图比例尺越大，用依比例尺符号描绘的地物越多；比例尺越小，用不依比例尺符号表示的地物越多。表 8-3 所示为部分大比例尺地形图的地物符号。

　　有些地物除用相应的符号表示外，对于地物的性质、名称等还需要用文字或数字加以注记和说明，称为地物注记，如工厂、村庄的名称，房屋的层数，河流的名称、流向、深度，控制点的点号、高程等。

表 8-3　部分大比例尺地形图的地物符号

编号	名称	符号	编号	名称	符号
1	一般房屋	混3	7	廊房	混3　2.5　0.5　‥-1.0
2	简单房屋	简2	8	台阶	0.6　1.0　1.0
3	建筑中房屋	建　2.0　1.0	9	无看台的露天体育场	体育场
4	破坏房屋	破　2.0　1.0	10	游泳池	泳
5	棚房 a.四边有墙的 b.一边有墙的 c.无墙的	a　1.0　b　1.0　c　1.0　1.0　0.5	11	球场	球
6	架空房屋 4—楼层 3—架空楼层 2—空层层数	砼4　砼3/2　砼4　2.5　0.5	12	普通路灯	1.2　0.3　0.6　2.4　0.8

编号	名称	符号	编号	名称	符号
13	过街天桥		20	天然草地	
14	高速公路 a—隔离带 b—临时停车点		21	稻田	
15	国道 a—一级公路 a1—隔离设施 a2—隔离带 b—二至四级公路		22	池塘	
16	省道 a—一级公路 a1—隔离设施 a2—隔离带 b—二至四级公路		23	导线点 I 16—等级、点号 84.46—高程	
17	小路		24	埋石图根点 12—点号 275.45—高程	
18	内部道路		25	不埋石图根点	
19	阶梯路		26	水准点 II—等级 京石 5—点名 点号 32.805—高程	

2. 地貌符号

地貌是指地面高低起伏的自然形态。

地貌形态多种多样，对于一个地区可按其地面起伏的状态分成以下四种地形类型。

1）地势起伏变化小，地面倾斜角一般在 3° 以下，比高一般不超过 20m 的地区称为平地。

2）地势起伏变化大，地面倾斜角一般在 3°～10°，比高不超过 150m 的地区称为丘陵地。

3）地势起伏变化悬殊，地面倾斜角一般在 10°～25°，比高一般在 150m 以上的地区称为山地。

4）绝大多数地面倾斜角超过 25° 的地区称为高山地。

图上表示地貌的方法有多种，大中比例尺地形图主要采用等高线法。对于特殊地貌，可采用特殊符号表示。

（1）等高线定义

等高线是地面上高程相等的各相邻点所连成的闭合曲线，即假想水准面与地表面相交形成的闭合曲线。

如图 8-10 所示，设想有一座高出水面的小山，与某一静止的水面相交形成的水涯线为一闭合曲线，曲线的形状随小山与水面相交的位置而定，曲线上各点的高程相等。例如，当水面高为 70m 时，曲线上任一点的高程均为 70m，若水位继续升高至 80m、90m、100m，则水涯线的高程分别为 80m、90m、100m。将这些水涯线垂直投影到水平面 H 上，并按一定的比例尺缩绘在图纸上，这样就将小山用等高线表示在地形图上了。这些等高线的形状和高程客观地显示了小山的空间形态。

（2）等高距和等高线平距

相邻等高线之间的高差称为等高距，图 8-10 中的等高距是 10m。在同一幅地形图上，等高距是相等的。相邻等高线上两点之间的水平距离称为等高线平距，如图 8-11 所示。由于同一幅地形图中等高距是相同的，因此等高线平距的大小与地面的坡度有关。等高线平距越小，地面坡度越大；等高线平距越大，则地面坡度越小；等高线平距相等，则地面坡度相同。由此可见，根据地形图上等高线的疏密可判定地面坡度的缓陡。

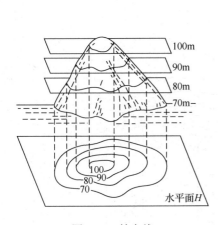

图 8-10　等高线

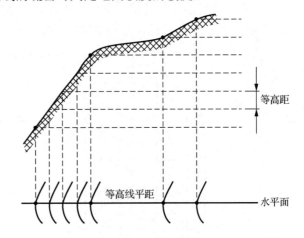

图 8-11　等高距和等高线平距

对于同一比例尺测图，等高距越小，地貌的描述就越翔实，但如果选择的等高距过小，会大大增加测绘工作量，而且对于山区，有时会因等高线过密而影响地形图的清晰度。因此，等高距的选择应该根据地形类型和比例尺大小，并按照相应的规范执行。表 8-4 所示为大比例尺地形图的基本等高距参考值。

表 8-4　大比例尺地形图的基本等高距参考值

比例尺	平地/m	丘陵地/m	山地/m	比例尺	平地/m	丘陵地/m	山地/m
1∶500	0.5	0.5	1	1∶2000	1	2	2
1∶1000	0.5	1	1	1∶5000	2	5	5

（3）等高线的分类

地形图中的等高线主要有首曲线、计曲线、间曲线、助曲线等。

1）首曲线。首曲线也称基本等高线，是指从高程基准面起算，按规定的基本等高距测绘的等高线，用宽度为 0.15mm 的细实线绘制。

2）计曲线。计曲线从高程基准面起算，每隔四条首曲线加粗一条等高线，该条等高线称为计曲线，用 0.3mm 宽粗实线绘制。为了读图方便，计曲线上注有高程。

3）间曲线和助曲线。当基本等高线不足以显示局部地貌特征时，按二分之一基本等高距测绘的等高线，称为间曲线（又称半距等高线），用 0.15mm 宽长虚线绘制。按四分之一基本等高距测绘的等高线称为助曲线（又称辅助等高线），用 0.15mm 宽短虚线绘制。间曲线和助曲线在描绘时均可不闭合。

（4）典型地貌的等高线

地貌形态虽然繁多，但通过仔细研究和分析可以发现它们主要是由几种典型的地貌综合而成的，如山头和洼地、山脊和山谷、鞍部、陡崖和悬崖。了解和熟悉如何用等高线表示这些典型地貌的特征，有助于识读、应用和测绘地形图。

1）山头和洼地。

图 8-12 所示为山头和洼地的等高线。山头与洼地的等高线都是一组闭合曲线，但它们的高程注记不同。内圈等高线的高程注记大于外圈等高线的高程注记为山头；反之，小于外圈等高线的高程注记为洼地。此外，也可以用示坡线来表示山头或洼地。示坡线是垂直于等高线的短线，用以指示坡面下降的方向。

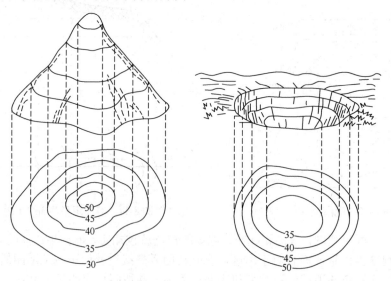

图 8-12　山头和洼地的等高线

2）山脊和山谷。

山的最高部分称为山顶，有尖顶、圆顶、平顶等形态，尖峭的山顶称为山峰。山顶向一个方向延伸的凸棱部分称为山脊。山脊的最高点连线称为山脊线。山脊等高线表现为一组凸向低处的曲线，如图 8-13 所示。

相邻山脊之间的凹部是山谷。山谷中最低点的连线称为山谷线，山谷等高线表现为一组凸向高处的曲线，如图 8-13 所示。

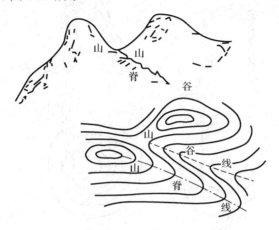

图 8-13　山脊和山谷

在山脊上，因为雨水会以山脊线为分界线而流向山脊的两侧，所以山脊线又称为分水线。在山谷中，因为雨水由两侧山坡汇集到谷底，然后沿山谷线流出，所以山谷线又称为集水线。山脊线和山谷线合称为地性线。

3）鞍部。

鞍部是相邻两山头之间呈马鞍形的低凹部位，如图 8-14 所示。它左右两侧的等高线是近似对称的两组山脊线和两组山谷线。鞍部等高线的特点是在一圈大的闭合曲线内套有两组小的闭合曲线。

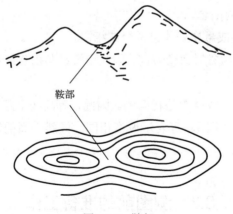

图 8-14　鞍部

4）陡崖和悬崖。

如图 8-15 所示，陡崖是坡度在 70° 以上或为 90° 的陡峭崖壁，若用等高线表示，则会非常密集或重合为一条线，因而通常采用陡崖符号来表示。悬崖是上部凸出、下部凹进的陡崖。悬崖上部的等高线投影到水平面时，与下部的等高线相交，下部凹进的等高线用虚线表示。

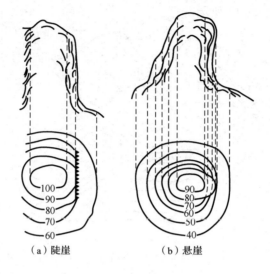

（a）陡崖　　　　　（b）悬崖

图 8-15　陡崖和悬崖

掌握上述典型地貌等高线的表示方法后，便能够进一步认识地形图上的复杂地貌。

（5）等高线的特征

通过研究等高线表示地貌的规律性，可以归纳出等高线的特征，掌握等高线的特征对于地貌的测绘和等高线的勾画，以及正确使用地形图都有很大帮助。

1）同一条等高线上各点的高程相等。

2）等高线是闭合曲线，不能中断（除间曲线和助曲线外），如果不在同一幅图内闭合，则必定在相邻的其他图幅内闭合。

3）等高线只有在陡崖或悬崖处才会重合或相交。

4）等高线经过山脊或山谷时改变方向，因此山脊线与山谷线应和改变方向处的等高线的切线垂直相交。

5）在同一幅地形图上，等高距是相同的。因此，等高线平距大表示地面坡度小，等高线平距小表示地面坡度大，平距相等表示坡度相同。倾斜平面的等高线是一组间距相等且平行的直线。

8.3　测图前的准备工作

为了顺利完成地形测图工作，测图前应收集整理测区内可利用的已有控制点成果，明确测区范围，实地踏勘，拟定实测方案和确定技术要求，准备仪器工具、图纸和展绘控制点等。

8.3.1　图纸准备

目前聚酯薄膜图纸已广泛取代了绘图纸，它具有伸缩性小、透明度高、不怕潮湿等优点，可直接着墨晒图和制版。图纸出厂时，已经印刷好坐标格网，可直接使用，用时可将图纸用透明胶带纸固定在图板上。因为聚酯薄膜易燃、易折、易老化，故在使用保管过程中应注意防火、防折。若选用白纸测图，为保证测图的质量，应选用优质白纸，并绘制坐标格网。

8.3.2　坐标格网的绘制

大比例尺地形图使用的图纸图幅尺寸一般为 50cm×50cm 的正方形分幅和 50cm×40cm 的矩形分幅两种规格。在图幅内精确绘制 10cm×10cm 的方格网。

绘制方格网的常用方法是直尺对角线法，用直尺绘出图纸的两对角线，两对角线的交点设为 O，从 O 点起沿对角线截取等距线段得 A、B、C、D 四点，将这四个点连线构成一矩形。沿矩形边从左到右、自下而上，每隔 10cm 定一点，连接对边的相应点，即可绘出坐标格网，如图 8-16 所示。

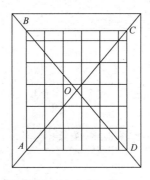

图 8-16　坐标格网的绘制

坐标格网绘制完成后，应进行对角线和边长精度的检查。将直尺沿方格的对角线方向放置，同一条对角线方向的方格角点应位于同一直线上，偏离不应大于 0.2mm。各方格对角线实际长度与理论值 141.4mm 之差不应超过 0.2mm。图廓对角线实际长度与理论值之差不应超过 0.3mm。

8.3.3　控制点的展绘

将测区内控制点点位根据其坐标标定于图纸上的工作，称为控制点的展绘。展绘控制点之前应根据地形图的图幅和编号，标出坐标格网线相应坐标值。展绘控制点时，首先应确定所展控制点的坐标值所在方格。如图 8-18 所示，测图比例尺为 1∶1000，假设 A 点的坐标值为 x=16115.244m，y=35158.152m，即 A 点确定位置在 1234 方格内，根据 1∶1000 的比例尺，分别从 2 点和 4 点各沿 21 线和 43 线方向向上量取 $\Delta x = \dfrac{16115.244\text{m} - 16100\text{m}}{1000} =$

1.5244cm，得 c、d 两点，再由 1 点和 2 点沿 13 线、24 线方向向右量取 $\Delta y = \dfrac{35158.152\text{m} - 35100\text{m}}{1000} =$

5.8152cm，得 a、b 两点，直线 ab 和直线 cd 的交点即控制点 A 的位置。采用同样方法展绘其他各控制点。展绘控制点完成后，应检查相邻控制点间的水平距离，与相应的理论值进行比较，其差值不超过图上 0.3mm 即合格。按照地形图图式标注点号和高程，如图 8-17 所示，在点的右侧画一横线，横线以上书写点号，横线以下书写高程。

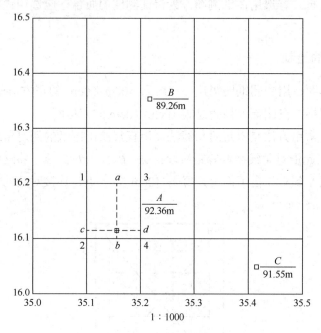

图 8-17 展绘控制点

8.4 经纬仪测图法

用于地形图测绘的方法较多，传统的测图方法按照使用仪器工具的不同有经纬仪测图法、大平板仪测图法、小平板仪与经纬仪联合测图法等。随着科学技术的发展，数字测图已是目前测图的主要方法，但在小范围内测图且不具备数字测图条件时，传统测图方法仍是不可或缺的。本节主要介绍经纬仪测图法。

8.4.1 地形图测绘的基本要求

1. 地形点最大间距与最大视距

为了正确在图上描绘地形，测绘时立尺点要选择能反映地物和地貌的特征点，以便准确绘出地形的真实面貌。地物特征点是指构成地物平面轮廓线的变化点，即池塘、河流、道路曲折的转弯点、交叉点，建筑物平面轮廓的拐点等。地貌特征点是指山脊线、山谷线、山脚线的起点、终点、转弯点；地貌坡度变化点，如山顶最高点、山谷、垭口最低点及山坡倾斜变化点等。为了能真实、详尽地用等高线反映地貌的形态，即使在坡度无显著变化的地方也应注意地形点的密度，同时要保证碎部点的精度，因此地形点最大间距和最大视距要符合表 8-5 中的规定。

表 8-5　地形点最大间距与最大视距

测图比例尺	地形点最大间距/m	地形点最大视距/m	
		主要地物	次要地物及地形点
1：500	15	60	100
1：1000	30	100	150
1：2000	50	180	250
1：5000	100	300	350

2. 地物、地貌绘制基本要求

在测绘地物、地貌时，应遵守"看不清不绘"的原则。地形图上的线划、符号和注记应在现场完成。在绘制等高线时，从 0m 起算，每隔四根首曲线加粗一根计曲线，并在计曲线上注明高程，字头朝向高处，但应避免在图内倒置。山顶、鞍部、凹地等不明显处等高线应加绘示坡线。当首曲线不能显示地貌特征时，可加绘间曲线或助曲线。

8.4.2　地物、地貌的绘制

1. 地物的绘制

对于地物的绘制，在测图过程中主要是连接地物特征点，应随测随绘，防止连接发生错误。地物应按现行地形图图式相关国家标准规定的符号绘制。房屋轮廓采用直线或弧线连接，不规则的道路、河流的弯曲部分应根据实地测量的碎部点用光滑的曲线连接。一些不能按照比例绘制的有特殊意义的地物点，如控制点、各种检修井等，需在图上定出中心位置，用不依比例尺符号表示。

2. 地貌的绘制

地貌主要用等高线表示。由于等高线的高程是与等高距相关的值，所测碎部点的高程一般无法与等高线高程完全吻合，因此在勾绘等高线时，应根据碎部点的高程，用内插法求出等高线通过的位置。用内插法勾绘等高线的前提是：两相邻碎部点间的坡度是均匀一致的，因此等高线平距与高差成正比。如图 8-18 所示，A、C 两点为已测定的两个碎部点，其高程分别为 207.4m 和 202.8m。若该地形图等高距定为 1m，则在这两点间将通过高程为 203m、204m、205m、206m、207m 五根等高线。首先计算 203m 等高线上的一待定点 m 点到 C 点的等高线平距 d_{Cm} 及 207m 等高线上的一待定点 q 点到 A 点的等高线平距 d_{qA}，m 点与 q 点均位于直线 CA 上。由图 8-19 上量得 C、A 两点间的平距为 d_{CA}（假设为 66mm），C 点到 A 点的高差为 h_{CA}（4.6m），C 点到 m 点的高差为 h_{Cm}（0.2m），q 点到 A 点的高差为

h_{qA}（0.4m）。根据等高线高差与平距成正比的关系，可得

$$d_{Cm} = \frac{d_{CA}}{h_{CA}} h_{Cm} \tag{8-2}$$

$$= \frac{66\text{mm}}{4.6\text{m}} \times 0.2\text{m} \approx 3\text{mm}$$

$$d_{qA} = \frac{d_{CA}}{h_{CA}} h_{qA} \tag{8-3}$$

$$= \frac{66\text{mm}}{4.6\text{m}} \times 0.4\text{m} \approx 6\text{mm}$$

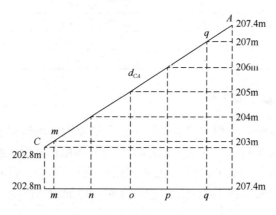

图 8-18　内插法绘制等高线

从 C 点向 CA 方向量 3mm 的距离后即可定出 m 点的位置，也就是 203m 等高线通过的位置。同理，从 A 向 AC 方向量 6mm 的距离后即可定出 q 点的位置，也就是 207m 等高线通过的位置。然后将 m 点到 q 点之间的平距等分后，等分点即为 204m、205m、206m 等高线通过的位置。这一原理称为"取头定尾，中间等分"。用相同原理定出其他各相邻碎部点间等高线穿过的点的位置，然后依次将相同高程的点用圆滑曲线连接，就构成了等高线图。实际工作中采用内插法绘制等高线步骤较为烦琐，为了简单起见，常采用目估法估算各等高线所通过的位置，目估法的基本原理仍然是"取头定尾，中间等分"。

8.4.3　经纬仪测图法具体作业方法

经纬仪测图法是以控制点为测站，用经纬仪测量碎部点方向与已知方向间的水平角，用视距法测量控制点到碎部点的水平距离和高程，如图 8-19 所示。具体作业方法如下。

（1）测站上的准备工作

安置经纬仪于测站点 A 上，测定仪器指标差 x，量取仪器高度 i。用盘左照准另一控制点 B（后视点）作为起始方向，配置水平度盘使读数为 0°00′00″。绘图板安置在测站旁边，使图纸上控制边的方向与地面相应控制边方向大致一致。将测站点 A 与后视点 B 连线，用大头针穿过量角器圆心的小孔将量角器的圆心固定在 A 点上。

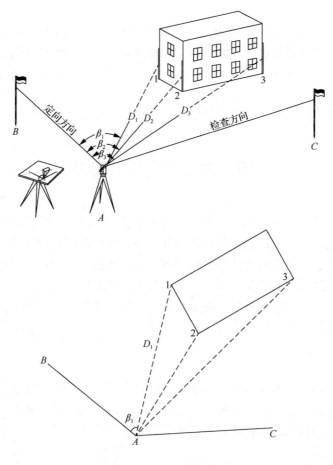

图 8-19　经纬仪测图法

（2）立尺

立尺前立尺员要与绘图员、观测员共同商定碎部点立尺位置及跑尺路线，力求不漏点、不重点。

（3）碎部点的观测与计算

观测员用经纬仪望远镜瞄准碎部点上立尺，读出视线方向的水平度盘读数 β_i、竖盘读数 V_i、上丝读数 a_i（mm）、下丝读数 b_i（mm）、利用相同方法观测其他各点。一个测站观测过程中和测碎部点完成后，均应照准起始方向，检查水平度盘读数是否为 $0°\,00'00''$，其误差不超过 $4''$。

（4）计算

测站至碎部点的水平距离 D_i（m）及碎部点的高程 H_i（m）可分别用式（8-4）和式（8-5）计算：

$$D_i = 0.1(a_i - b_i)[\cos(90 - V_i + x)]^2 \qquad (8\text{-}4)$$

$$H_i = H_0 + D_i \tan(90 - V_i + x) + i - \frac{a_i + b_i}{2000} \qquad (8\text{-}5)$$

式中，H_0 为测站点高程（m）。

（5）展绘碎部点

绘图员将碎部点的平面位置根据水平角 β_i 和水平距离 D_i 展绘在图纸上。具体方法如下：以 A 点为圆心转动量角器，使后视方向线在量角器上所指的读数为碎部点 1 所在直线 $A1$ 方向的水平角值 β_1。此时量角器的直尺边为碎部点 1 的方向，在直尺边上从 A 点出发，根据比例尺及测站至碎部点 1 的水平距离 D_1 即可标出碎部点 1 的平面位置，并在点的右侧注明其高程。利用相同的方法可以将其他碎部点的平面位置和高程展绘在图纸上。

8.5 大比例尺数字测图

传统的测图方法（白纸测图）主要是利用测量仪器对测区范围内的地物、地貌特征点的空间位置进行测定，然后以一定的比例尺并按现行地形图图式相关国家标准规定的符号绘制在图纸上。其实质是将测得的观测值用模拟或图解的方法转化为图形，这种转化使所测数据的精度大大降低，而且工序多、劳动强度大、质量管理难。一纸之图难以承载诸多图形信息，变更、修测也极为不便。随着社会对空间、地理信息需求的迅速扩大，地面数字测图已成为测绘技术的一项重要内容。

8.5.1 数字测图的特点

数字测图是将图形模拟量转换为数字量，经过电子计算机及相关软件编辑、处理得到内容丰富的电子地图，也可通过数控绘图仪输出数字地形图。其实质是一种全解析、机助测图方法。与传统的白纸测图相比，数字测图具有以下特点。

（1）点位精度高

对于传统的测图方法，地物点平面位置的误差主要受展绘误差、视距误差、方向误差等的综合影响，实际的图上点位误差可达±0.47mm（1∶1000），其地形点的高程误差（平坦地区，视距为150m）可达±0.06m。对于数字测图，碎部点一般采用全站仪测量其坐标，测量精度较高。如果距离在 450m 以内，那么测定地物点平面位置的误差为±22mm，地形点的高程误差为±21mm；如果距离在 300m 以内，那么平面位置误差为±15mm，高程误差为±18mm。

（2）自动化程度高

传统的测图方法从外业观测到内业计算，基本上是手工操作。数字测图从野外数据采集、数据处理到数据输出整个测图过程实现了测量工作的一体化，劳动强度小，绘制的地形图精确、规范、美观，同时避免了图纸伸缩带来的误差。

（3）成果更新快

当测区发生较大的变化时，可以随时进行重测、补测。通过数据处理对原有的数字地图更新，以保持图面的可靠性与现势性。

（4）输出成果多样化

由于数字测图以数字的形式存储了地物地貌的各类图形信息和属性信息，因此可以根据用户的需要，输出各种不同图幅和不同比例尺的地形图，也可以绘制各类专题图，如房产图、管网图、人口图、交通图等。

（5）可作为 GIS 的信息源

数字测图能及时准确地提供各类基础信息，经过一定的格式转换，其成果可直接进入 GIS 的数据库，并更新 GIS 的数据库，以保证地理信息的可靠性与现势性。

8.5.2　数字测图系统及其配置

数字测图系统是以计算机为核心，在外连输入、输出硬件设备及软件的支持下，通过计算机对地形空间数据进行采集、处理、输出及管理的测图系统。由于数据的输入方式、输出成果，以及软、硬件配置的不同，可产生多种数字测图作业模式，如 RTK（real time kinematic，实时动态测量技术）测图、全站仪测图、地面三维激光扫描测图等。数字测图系统的软件包括系统软件和应用软件两部分。系统软件包括操作系统和操作计算机所需的其他软件，而应用软件目前常用的有北京山维科技股份有限公司研制的 EPSW 全息测绘系统、广州南方测绘仪器有限公司开发的 CASS 成图软件、武汉瑞得信息工程有限责任公司开发的 RDMS 数字测图软件等。

8.5.3　数字测图作业模式

由于设备、软件设计思路不同，数字测图作业模式也不尽相同。目前国内流行的数字测图作业模式主要有以下几种。

1. RTK 测图

RTK 系统由基准站 GPS 接收机、数据链、流动站 GPS 接收机三部分组成。在基准站上安置 1 台 GPS 接收机为参考站，对卫星进行连续观测，并将观测数据和测站信息通过无线电传输设备实时地发送给流动站，流动站 GPS 接收机在接收 GPS 卫星信号的同时，通过无线接收设备，接收基准站传输的数据，然后根据相对定位的原理，实时解算出流动站的三维坐标及其精度。

2. 全站仪测图

全站仪是由电子测角、电子测距、电子计算和数据存储单元等组成的三维坐标测量系统，测量结果能自动显示，并能与外围设备交换信息。全站仪较完善地实现了测量和处理过程的电子化和一体化，广泛用于地上大型建筑和地下隧道施工等精密工程测量或变形监测领域。

3. 地面三维激光扫描测图

三维激光扫描系统是以三维激光扫描仪作为主要仪器设备，根据激光测距的基本原理，运用扫描镜、伺服马达设备，根据既定目标要求对相关领域进行扫描定位、测量、记录、计算，然后上传，从而按流程获取三维坐标和纹理信息，进而体现三维场景。

4. 移动测量系统测图

移动测图的基本方法是在移动载体平台上集成多种传感器，当载体在测区移动时，由各种传感器自动采集载体的运动位置、姿态及周围物体形状（地物、地貌）、色彩及影像等各种三维连续地理空间数据，而后利用一定的数据转换方法和融合算法，对这些数据进行处理和加工，生成各种空间信息应用系统所需的图形和数据信息，由此进行三维建模，最终可重建测区真实场景。

5. 低空数字摄影测图

近年来，我国无人机产业迅速发展，以无人机为代表的低空飞行平台搭载中小像幅数码相机的航空摄影测量的设备研发、处理方法研究和产业应用不断深入。无人飞行器低空航空摄影测量以其反应速度快、机动灵活、操控方便、成本低、成图周期短等优势，在我国基础地理信息数据获取及应急测绘应用中已呈常态化应用，成为有人机航空遥感与卫星遥感的有力补充，是基础地理信息产品生产的主要手段之一。

6. 机载激光雷达扫描测图

机载激光雷达技术是一种将激光用于回波测距和定向，并利用位置、径向速度及物体反射特性等信息来识别目标的技术。机载激光雷达技术体现了特殊的发射、扫描、接收和信号处理技术。机载激光雷达技术起源于传统的工程测量中的激光测距技术，是传统雷达技术与现代激光技术结合的产物，是遥感测量领域的一门新兴技术。在利用机载激光雷达测量系统采集目标数据时，通常将激光扫描仪水平（或大致水平）安置在飞行器上，以在目标物体的正上方沿着飞行器的飞行方向对目标物体进行竖直扫描，获得目标物体的三维激光扫描数据。

8.5.4　数字测图的作业过程

数字测图包括数据采集、数据编码、数据处理、数据输出及检查验收等阶段。

（1）数据采集

数据采集是整个数字测图的基础和依据，数据采集的方法取决于所采用数字测图作业模式。最常用的一种方法是利用全站仪进行实地测量，将采集的数据存储在存储器或存储卡中，也可以存储在电子手簿或便携式计算机中，然后通过外接电缆输入计算机。数据采集包括图根控制测量、碎部测量及其他专业测量。

（2）数据编码

利用全站仪测得的每个点的记录通常有点号、点的三维坐标、点的属性等。点的属性通常是用编码来表示的。编码一般是根据各自的需要、作业习惯、数据处理方法等制定的。例如，广州南方测绘仪器有限公司开发的 CASS 地形地籍成图系统可实现应用程序内部码、野外操作码、无码三种作业方式。

（3）数据处理

数据处理主要是将采集的数据进行转换、分类、计算、编辑，为图形处理提供必要的绘图信息数据。数据处理分为数据的预处理、地物点的图形处理和地貌点的等高线处理。数据的预处理主要是检查原始记录，删除作废的记录和修改有错误的记录，数据预处理后生成点文件，记录点号、点的坐标，以及点之间的连接关系。根据点文件，进一步生成图块文件，包括与地物有关的点记录生成地物图块文件和与地形有关的点记录生成等高线图块文件。根据图块文件可进行人机交互方式下的地图编辑，编辑后形成数字地图的图形文件。

（4）数据输出

图形文件形成后，可根据用户的需要，利用该文件绘制不同比例、不同幅面的地形图及各种专题图。

（5）检查验收

按照数字测图的规范要求，对数字地图及绘图仪输出的图形应进行检查验收。检查分内业和外业两部分，内业主要检查信息是否丰富、图层是否符合要求、能否满足不同的要求。外业主要检查地物、地形点是否满足精度要求等。

8.6　地形图的拼接、检查与整饰

8.6.1　地形图的拼接

当测区面积较大时，往往需要测多幅图纸。在相邻两幅图的接边处，要求所有地物、地貌都能吻合。但由于测量误差的存在，地物、地貌通常不能完全吻合，地形图将产生接边误差，如图 8-20 所示。当接边误差小于表 8-6 中规定的地物点、地形点平面和高程中误差的 $2\sqrt{2}$ 倍时，取平均位置加以修正，并据此改正相邻图幅的地物、地貌位置。超过限差应到实地检查，并补测修正。

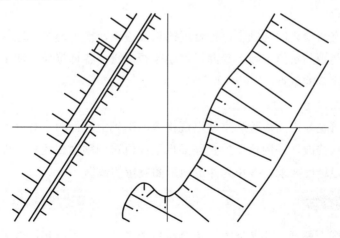

图 8-20　地形图的接边误差

表 8-6　地物点、地形点平面和高程中误差　　　　　单位：mm

地区分类	点位中误差（图上）	邻近地物点间距中误差（图上）	等高线高程中误差
城市建筑区			
平地	≤0.5	≤±0.4	$\leq \frac{1}{3}$
丘陵地			$\leq \frac{1}{2}$
山地	≤0.75	≤±0.6	$\leq \frac{2}{3}$
高山地			≤ 1
设站施测困难的旧街坊内部			

8.6.2　地形图的检查

为保证地形图的成图质量，除在施测过程中加强检查外，在地形图测绘完成后，测绘人员还应对测绘成果进行严格的检查。检查分为室内检查和室外检查。

1. 室内检查

室内检查的内容包括：检查图根点的数量和精度是否符合要求，计算是否正确；检查各项较差、闭合差是否在规定范围内；检查原始记录和计算成果是否正确，项目是否填写齐全；检查图廓、方格网点、图根点展点精度是否符合精度要求；检查接边拼接有无问题；检查地物、地貌是否清晰易读，各种符号、注记是否正确。若发现可疑之处，则需将疑点记录下来，作为室外检查的重点。

2. 室外检查

（1）巡视检查

带着图纸在室内检查的基础上进行合理的重点检查，检查地物、地貌有无遗漏和主要错误，地物描绘是否与实地一致，等高线勾绘是否逼真，各种符号和注记是否正确、完整等，以提供仪器检查的重点。

（2）仪器设站检查

仪器设站检查是在内业检查和室外巡视检查的基础上进行的，对以上发现的问题，仪器设站进行补测和修改，并用仪器抽查碎部点平面位置的精度和地貌高程的精度，检查所测地形图是否满足精度要求，并作为评定地形图质量的依据。

8.6.3　地形图的整饰

为了使原图图面整洁、线条清晰、符合质量要求，经过拼接和检查后，应对原图进行整饰。整饰的工作顺序遵循"先图内后图外、先地物后地貌、先注记后符号"的原则，地物、注记符号、等高线按照图示符号修饰，保证清晰美观，最后绘制图廓，并按要求写出图名、图号、比例尺、坐标系统、高程系统、测图员、成图时间等。

8.7　地形图的识图与应用

8.7.1　地形图的识图

应用地形图之前，应了解地形图所使用的地形图图式，熟悉常用的地物和地貌符号，了解图上各类注记符号所表示的含义。

（1）地物识别

地物识别主要包括测量控制点、居民地、工业建筑、公路、铁路、管道、管线、水系等。在地形图上，地物是用图例符号加以注记表示的，同一地物在不同比例尺地形图的图例符号可能不同，为了正确使用地形图，应熟悉图例符号所代表地物的名称、位置、方向等。在识别过程中，应按照地物符号首先识别大的居民点、主要道路和用图需要的地物，再识别小的居民点、次要道路、植被和其他地物。

（2）地貌识别

地面上地貌的变化虽然千差万别，形态不同，但不外乎由山头、洼地、山脊、山谷、鞍部等基本地貌组成，这些基本地貌称为地貌要素。判读地貌必须熟悉各地貌要素的等高线形式，另外要善于判读显示地貌轮廓的山脊线和山谷线。当地貌情况较复杂时，可先在图上勾绘出山脊线和山谷线形成地貌轮廓，这样就可以很快看出地形全貌。

例如，对于某些地貌形态复杂的山区，山脊和山谷部位等高线犬牙交错，不易判读，这时可先根据江河、溪流找出山谷、山脊，无江河、溪流时根据相邻山头找出山脊，再根据"两山脊间必有一山谷，两山谷间必有一山脊"的规律，识别山脊、山谷的分布情况。最后结合特殊地貌符号和等高线的疏密变化，就可以清楚地了解地貌的分布了。

8.7.2　地形图在工程中的应用

（1）用地形图绘制地形断面图

地形断面图是表示地形沿某方向起伏形态的图形。在工程设计工作中，常需要通过地形断面图了解已知方向线的地面起伏变化情况，以顺利进行纵向坡度设计、土石方量概算等后续工作。

如图 8-21 所示，欲绘制线段 AB 间的断面图。首先，将线段 AB 与地形图上的其他等高线的交点标定出来，即 1、2、3……各点；然后，以沿直线 AB 的平距为横轴 D，地形点的高程为纵轴 H，构成一定比例尺的平面坐标系统 DH；最后，在图上使用分规量取 1、2、3……各点至 A 点的平距并读取各点高程，据此在坐标系 DH 中展绘各点后光滑连接各点即形成断面图。因为断面长度值一般远远大于断面内的地形高差值，为了突出地形起伏形态，断面图的高程比例尺通常大于平距比例尺。

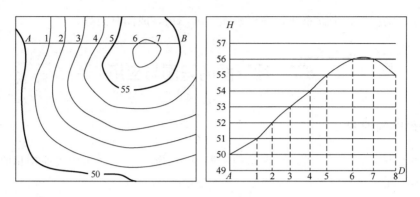

图 8-21　绘制地形断面图

（2）用地形图确定等坡度线

在铁路、公路选线设计时，首先根据限制坡度在地形图上选线，然后按照相关规范进行平面线型设计。所谓等坡度线，就是沿线各点坡度相等的路线。

如图 8-22 所示，计划从低地 A 点开设一条公路至高地 B 点，要求坡度不超过 i，地形图比例尺为 $\frac{1}{M}$，等高距为 h。首先由 $d = \frac{h}{iM}$ 算出相邻等高线间按坡度要求的图上最短平距。然后以 A 点为圆心、d 为半径画圆弧，交相邻等高线于 1 点和 7 点，再以 1 点和 7 点为圆心、d 为半径画圆弧，交下一相邻等高线于 2 点和 8 点。依次类推，直到延伸至 B 点得路线 A—1—2—3—4—5—6—B 和路线 A—7—8—9—10—11—12—B。

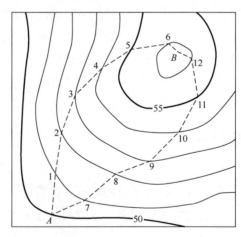

图 8-22　确定等坡度线

这两条路线均满足限制坡度 i 的设计，可综合各种因素选取其中一条。需要说明的是，在确定线路与等高线交点时，有可能出现 d 小于相邻等高线间距的情况，即所画圆弧与等高线无交点的情况。这表明地面坡度小于线路设定坡度，此时可以按任意方向延伸线路，但该段线路坡度有所变化。

（3）用地形图确定汇水面积

当道路需要跨越河流或山谷时，应设计建造桥梁或涵洞，兴修水库需筑坝拦水。桥梁、涵洞孔径的大小，水坝设计位置与坝高，水库的蓄水量等，都需要根据汇集在这个区域的水流量确定。汇集水流量的面积称为汇水面积。由于雨水是沿山脊向两侧山坡分流的，因此汇水面积的边界线是由一系列山脊线连接而成的。如图 8-23 所示，一条公路经过山谷，拟在 P 处架桥或修涵洞，其孔径大小应根据流经该处的水流量来决定，而水流量又与山谷的汇水面积有关。由图 8-23 中可以看出，由山脊线 A1、12、23、34、45、5B 与公路上的 AB 线段所围成的面积，就是这个山谷的汇水面积。量测该面积的大小（可用方格法、平行线法、解析法、求积仪法），再结合气象水文资料，便可进一步确定流经公路 P 处的水量，从而为桥梁或涵洞的孔径设计提供依据。

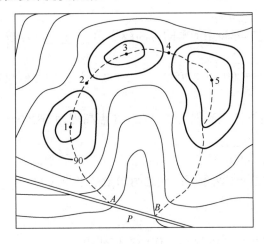

图 8-23　确定汇水面积

习　　题

一、名词解释题

1．大比例尺地形图

2．地形图图式

3．丘陵地

4．等高距

5．计曲线

6．山脊线

7．鞍部

8．经纬仪测绘法

9．接图表

10．汇水面积

二、填空题

1. 相邻等高线上两点之间的水平距离称为_____。

2. 相邻高程点连接的光滑曲线称为_____。

3. 绘制地形图时，地物符号分为_____、_____和_____。

4. 典型地貌有_____、_____、_____和_____。

5. 地形图比例尺的定义是_____之比，分_____与_____两种。

6. 地形图的分幅方法有_____和_____。

7. 在地形图上有高程分别为 26m、27m、28m、29m、30m、31m、32m 的等高线，则需加粗的等高线为_____ m。

8. 按照二分之一基本等高距加密的等高线称为_____，按照四分之一基本等高距加密的等高线称为_____。

9. 比例尺分别为 1∶1000、1∶2000、1∶5000 地形图的比例尺精度分别为_____、_____和_____。

10. 在地形图上，量得 A 点高程为 21.17m，B 点高程为 16.84m，AB 的平距为 279.50m，则直线 AB 的坡度为_____。

11. 在比例尺为 1∶2000、等高距为 2m 的地形图上，要求从 A 点到 B 点以 5%的坡度选定一条最短的路线，则相邻两条等高线之间的最小平距应为_____。

三、问答题

1. 什么是比例尺精度？它在测绘工作中有何作用？

2. 什么是等高线？它有哪些特性？

3. 地形图为什么要进行分幅和编号？两类分幅各用于何种情况？

4. 测图前有哪些准备工作？控制点展绘后，怎么检查其正确性？

5. 用经纬仪测绘法在一个测站上测绘地形图的工作步骤是怎样的？

6. 如何根据地形图绘制地形断面图？

7. 如何用地形图确定汇水面积？

第 9 章

建筑工程测量

9.1　建筑工程测量概述

工程建设分为勘测、设计和施工三个阶段。地形测量的成果资料为规划设计提供依据，而施工测量的基本任务就是施工放样，即将图纸上设计的建（构）筑物的平面位置和高程，按设计和施工的要求在施工作业面上标定出来，以便据此施工，这项工作也称为测设，从这个角度讲，施工测量、测设和施工放样都是指施工阶段所进行的测量工作。

施工测量贯穿于建筑工程整个施工过程，从场地平整、建筑物平面位置和高程放样、基础施工、各类管线及配套设施施工到建筑物结构安装都要进行施工测量。为了便于管理、维修和扩建，还应进行竣工测量并绘制竣工图。对于一些特殊的建筑，在施工过程中、施工结束并投入使用后还应进行长期的变形观测，以便控制施工进度、积累资料、掌握变形规律并采取必要的防控措施。可见，在施工进行前就应制订切实可行的施工测量计划，施工各环节及时进行相应的测量工作，确保施工的顺利进行。

施工测量和地形测量一样，也应遵循"从整体到局部、先控制后碎部"的基本原则，即在施工作业面上建立施工控制网，在此基础上标定各建（构）筑物的细部。这是因为在施工现场各种建筑物分布较广，各工段往往又不能同时施工，施工测量的这种工作程序可以保证各建（构）筑物在平面和高程上都合乎要求，互相连成一个整体。施工测量的精度要求取决于建（构）筑物的等级、大小、结构、材料、用途和施工方法等因素。但一般而言，施工测量精度高于地形测量精度，变形观测精度高于其他施工测量工作的精度，钢结构工程精度高于钢筋混凝土工程精度，高层建筑放样精度高于低层建筑放样精度，工业建筑的放样精度高于民用建筑放样精度，吊装施工方法的精度高于浇筑施工方法精度。因此必须选择与施工精度要求相适应的仪器和方法进行施工测量，才能保证施工质量。

9.2　施工测量的基本工作

施工测量的基本任务是点位放样，其基本工作包括设计长度的测设、设计水平角的测设、设计点位的测设、设计高程的测设、设计坡度的测设及铅垂线的测设。

9.2.1 设计长度的测设

设计长度的测设是从一已知点出发，沿指定的方向标出另一点的位置，使两点间的水平距离等于设计长度。按照施测工具的不同，可采用钢尺法和全站仪法进行设计长度的测设。

（1）钢尺法

根据第 5 章的内容，在进行距离测量时应先量出两端点间的长度，再分别计算尺长改正、温度改正和高差改正，按式（9-1）计算两端点间的水平距离：

$$D = D' + \Delta D_k + \Delta D_t + \Delta D_h \tag{9-1}$$

式中，D 和 D' 分别为两点间的水平距离和尺面长度；ΔD_k、ΔD_t 和 ΔD_h 分别为尺长改正、温度改正和高差改正。

与距离测量的顺序正好相反，测设水平距离时，应先根据图纸上设计给定的水平距离 D、所用钢尺的尺长方程式和两端点的高差分别计算 ΔD_k、ΔD_t 和 ΔD_h，求出钢尺在实地丈量的长度

$$D' = D - \Delta D_k - \Delta D_t - \Delta D_h \tag{9-2}$$

然后从已知的起点，按计算出的数据，用钢尺沿已知方向丈量，经过两次同向或往返丈量，丈量精度达到一定要求后，取其平均值标出该线段终点的位置。

【例 9-1】如图 9-1 所示，在地面上已标设出 A 点及方向 AC，在此方向上欲测设水平长度 $D_{AB}=60\text{m}$，测设用钢尺的尺长方程式为 $l=30\text{m}+3.0\text{mm}+0.375(t-20℃)\text{mm}$，且已知 $h_{AB}=1.25\text{m}$，测设时的温度 $t=4℃$。为使 AB 的水平距离正好是 60m，测设时沿 AC 方向在地面应丈量多长？

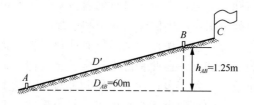

图 9-1　设计长度的测设

解：计算过程如下。

尺长改正为

$$\Delta D_k = \frac{\Delta k}{l_0}D = \frac{0.003}{30} \times 60 = 0.006 \text{（m）}$$

温度改正为

$$\Delta D_t = D(t-t_0) = 60 \times \frac{0.000375}{30}(t-20) = -0.012 \text{（m）}$$

倾斜改正为

$$\Delta D_h = -\frac{h_{AB}^2}{2D} = -\frac{1.25^2}{2 \times 60} \approx -0.013 \text{（m）}$$

因此，在地面上应丈量的倾斜距离为

$$D' = D - \Delta D_k - \Delta D_t - \Delta D_h = 60 - 0.006 + 0.012 + 0.013 = 60.019 \quad （\text{m}）$$

测设时，在 AC 方向上从 A 点沿地面丈量 60.019m，即可测设出 B 点，使 AB 的水平距离正好是 60m。

（2）全站仪法

在 A 点安置全站仪，按施测时的温度、气压在仪器上设置改正值，瞄准 AC 方向，指挥装于标杆上的棱镜前后移动，当跟踪反光镜显示距离达到欲测设水平距离 D_{AB} 时，即可定出 B 点。

9.2.2　设计水平角的测设

水平角测量是地面上有三个点位标明了两个方向，观测这两个方向之间的水平角值；而水平角测设是从一个已知方向出发，测设出另一个方向，使该方向与已知方向的夹角等于设计水平角。当测设精度要求不高时，采用正倒镜分中法；当精度要求较高时，采用多测回修正法。

（1）正倒镜分中法

如图 9-2（a）所示，A 为已知点，AB 为已知方向，欲标定 AC 方向，使其与 AB 方向之间的水平角等于设计角度 β，则在 A 点安置经纬仪，盘左位置照准 B 点，读取水平度盘读数为 a_1，求得 $b_1 = a_1 + \beta$，转动照准部使水平度盘读数恰好为 b_1，在此视线上定出 C' 点；倒转望远镜，盘右位置再次瞄准 B 点，读数为 a_2，得 $b_2 = a_2 + \beta$，转动照准部使水平度盘读数为 b_2，在此视线上定出 C'' 点，取 C' 点和 C'' 的中点 C，则 $\angle BAC$ 就是要测设的 β 角。

（2）多测回修正法

在 A 点安置经纬仪，用正倒镜分中法测设出 AC 方向并定出 C 点；用多测回修正法较精确地测出 $\angle BAC = \beta'$，则 $\Delta\beta = \beta - \beta'$，如图 9-2（b）所示，按式（9-3）计算 CC_0：

$$CC_0 = AC \tan \Delta\beta = AC \cdot \frac{\Delta\beta}{\rho} \tag{9-3}$$

式中，$\rho = 206265''$。

过 C 点作 AC 的垂线，再从 C 点沿垂线方向量取 CC_0（$\Delta\beta > 0$，外量；$\Delta\beta < 0$，内量），则 $\angle BAC_0$ 为设计角值 β。

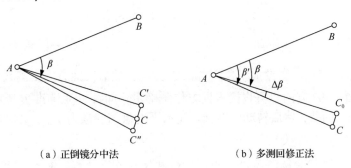

(a) 正倒镜分中法　　　　　　　　　　(b) 多测回修正法

图 9-2　设计角度的测设

9.2.3 设计点位的测设

点位测设的方法包括直角坐标法、极坐标法、角度交会法和距离交会法等，具体采用何种方法，应在施工过程中根据平面控制点的分布、地形情况、施工控制网形、现场条件、仪器设备和待建建筑物测设精度要求等确定。

（1）直角坐标法

直角坐标法是根据已知点与设计点的坐标增量测设设计点位置的方法。该方法适用于施工控制网为方格网或建筑基线形式且量距比较方便的情形。如图 9-3 所示，A 点、B 点、C 点、D 点为方格网控制点，a 点、b 点、c 点、d 点、e 点为欲测设建筑的角点，根据设计图上各点坐标可确定测设数据。以 a 点为例，介绍直角坐标法的测设步骤。

首先沿 AB 边量取 $AE = y_a - y_A = \Delta y_{Aa}$；在 E 点安置仪器，后视格网点 B，向左测设 AB 的垂线方向 Ea，在该方向上量取 $Ea = x_a - x_A = \Delta x_{Aa}$，即可得到 a 点在地面上的位置。用同样方法测设其余四个角点的位置。最后检查建筑物各角是否等于 $90°$，各边的实测长度与设计长度之差是否在允许范围内。

（2）极坐标法

该方法适用于测设距离较短且便于量距的情形。如图 9-4 所示，已知点 $A(x_A, y_A)$，$B(x_B, y_B)$，欲测设点 P，其设计坐标为 (x_P, y_P)，首先按坐标反算公式计算测设数据，即

$$\begin{cases} D_{AP} = \sqrt{(x_P - x_A) + (y_P - y_A)^2} \\ \beta = \alpha_{AP} - \alpha_{AB} \end{cases} \tag{9-4}$$

式中，$\alpha_{AB} = \arctan \dfrac{y_B - y_A}{x_B - x_A}$；$\alpha_{AP} = \arctan \dfrac{y_P - y_A}{x_P - x_A}$。

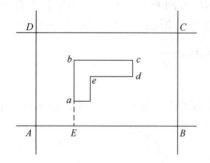

图 9-3　直角坐标法

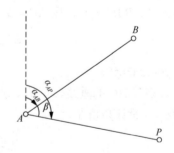

图 9-4　极坐标法

在 A 点安置经纬仪，测设水平角 β，得 AP 方向，然后在此方向上测设水平距离 D，即可确定 P 点位置。AP 方向也可直接根据方位角确定，即在 A 点瞄准 B 点时，将水平度盘的读数设置成 α_{AB} 的值，然后转动照准部，使水平度盘的读数为 α_{AP}，此时的视准轴方向即 AP 的方向。

若使用全站仪按极坐标法测设 P 点，将全站仪安置于 A 点，输入 A 点、B 点及 P 点的

坐标分别作为测站点、后视点和测设点坐标，系统将自动计算测设数据；瞄准后视点 B，进行度盘定向，转动照准部，屏幕将显示当前方位角、测设点方位角及两者之差，据此可测设出方向 AP；在此方向上前后移动棱镜，当屏幕显示距离值为 D 时，即可确定 P 点的位置，如图 9-5 所示。

（3）角度交会法

角度交会法也称方向交会法，适用于不便量距或测设点远离控制点的情形。如图 9-6 所示，为了保证测设点 P 的精度，需要用两个三角形进行交会。根据点 $A(x_A, y_A)$、$B(x_B, y_B)$、$C(x_C, y_C)$ 及点 P 的设计坐标 (x_P, y_P)，分别计算测设数据 α_1、β_1 和 α_2、β_2；然后将经纬仪分别安置于 A、B、C 点测设水平角 α_1、β_1 和 α_2、β_2，并在 P 点附近沿 AP、BP、CP 方向线各打两个小木桩，桩顶中央拉一细线以表示该方向线，三条方向线的交点即待测设点 P。

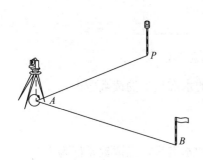

图 9-5　全站仪法测设点位

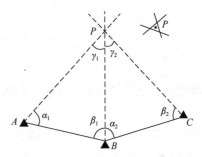

图 9-6　角度交会法

由于测设过程中不可避免地存在误差，因此三条方向线通常不会正好交于一点，而是形成一个很小的三角形，称为误差三角形。当误差三角形的边长在允许范围时，可取误差三角形的重心作为 P 点的点位；若误差三角形有一条边长超过容许值，则应按照上述方法重新进行方向交会。

（4）距离交会法

距离交会法也称长度交会法，适用于场地平坦、便于钢尺量距且待测点与控制点距离不超过一尺段的情形。如图 9-7 所示，根据点 $A(x_A, y_A)$、$B(x_B, y_B)$ 及点 P 的设计坐标 (x_P, y_P)，用坐标反算公式分别计算测设数据 D_1、D_2，然后分别以点 A、B 为圆心测设半径为 D_1、D_2 的圆弧，其交点即待测设的点 P。

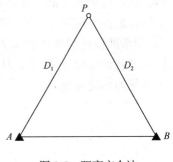

图 9-7　距离交会法

9.2.4　设计高程的测设

在平整场地、开挖基坑、路线坡度及桥台桥墩设计标高测定等建筑工程测量中，需要根据施工现场已有的水准点测设设计指定的高程。它与水准测量的区别在于，水准测量是测定两固定点之间的高差，而高程的测设是根据一个已知高程的水准点，测设另一点，使其高程值为设计值。常见的高程测设方法有几何水准法、高程传递法和全站仪法等。

（1）几何水准法

将设计高程测设于地面上时，一般采用几何水准法。如图 9-8 所示，设水准点 A 的高程为 H_A，现要测设 B 点，使其高程为 H_B。为此，在 A、B 两点间安置水准仪，在 A 点竖立水准尺，读取尺上读数 a，则视线高为

$$H_i = H_A + a \qquad (9-5)$$

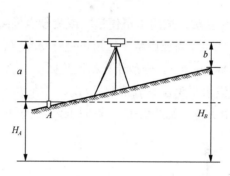

图 9-8　几何水准法测设高程

欲使 B 点的设计高程为 H_B，则竖立在 B 点处的水准尺上的读数应为

$$b = H_i - H_B \qquad (9-6)$$

此时，可采用以下两种方法测设 B 点高程。

1）将 B 点水准尺紧靠 B 点上的木桩，上下移动水准尺，当读数正好为 b 时，在 B 点木桩上沿水准尺底部做一标记，此处高程即为设计高程 H_B。

2）将 B 点处木桩逐渐打入土中，使立在桩顶的水准尺上读数增加到 b，此时 B 点桩顶的高程即为 H_B。

几何水准法常用于基础、楼面、广场、跑道等建筑工程的水平面测设中。如图 9-9 所示，欲测设一水平面，使其设计高程为 $H_设$，可先在地面上按一定的长度测设方格网，用木桩标定各方格网点；然后在地面与已知点 A 之间安置水准仪，读取 A 点水准尺上的读数 a，则水准仪视线高程 $H_i = H_A + a$；依次在各木桩上立尺，用逐渐打入木桩法使各木桩顶的水准尺上读数 b 都等于 $H_i - H_设$，各桩顶就构成了测设的水平面。用激光平面仪测设水平面更为快捷方便。

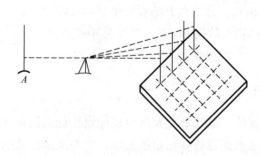

图 9-9　水平面测设

（2）高程传递法

当向较深的基坑和较高的建筑物上测设设计高程时，除用水准尺外，还需借助悬吊钢尺采用高程传递的方法进行。如图 9-10（a）所示，欲在深基坑内测设一点 B，使其高程为设计高程 H_B。设地面附近有一水准点 A，其高程为 H_A，在基坑一边架设吊杆，杆上吊一根零端向下的钢尺，钢尺的下端挂上质量为 10kg 的重锤，放入油桶中；在地面和坑底各安置一台水准仪，设地面的水准仪在 A 点所立水准尺上读数为 a_1，在钢尺上读数为 b_1，坑底水准仪在钢尺上读数为 a_2，则 $H_B + b_2 + (b_1 - a_2) = H_A + a_1$，即 B 点水准尺上应有读数为

$$b_2 = H_A + a_1 - (b_1 - a_2) - H_B \tag{9-7}$$

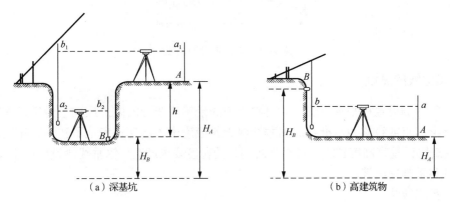

（a）深基坑　　　　　　　　　　　　　　（b）高建筑物

图 9-10　高程传递法测设高程

用逐渐打入木桩或在木桩上划线的方法，使立在 B 点的水准尺上的读数为 b_2，此时，B 点桩顶的高程即设计高程 H_B。

如图 9-10（b）所示，当向较高的建筑物 B 处测设高程时，可于该处悬挂钢尺，钢尺零点在上，上下移动钢尺，使水准仪的前视读数 b 恰为

$$b = H_B - (H_A + a) \tag{9-8}$$

则钢尺零划线的高程即设计高程 H_B。

（3）全站仪法

全站仪测设高程一般用于极坐标法测设设计点的三维坐标(x, y, H)。全站仪法的原理是，在仪器中输入已知点和设计点的坐标时，同时输入已知点的高程和待测设点的设计高程，另外输入仪器高和目标高。全站仪照准目标后，能自动计算棱镜的升降高度，使待测设点的高程为设计高程。

9.2.5　设计坡度的测设

设计坡度的测设就是根据一点的高程，在给定方向上连续测设一系列坡度桩，使桩顶连线构成已知坡度。如图 9-11 所示，设 A 点高程为 H_A，A、B 两点间水平距离为 D_{AB}，试从 A 点沿 AB 方向测设设计坡度为 i 的直线。按照高程测设的方法测设 B 点，使其高程为

$$H_B = H_A + iD_{AB} \tag{9-9}$$

则 AB 为坡度为 i 的直线。在 A 点安置水准仪，使一个脚螺旋在 AB 方向线上，另两个脚螺旋连线与 AB 垂直，量取仪器高 i，瞄准 B 点水准尺，转动 AB 方向线上的脚螺旋或微倾螺

旋，使 B 点水准尺上的读数为 i，则仪器的视线为平行于设计坡度的直线 AB。在 AB 方向线上测设中间点 $1, 2, 3\cdots$，使各中间点水准尺上的读数均为 i，并以木桩标记，这样桩顶连线即所求坡度线。

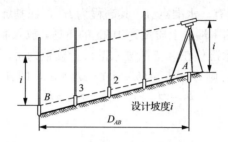

图 9-11   设计坡度的测设

9.2.6   铅垂线的测设

铅垂线的测设也称垂直投影，就是将点或线沿铅垂线方向向上或向下传递，这些以铅垂线为标准的点或线称为垂准线。铅垂线测设常应用于高层建筑和地下建筑等建筑工程测量中。建筑物的垂直高度越大，对铅垂线测设的精度要求越高。铅垂线测设可用垂球线法、经纬仪法和垂准仪法等。

（1）垂球线法

垂球线法一般用于对低层建筑物墙体垂直度的检验，悬挂垂球至垂球稳定后的垂球线即铅垂线，该法相对精度可达 $\dfrac{1}{1000}$，即 1m 高差约 1mm 偏差。竖井定向时，用直径不大于 1mm 的细钢丝，悬挂质量为 10～50kg 的垂球，垂球浸于油桶以阻尼其摆动，其相对精度可达 $\dfrac{1}{20000}$。该法操作费力，易受井上下作业及井底回风等外界干扰因素影响。

（2）经纬仪法

经纬仪法利用整平后的经纬仪上下转动时其视准轴可扫出铅垂面的原理进行铅垂线的测设，适用于垂高不大且场地开阔的情形。图 9-12 所示为用经纬仪法测设铅垂线的示意图，在相互垂直的两个方向上，分别安置经纬仪，瞄准上（或下）标志后固定照准部，上下转动望远镜，在视准轴方向就会得到两个铅垂面 H_1 和 H_2，两铅垂面的交线即铅垂线。在视准轴方向上，用与角度交会法测设点位相同的方法可测定出下（或上）标志，上下标志即在同一铅垂线上。

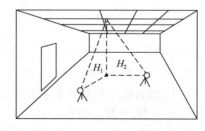

图 9-12   用经纬仪法测设铅垂线的示意图

（3）垂准仪法

垂准仪是专门用于铅垂线测设的仪器，也称天顶仪。它有两个相互垂直的水准管，用于置平仪器使视准轴铅垂，可以向上或向下作垂直投影，因此有上下两个目镜和两个物镜，垂准的相对精度因仪器型号不同而不同，为 $\frac{1}{30000} \sim \frac{1}{200000}$。垂准仪进行铅垂线测设的方法步骤将在 9.3.4 节进行详细介绍。

9.3　建筑施工测量

9.3.1　建筑施工测量概述

建筑工程施工阶段的测量工作可分为施工准备阶段的测量、施工过程中的测量和竣工测量。施工准备阶段的测量工作包括施工控制网的建立、场地布置、工程定位和基础放线等。施工过程中的测量工作是在工程施工中，随着工程的进展，在每道工序之前进行的细部测设，如基桩或基础模板的测设、工程砌筑中墙体皮数杆的设置、楼层轴线测设、楼层间高程传递、结构安装测设、设备基础及预埋螺栓测设、建筑施工过程中的沉降观测等。为做好施工测量工作，测量员要了解施工方案、掌握施工进度，同时对所测设的标志反复校核，确认无误后方可交付施工，避免测设错误带来工程质量问题。

在施工现场，由于各种材料和施工器械的堆放、各种工程的动工及机械化施工作业等，施工现场内的测量标志很容易被破坏，因此在施工期间应采取切实有效的措施保护测量标志，以保证施工测量作业顺利完成。测量作业之前应对所用仪器工具进行检验和校正。测量作业方法和计算方法也应该力求简捷。测量作业过程中应注意保护好仪器，并注意人身安全。

施工测量之前应收集整理总平面图、建筑物的设计和说明、建（构）筑物的轴线平面图、建筑物基础平面图、设备基础图、建筑物结构图等图纸资料。

土木建筑工程的点位中误差 $m_点$ 由测量定位中误差和施工中误差 $m_施$ 组成，而测量定位中误差由施工场地控制点的起始中误差 $m_控$ 和放样中误差 $m_放$ 组成，按照误差传播定律，有

$$m_点^2 = m_挖^2 + m_放^2 + m_施^2 \qquad (9-10)$$

在工程项目的施工质量验收规范中，规定了各种工程的位置、尺寸、标高的允许误差 $\Delta_限$，由于极限误差为中误差的 2 倍或 3 倍，所以 $m_点$ 取

$$m_点 = \frac{1}{2} \Delta_限 \qquad (9-11)$$

可按式（9-10）和式（9-11）推算施工测量的精度。由于不同工程的控制点等级不同，控制点密度、放样点与控制点的距离、放样点的类型、施工方法及要求也有差异，一般情况下 $m_控 < m_放 < m_施$，因此，应当根据工程的具体情况适当确定 $m_控$、 $m_放$ 之间的比例关系。也可以根据《工程测量标准》（GB 50026—2020）中所规定的部分建（构）筑物测设的允许误差，按极限误差与中误差的关系直接确定放样中误差 $m_放$。《工程测量标准》（GB 50026—

2020）对工业与民用建筑物测设的主要技术要求如表 9-1 所示。

表 9-1 工业与民用建筑物测设的主要技术要求

建筑物结构特征	测距相对中误差	测角中误差/(″)	在测站上测定高差中误差/mm	根据起始水平面在施工水平面上测定高程中误差/mm	竖向传递轴线点中误差/mm
金属结构、装配式钢筋混凝土结构、建筑物高度 100～120m 或跨度 30～36m	$\frac{1}{20000}$	5	1	6	4
15 层房屋建筑高度 60～100m 或跨度 18～30m	$\frac{1}{10000}$	10	2	5	3
5～15 层房屋、建筑物高度 15～60m 或跨度 6～18m	$\frac{1}{5000}$	20	2.5	4	2.5
5 层房屋、建筑物高度 15m 或跨度 6m 及以下	$\frac{1}{3000}$	30	3	3	2
木结构、工业管线或公路铁路专用线	$\frac{1}{2000}$	30	5		
土工竖向整平	$\frac{1}{1000}$	45	10		

9.3.2 建筑施工控制测量

建筑施工控制测量的主要任务是建立施工控制网。通常情况下，勘测设计阶段建立的控制网可以作为测设的基准，但在该阶段，各种建筑物的设计位置尚未确定，此时建立的控制网无法满足施工测量的要求；在场地布置和平整中，大量土方的填挖也会损坏一些控制点；有些原先互相通视的控制点被新修建的建筑物阻挡而不能适应施工测量的需要。因此，在施工进行前，需要在原有控制网的基础上，建立施工控制网，作为工程施工和建筑物细部放样的依据。

施工控制网通常可分为平面施工控制网和高程施工控制网，按控制范围又分为场区控制及建筑物控制。控制网点应根据施工总平面图和施工总布置图设计。

施工控制网为了测设的方便，其坐标轴方向一般与建筑物主轴线方向平行，坐标原点一般选在场地西南角、中央或建筑物轴线的交点处，这种坐标系统称为建筑坐标系（又称施工坐标系）。这种坐标系往往与测量坐标系不一致，因此在建立施工控制网时需要进行两种坐标系之间的换算。在图 9-13 中，xoy 为测量坐标系，XOY 为建筑坐标系，建筑坐标系原点 O 在测量坐标系中的坐标为 (x_0, y_0)，X 轴在测量坐标系中的方位角为 α。设已知点 P 的建筑坐标为 (X, Y)，则可按式（9-12）将其换算为测量坐标 (x, y)：

$$\begin{cases} x = x_0 + X\cos\alpha - Y\sin\alpha \\ y = y_0 + X\sin\alpha + Y\cos\alpha \end{cases} \tag{9-12}$$

如果已知 P 点的测量坐标 (x, y)，则可按式（9-13）将其换算为建筑坐标 (X, Y)：

$$\begin{cases} X = (x - x_0)\cos\alpha + (y - y_0)\sin\alpha \\ Y = -(x - x_0)\sin\alpha + (y - y_0)\cos\alpha \end{cases} \tag{9-13}$$

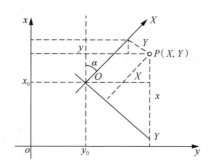

图 9-13　建筑坐标和测量坐标的换算

1. 平面施工控制网

工程建设项目不同，施工控制网的形状也不相同。对于工业厂房、民用建筑、道路和管线等工程，施工控制网一般沿相互平行或垂直的方向布置成正方形或矩形，这种形式的施工控制网称为建筑方格网。对于面积不大且不十分复杂的建筑场地，常平行于主要建筑物的轴线布置一条或数条基线，作为施工测量的平面控制网，这种形式的施工控制网称为建筑基线。对于布设以上网形有困难的工程，也可将施工控制网布置成导线网、三角网或边角网，这些施工控制网常应用于改扩建工程的施工控制测量。

（1）建筑基线

建筑基线一般应靠近建筑场地中主要建筑物布置，并与其主要轴线平行，以便用直角坐标法进行建筑细部放样。建筑基线通常可布置成三点直线形、三点直角形、四点丁字形或五点十字形等形式，如图 9-14 所示。但在具体布置建筑基线时，应视建筑物的分布、场地的地形和原有测量控制点的情况而定。

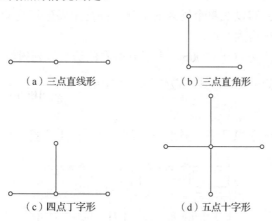

图 9-14　建筑基线布置形式

建筑基线点一般不应少于三个。在城市建设区，建筑用地边界要经规划部门在现场标定边界点，其连线通常为正交的直线，称为建筑红线，如图 9-15（a）中的直线 AB 和 BC。利用建筑红线按平行线推移法可以标定建筑基线 ab 和 bc。

如果施工现场没有建筑红线，则需要根据附近已有的控制点和建筑基线的设计坐标标定建筑基线。在图 9-15（b）中，A、B、C 三点为测量控制点，a、b、c 三点为建筑基线点，按极坐标法进行点位放样计算出测设要素 β_1、β_2、β_3 和 D_1、D_2、D_3，然后分别在 A、B、C 三点安置经纬仪，将建筑基线点 a、b、c 在实地标定出米。

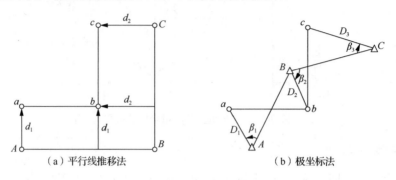

（a）平行线推移法　　　　　　（b）极坐标法

图 9-15　建筑基线点的测设图

当 a、b、c 三点在地面用木桩标定后，安置经纬仪于 b 点观测 $\angle abc$，若 $\angle abc$ 与 90° 之差超过 ±20″，则应进行建筑基线控制点的点位调整。

（2）建筑方格网

1）建筑方格网的布置。建筑方格网常由正方形或矩形组成。建筑方格网应根据建筑设计总平面图上各建（构）筑物、道路及管线的布设情况，结合现场的地形情况进行布置。如图 9-16 所示，应先选定建筑方格网的主轴线 MN 和 CD，再布置建筑方格网。当场区面积较大时，布置建筑方格网常分两步：首先可采用"十"字形、"口"字形或"田"字形，然后加密方格网。当场区面积不大时，可将建筑方格网布置成全面方格网。建筑方格网布置时，应注意以下几点。

① 格网的主轴线应布设在整个场区的中部，并与主要建筑物的基本轴线平行。

② 格网的折角应严格为 90°。

③ 格网的边长一般为 100～200m，矩形方格网的边长视建筑物的大小和分布而定，为方便使用，尽可能为 50m 或其倍数，边长的相对精度一般为 $\dfrac{1}{10000} \sim \dfrac{1}{20000}$，具体视工程要求而定。

④ 格网的边应保证通视且便于测距和测角，点位标志应能长期保存。

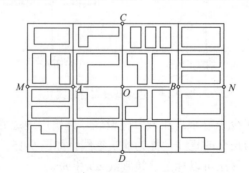

图 9-16　建筑方格网的布置

2）建筑方格网主轴线的测设。主轴线应根据附近的测量控制点进行测设。在测设之前应先将主轴线点的坐标按式（9-12）换算为测量坐标；然后依据附近的测量控制点，采用适当的点位测设方法，测设出主轴线点 A、O、B 的概略位置，以 A'、O'、B' 表示，为便于调整点位，在测量的概略位置埋设混凝土桩，并在桩的顶部设置一块长宽均为 10cm 的铁板。由于测量误差的存在，测设的三个轴线点不会正好在一条直线上，如图 9-17 所示。为了将所测设的三个主轴线点调整在一条直线上，应在 O' 点安置经纬仪，精确测量 $\angle A'O'B'$ 的角值，如果其与 $180°$ 之差超过允许误差，则应对主轴线点进行调整。

① 调整一端点。将 A' 点按图 9-17 所示的方向移动 δ 至 A 点，使三点在一条直线上，调整值 δ 可按式（9-14）计算（式中 $\rho = 206265''$，下同）：

$$\delta = \frac{180° - \beta}{\rho} a \qquad (9\text{-}14)$$

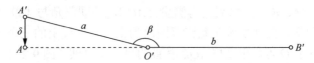

图 9-17　调整一端点

② 调整中点。如图 9-18 所示，将 O' 点按图所示方向移动 δ，使三点在一条直线上。调整值 δ 为

$$\delta = \frac{ab}{a+b} \cdot \frac{180° - \beta}{\rho} \qquad (9\text{-}15)$$

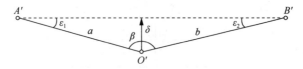

图 9-18　调整中点

下面介绍式（9-15）的推导过程，在 $\triangle A'O'B'$ 中，有

$$\varepsilon_1 + \varepsilon_2 = \frac{180° - \beta}{\rho} \qquad (9\text{-}16)$$

由于 a、b 远大于 δ，可近似认为

$$\varepsilon_1 = \frac{\varepsilon}{a}, \quad \varepsilon_2 = \frac{\delta}{b} \qquad (9\text{-}17)$$

将式（9-17）代入式（9-16）中，即可得到式（9-15）。

③ 调整三点。如图 9-19 所示，调整 A'、O'、B' 三点，调整值均为 δ，但 O' 点与 A'、B' 点移动的方向相反，δ 的表达式为

$$\delta = \frac{ab}{2(a+b)} \cdot \frac{180° - \beta}{\rho} \qquad (9\text{-}18)$$

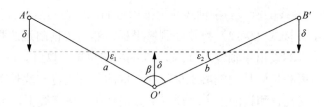

图 9-19　调整三点

由图 9-19 可见：

$$\varepsilon_1 = \frac{2\delta}{a}, \quad \varepsilon_2 = \frac{2\delta}{b} \tag{9-19}$$

与式（9-15）的推导过程类似，将式（9-19）代入式（9-16）中，可以得到式（9-18）的结果。

按 δ 值移动 A'、O'、B' 三点以后，再测量 $\angle AOB$，若观测角与 180° 之差仍不符合限差要求，则继续进行调整，直到误差在允许范围内为止。主轴线上的三个主点 A、O、B 标定好后，将经纬仪安置于 O 点，测设与 AOB 垂直的另一主轴线（图 9-20）。望远镜后视 A 点，分别向左、向右测设 90°，在地面上定出 C'、D' 两点，精确观测 $\angle AOC'$ 和 $\angle AOD'$，分别计算它们与 90° 之差 δ_1、δ_2，按式（9-20）确定调整值 λ_1、λ_2：

$$\lambda_1 = D_1 \frac{\delta_1}{\rho}, \quad \lambda_2 = D_2 \frac{\delta_2}{\rho} \tag{9-20}$$

式中，D_1 为 O 与 C' 两点之间的距离；D_2 为 O 与 D' 两点之间的距离。

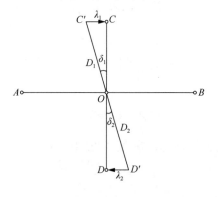

图 9-20　垂向主点测设

将 C' 和 D' 点分别沿与 CD 垂直的方向调整 λ_1、λ_2 值，定出 C 点和 D 点。最后还必须精确观测改正后的 $\angle COD$，其角值与 180° 之差应不超过限差规定。

上述过程标定了两条主轴线的方向，为了在实地确定各主点的点位，还需根据建筑方格网的设计边长沿主轴线方向丈量距离。量距时，用经纬仪法沿 OA、OB、OC、OD 各方向进行定线，用检定过的钢卷尺往返丈量主轴线的距离，同时考虑尺长、温度和高差三项改正，往返丈量的相对精度一般为 $\frac{1}{10000} \sim \frac{1}{20000}$，最后在各主点桩顶的铁板上刻划出主点 A、O、B、C、D 的点位。

3）建筑方格网的详细测设。主轴线测设之后，可以按以下方法测设方格网。如图 9-21 所示，在主轴线的主点 A、B、C、D 分别安置经纬仪，每次都以 O 点为基准方向，分别向左、向右测设 90°，以方向交会法定出方格网的四个角点 E、F、G、H。测设的建筑方格网必须以距离进行检核。为此，用钢卷尺按照与测设主轴线相同的精度要求量出 AE、AH、CE、CF、BF、BG、DG 和 DH 各段距离。若量距所得角点位置与方向交会法所确定的位置不一致，则可进行适当调整。定出 E、F、G、H 各点的最后位置后，以混凝土桩标定。这样就构成了"田"字形方格的基本点。再以这些基本点为基础，沿各方向用钢卷尺测设各方格设计边长或以方向交会法定出方格网中所有点，并用大木桩或混凝土桩（称为距离指标桩）标定。

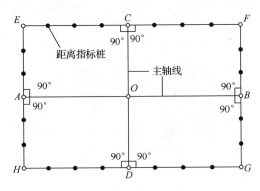

图 9-21　建筑方格网的详细测设示意图

2. 高程施工控制网

为了进行场区各建筑物的高程放样，必须在场区的建筑场地布设水准点。水准点的密度以能满足安置一次仪器即可测设所需的高程点为宜。测绘建筑场地地形图时所布设的水准点密度对施工阶段而言一般是不够的。因此，应先对原先布设的水准点进行现场检查，确认点位没有任何变动，然后以这些点为高等级点，采用闭合或附合水准路线方法进行水准点的加密。一般情况下，建筑方格网点可以兼作高程控制点，但应在已布设的建筑方格网点桩面中心标志旁设置一个突出的半球状标志。

高程施工控制网的精度要求视不同情况而定，宜采用四等水准测量方法。对于连续生产的车间或管道线路，应提高精度等级，采用三等水准测量方法测定各水准点的高程。

为了内部构件的细部放样方便并减少误差，在布设高程施工控制网的同时，应以相同的精度在各厂房内部或附近专门设置±0.000 水准点，作为厂房内部底层的地坪高程。需要特别注意的是，设计中各建（构）筑物的±0.000 水准点高程不完全相同，应严格区分。

9.3.3　建筑施工过程中的测量

建筑施工过程中的测量指在施工控制网的基础上，对工业与民用建筑施工过程中每个环节进行的细部测设工作，包括建筑物的定位、轴线控制桩的测设、基础施工测量、主体施工测量，以及厂房构件的安装测量工作。下面分别介绍民用建筑施工测量和工业厂房施工测量。

1. 民用建筑施工测量

民用建筑指的是住宅、办公楼、商场、宾馆、医院和学校等建筑物。建筑施工测量的任务是按照设计的要求，把建筑物的位置测设到地面上，并配合施工以保证工程质量。民用建筑施工测量分为以下几个阶段。

（1）测设前的准备工作

设计图纸是施工测量的依据，在测设前，应熟悉建筑物的设计图纸，了解施工的建筑物与相邻地物的相互关系，以及建筑物的尺寸和施工的要求等。测设时必须具备下列图纸资料。

1）总平面图，该图是施工测量的总体依据，总平面图上的尺寸关系是进行建筑物定位的数据来源，如图 9-22 所示。

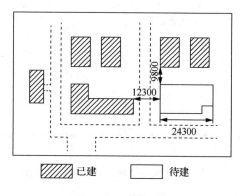

图 9-22　总平面图

2）建筑平面图，该图给出建筑物各定位轴线间的尺寸关系及室内地坪标高等，是进行轴线测设和高程放样的依据，如图 9-23 所示。

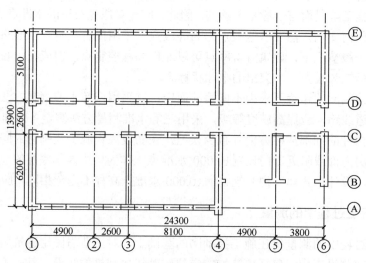

图 9-23　建筑平面图

3）基础平面图，该图给出基础轴线间的尺寸关系和编号。

4）基础大样图，该图给出基础设计宽度、形式及基础边线与轴线的尺寸关系，如图 9-24 所示。

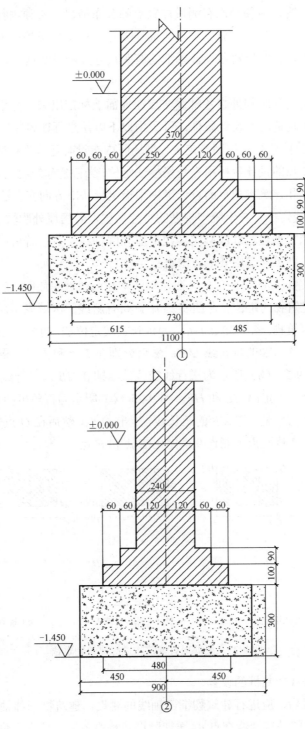

图 9-24　基础大样图

5）立面图和剖面图，该图给出基础、地坪、门窗、楼板、屋架和屋面等设计高程，是高程测设的主要依据。

为了解现场的地物、地貌和原有测量控制点的分布情况，必须进行现场踏勘并调查与施工测量有关的问题。此外，在施工测量之前还要进行施工现场的平整和清理，拟定测设计划和绘制测设草图，仔细核对各设计图纸的有关尺寸及测设数据，以免出现差错。

（2）建筑物定位

建筑物定位就是把建筑物外廓各轴线交点在地面上标定出来，然后根据这些点进行细部放样。根据施工现场情况及设计条件，可采用以下方法进行建筑物定位。

1）根据建筑方格网或测量控制点定位。当场区内布设有建筑方格网时，可根据方格网点的坐标和建筑物角点的设计坐标用直角坐标法定位；当待建建筑物附近有测量控制点时，可利用控制点的坐标和建筑物角点的设计坐标用极坐标法或方向交会法进行建筑物定位。

2）根据建筑红线定位。对于统一规划的待建房屋，若房屋外廓轴线与建筑红线平行，则可按平行线推移法根据建筑红线确定待建房屋外廓轴线交点；若房屋外廓轴线与建筑红线不平行或不垂直，则可考虑用其他方法进行定位。

3）根据与现有建筑物的关系定位。在建筑区增建或改建房屋时，应根据与原有建筑物的空间关系，进行建筑物的定位。在图 9-25 中，绘有斜线的区域表示原有建筑物，没有斜线的区域表示设计建筑物。图 9-25（a）所示为延长直线定位法，即先作 AB 边的平行线 $A'B'$，在 B' 点安置经纬仪，作 $A'B'$ 的延长线 $E'F'$；然后分别在 E' 点和 F' 点安置经纬仪测设 90°，定出 EG 和 FH。图 9-25（b）所示为平行线定位法，即在 AB 边平行线上的 A' 点和 B' 点安置经纬仪分别测设 90°，定出 GE 和 HF。图 9-25（c）所示为直角坐标定位法，首先在 AB 边平行线上的 B' 点安置仪器，作 $A'B'$ 的延长线，定出 O 点，然后在 O 点安置仪器测设 90°，定出 G、H 点，最后在这两点上测设 90° 定出 E 点和 F 点。

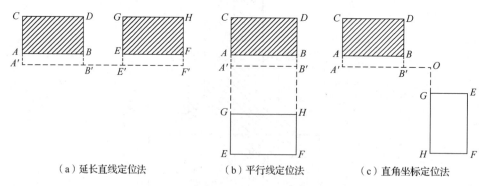

（a）延长直线定位法　　　　（b）平行线定位法　　　　（c）直角坐标定位法

图 9-25　根据现有建筑物进行建筑物定位

（3）龙门板和轴线控制桩的设置

建筑物定位完成后，应进行建筑物细部轴线的测设。建筑物细部轴线的测设就是根据定位所测设的角桩（即外墙轴线交点），详细测设建筑物各轴线的交点位置，并在桩顶钉一小钉，作为中心桩；然后根据中心桩，用白灰画出基槽边界线。由于施工时中心桩会被挖掉，因此应将轴线延长到安全地点，并做好标志，以便施工时能恢复各轴线的位置。延长轴线的方法一般有龙门板法和轴线控制桩法两种。

1）龙门板法。龙门板法适用于一般的小型民用建筑物，为了方便施工，在建筑物四角与隔墙两端基槽开挖边线以外 1.5～2m 处钉立木桩（称为龙门桩），在该木桩上钉木板（称为龙门板）。龙门桩要钉得竖直、牢固，桩的外侧面与基槽平行，如图 9-26 所示。

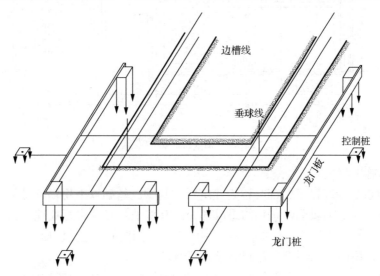

图 9-26　龙门桩和龙门板

建筑物室内（或室外）地坪的设计高程称为地坪标高（也称±0.000 标高），以此作为建筑设计和施工测量的高程起算面。在进行建筑物细部轴线测设时，根据建筑场地的水准点，用水准仪在每个龙门桩上测设建筑物±0.000 标高线；若现场条件不允许，则可以测设一个高于或低于±0.000 标高一定数值的标高线。但一个建筑物只能选择一个这样的标高。根据各龙门桩上的±0.000 标高线把龙门板钉在龙门桩上，使龙门板的顶面在一个水平面上，且与±0.000 标高线一致。龙门板钉好后，用经纬仪将各轴线引测到龙门板顶面上，并以小钉（称为轴线钉）标记，同时将轴线号标在龙门板上。施工时可将细线系在轴线钉上，以控制建筑物位置和地坪标高。

2）轴线控制桩法。龙门板法使用方便，但占地面积较大，影响交通，因而在机械化施工时，一般只设置轴线控制桩。为方便引测、易于保存桩位，轴线控制桩设置在基槽外不受施工干扰的基础轴线延长线上，桩顶面钉小钉标明轴线的准确位置，作为开槽后各施工阶段确定轴线位置的依据，如图 9-27 所示。轴线控制桩与基础外边线的距离根据施工场地的条件确定。如果附近有已建设完成的建筑物，也可将轴线投设在该建筑物的墙上。为了保证控制桩的精度，施工中往往将控制桩与定位桩一起测设；也可以先测设控制桩，再测设定位桩。

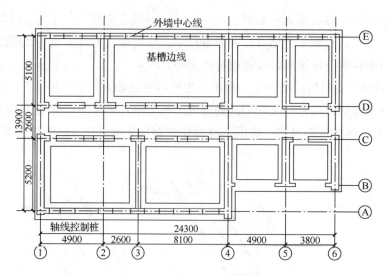

图 9-27　轴线控制桩的设置

（4）基础施工测量

建筑物±0.000 标高以下的部分称为建筑物的基础。基础以下用以承受整个建筑物荷载的土层为地基，地基不属于建筑物的组成部分。有些地基必须进行处理，如打桩处理时应根据桩的设计位置布置桩位，定位误差应小于±5cm。基础施工测量包括基槽开挖边线确定、基槽标高测设、垫层施工测设和基础测设等环节。

1）基槽开挖边线确定。基础开挖前，根据轴线控制桩或龙门板的轴线位置和基础宽度，同时兼顾基础开挖深度及应放坡的尺寸，在地面上标出记号，然后在记号之间拉一细线并沿细线撒上白灰放出基槽边线（也称基础开挖线），挖土就在基槽边线围成的区域内进行。

2）基槽标高测设。开挖基槽时，不得超挖基底，要随时注意挖土的深度，当基槽挖到距槽底 0.3～0.5m 时，用水准仪在槽壁上每隔 2～3m 和拐角处钉一个水平桩，用以控制挖槽深度及作为清理槽底和铺设垫层的依据。水平桩的标高测设允许误差为±10mm。

例如，在图 9-28 中，建筑物基槽底标高为-1.600m，在基槽两壁标高为-1.300m 处钉水平桩，并沿水平桩在槽壁上弹墨线，作为挖槽和铺设基础垫层的依据。

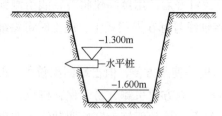

图 9-28　基槽水平桩的测设

3）垫层施工测设。基槽挖土完成并清理后，在槽底铺设垫层。可根据龙门板或控制桩投设垫层边线。具体投设方法为，在轴线两端控制桩的铁钉处系上细线，重锤挂在细线上并垂到槽底，以铁钉标记，按照垫层的设计宽度用平行线推移法定出垫层边线。

垫层标高用槽壁墨线或槽底小木桩控制。如果垫层需要支模板，则可直接在模板上弹出标高控制线。

4）基础测设。垫层做完后，根据龙门板或控制桩所示的轴线位置及基础设计宽度在垫层上弹出中心线和边线。由于整个建筑的位置和高程由此基准大致限定，因此应严格按照设计尺寸校核。

2. 工业厂房施工测量

工业厂房是指各类生产用房及其附属建筑，可分为单层和多层厂房，其中金属结构及装配式钢筋混凝土结构的单层厂房最为常见。工业厂房的施工测量工作主要包括厂房柱列轴线测设、柱基施工测量、厂房构件安装测量。

1）厂房柱列轴线测设。对于跨度较小、结构安装简单的厂房，可按民用建筑施工测量的方法进行厂房定位与轴线测设；对于跨度较大、结构及设备安装复杂的大型厂房，其柱列轴线一般根据厂房矩形控制网进行测设。为此，应先进行厂房控制网角点和主轴线坐标的设计，根据建筑场地的控制网测设这些点位并进行检核，符合精度要求后，即可根据柱间距和跨间距用钢尺沿矩形网各边量出各轴线控制桩的位置，并打入大木桩，钉上小钉，作为测设基坑和施工安装的依据。

例如，图 9-29 所示为一栋 2 跨、11 列柱子的厂房，厂房控制网以 M、N 和 P、Q 为主轴线点；M'、N' 和 P'、Q' 点为用以检查和保存主轴线点的辅点。分别在各主轴线点上安置经纬仪，测设 90°，用方向交会法确定厂房角桩 A、B、C、D 点，然后按照各柱列的设计宽度用钢尺量距标定出各柱列轴线控制桩的位置。

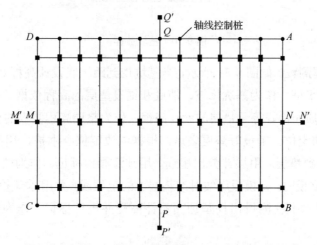

图 9-29　厂房控制网及轴线控制桩

2）柱基施工测量。柱基施工测量应依次进行基坑放样、基坑的高程测设及基础模板的定位。

① 基坑放样。基坑开挖之前应根据基础平面图和基础大样图的有关尺寸，把基坑开挖的边线测设于地面上。厂房的柱基类型不一、尺寸各异，定位轴线不一定都是基础中心线，在进行柱基测设、放样时应特别注意。

柱基放样时，将经纬仪分别安置在相应的轴线控制桩上，依柱列轴线方向在地上测设小的定位桩，桩顶钉上小钉，交会出各桩基的位置，然后按照基础大样图的尺寸，根据定位轴线放样出基础开挖线，撒上白灰，标明开挖范围，如图 9-30 所示。

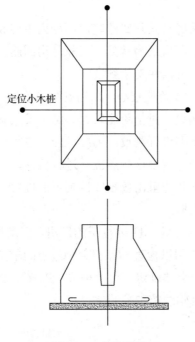

定位小木桩

图 9-30　基坑放样

② 基坑的高程测设。如图 9-31 所示，当基坑挖到距坑底设计高程 0.3～0.5m 处时，应在坑壁四周设置水平桩，作为基坑修坡、清底和铺设垫层的高程依据。此外，还应在坑底设置小木桩，使桩顶面恰好等于垫层的设计高程，作为垫层高程测设的依据。

③ 基础模板的定位。铺设好垫层之后，根据坑边定位小木桩，用拉线的方法，吊垂球把柱基定位线投到垫层。用墨斗弹出墨线，用红漆画出标记，作为柱基立模板和布置基础钢筋网的依据。立模时，将模板底线对准垫层上的定位线，并用垂球检查模板是否竖直。最后在模板内壁用水准仪测设出柱基顶面设计高程并进行标记，作为柱基混凝土浇筑的依据。

拆模后，根据柱列轴线控制桩将柱列轴线投测到基础顶面，并用红油漆画上"▲"标记。同时在杯口内壁测设标高线，向下量取一整分米数，即到杯底的设计标高，供底部整修用，如图 9-32 所示。

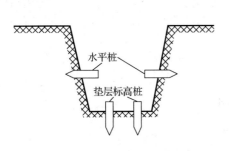

图 9-31　基坑的高程测设

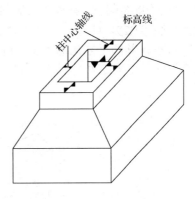

图 9-32　杯形基础模板的定位

3）厂房构件安装测量。装配式单层工业厂房主要由柱、吊车梁、吊车轨道、屋架等主要构件组成。每个构件的安装包括绑扎、起吊、就位、临时固定、校正和最后固定几个环节。在厂房构件安装测量工作开始前，必须熟悉设计图，掌握限差要求，并制定作业方法。柱子、桁架或梁安装测量的允许偏差应符合表 9-2 中的相关规定；构件预装测量及附属构筑物安装测量的允许偏差应分别符合表 9-3 和表 9-4 中的相关规定。下面着重介绍柱子、吊车梁及吊车轨道等安装操作要求比较高的构件在安装时的校正工作。

表 9-2　柱子、桁架或梁安装测量的允许偏差　　　　　　　　　　　　　单位：mm

测量内容	测量允许偏差	测量内容	测量允许偏差
钢柱垫板标高	±2	桁架和实腹梁、桁架和钢架的支承节点间相邻高差的偏差	±5
钢柱±0.000 标高检查	±2		
混凝土柱（预制）±0.000 标高	±3	梁间距	±3
混凝土柱、钢柱垂直度	±3	梁面垫板标高	±2

注：对于高大于 10m 的柱子或一般民用建筑的混凝土柱、钢柱垂直度，测量允许偏差可适当放宽。

表 9-3　构件预装测量的允许偏差　　　　　　　　　　　　　　　　　　单位：mm

测量内容	测量允许偏差	测量内容	测量允许偏差
平台面抄平	±1	预装过程中的抄平工作	±2
纵横中心线的正交度	$±0.8\sqrt{l}$		

注：l 为自交点起算的横向中心线长度（m），不足 5m 时，以 5m 计。

表 9-4　附属构筑物安装测量的允许偏差　　　　　　　　　　　　　　　单位：mm

测量内容	测量允许偏差	测量内容	测量允许偏差
栈桥和斜桥中心线投点	±2	管道构件中心线定位	±5
轨面的标高	±2	管道标高测量	±5
轨道跨距测量	±2	管道垂直度测量	$\dfrac{H}{1000}$

注：H 为管道垂直部分的长度（m）。

① 柱子安装测量。在柱子吊装前，应根据轴线控制桩，把柱中心轴线投测到杯形基础的顶面（图 9-32）。此外，在柱子的三个侧面也应弹出柱中心线，每一面又需要分为上、中、下三点，并画小三角形"▲"标志，以便安装校正，如图 9-33 所示。柱子牛腿面至柱底的设计长度假定为 l，牛腿面设计高程为 H_2，实际杯底的高程若为 H_1，则它们之间应满足

$$H_2 = H_1 + l \qquad\qquad (9\text{-}21)$$

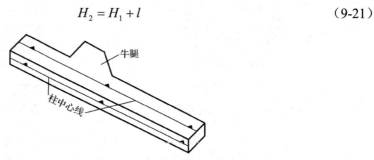

图 9-33　柱中心线

在预制柱子时，由于模板制作中存在模板变形等，因此几乎不可能使柱子的实际尺寸与设计尺寸一样。为了解决这一问题，往往在浇筑基础时把杯形基础底面高程降低 2～5cm，然后用钢尺从牛腿顶面沿柱边量到柱底，根据这根柱子的实际长度，用 1∶2 水泥砂浆在杯底进行找平，使牛腿面符合设计高程 H_2。

柱子插入杯口后，首先应使柱身基本竖直，再令其侧面所弹的中心线与基础轴线重合。用木楔或钢楔初步固定柱子后，进行竖直校正。校正时将两台经纬仪分别安置在柱基纵横轴线附近，与柱子的距离约为柱高的 1.5 倍。先瞄准柱子中心线的底部，然后固定照准部，再仰视柱子中心线顶部。如果其重合，则柱子在这个方向上是竖直的；如果不重合，应用钢锁和钢缆进行调整，直到柱子的两个侧面的中心线都竖直，定位后二次灌浆加以固定。

由于纵轴方向上柱距很小，通常把仪器安置在纵轴的一侧，在此方向上，安置一次仪器可校正数根柱子，但仪器偏离轴线的角度 β 不应超过 15°，如图 9-34 所示。

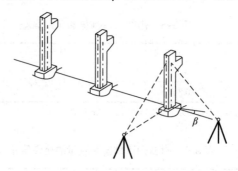

图 9-34　柱子竖直校正

柱子校正时还应注意以下事项。

a. 校正用的经纬仪事前应经过严格检校，而且操作时必须使照准部水准管气泡严格居中。

b. 柱子的竖直校正与平面定位应反复进行。两个方向的垂直度都校正好后，应再复查

柱子下部的中线是否仍对准基础的轴线。

c．柱子竖直校正应在早晨或阴天时进行。因为柱子受太阳照射后，会向阴面弯曲，柱顶会出现细微的水平位移。

② 吊车梁及吊车轨道安装测量。吊车梁及吊车轨道安装测量的目的是使吊车梁中心线、轨道中心线及牛腿面上的中心线在同一个竖直面内，梁面和轨道面符合设计高程，并且轨距和轮距满足要求。安装吊车梁前应先弹出吊车梁顶面中心线和吊车梁两端中心线，用高程传递的方法在柱子上标出高于牛腿面设计高程某一常数的标高线，作为修平牛腿面或加垫板的依据。然后分别安置经纬仪于吊车轨道中心线的一个端点上，瞄准另一端点，仰起望远镜，即可将吊车轨道中心线投测到每根柱子的牛腿面上并弹墨线。之后，根据牛腿面的中心线和吊车梁端中心线，将吊车梁安装在牛腿上。吊车梁安装完后，利用柱上标高线检查吊车梁的高程，最后在梁下用铁板调整梁面高程，使之符合设计要求。

吊车轨道安装测量就是将轨道中心线投测到吊车梁上，由于在地面上看不到吊车梁的顶面，因此多用平行线法。如图 9-35 所示，首先在地面上从吊车轨道中心线向厂房中心线方向垂直量出长度 $a=1m$，定出 A''、B'' 点。然后安置经纬仪于 A'' 或 B'' 点上，瞄准平行线另一端点，固定照准部，仰起望远镜投测。此时另一人在梁上移动横放的木尺，当视线正对准尺上 1m 刻划时，尺的零点应与吊车梁面上的中心线重合。如果不重合，则应改正，可用撬杠移动吊车梁。

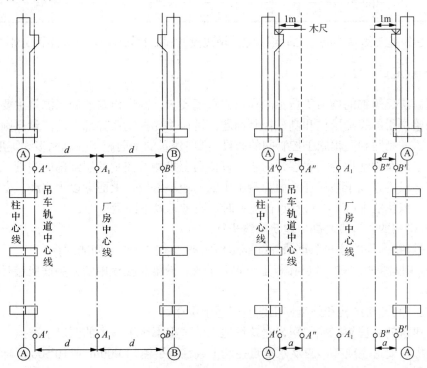

图 9-35　吊车梁及吊车轨道安装测量示意图

吊车轨道按中心线安装就位后，利用柱上标高线，在轨道面上每隔 3m 测一点高程，与设计高程相比，误差应在±3mm 以内。此外，还要用钢尺检查两吊车轨道间跨距，与设计跨距相比，误差不得超过±5mm。

9.3.4　高层建筑物施工测量

高层建筑是指建筑层数为 8 层以上的高层建筑，其特点是层数多、施工场地小，且受外界干扰大。高层建筑的施工方法与一般建筑有所区别。目前，高层建筑施工多采用滑模施工和预制构件装配式施工两种方法。高层建筑施工过程中对各部位的水平度和垂直度要求非常严格，《混凝土结构工程施工质量验收规范》（GB 50204—2015）、《高层建筑混凝土结构技术规程》（JGJ 3—2010）对高层建筑结构的施工质量部分标准要求如表 9-5 所示，高层建筑的测设技术要求参考《工程测量标准》（GB 50026—2020）对建筑物测设的主要技术要求（表 9-1）。

注意：对于具有两种以上特征的高层建筑物，应取要求高的中误差值；对于有特殊要求的工程项目，应根据设计对限差的要求确定其放样精度。

表 9-5　高层建筑结构施工质量部分标准　　　　　单位：mm

施工方法	垂直度		标高	
	单层	累计	单层	累计
现浇结构	±10	$\frac{H}{1000}$（最大±30）	±10	±30
装配式结构	±5	±5	±5	±50

高层建筑施工测量主要包括轴线定位、轴线投测和高程传递等工作，下面分别进行介绍。

1. 轴线定位根据

根据高层建筑物的施工质量标准和放样精度要求，高层建筑的施工测量主要是解决轴线在不同楼层上的投测定位和高程控制问题，遵循"先控制后碎部"的测量原则，应先进行平面施工控制网和高程施工控制网的布设。高层建筑的平面施工控制网多为矩形方格网，一般布设于建筑物地坪层（底层）内部，以便向上投测并控制各层细部的测设。平面施工控制网点一般为埋设于地坪层地面混凝土中的一块小铁板，上面划以十字线，交点上冲一小孔，代表点位的中心。在进行点位选择时，应考虑以下因素。

1）方格网的各边应与高层建筑轴线平行。

2）建筑物内部的柱和承重墙等细部结构应不影响控制点之间的通视。

3）轴线投测时，应在各层楼板上设置垂准孔，横梁和楼板中的主钢筋应避开控制点的铅垂方向。

4）控制网点在结构和外墙施工期间应易于保存。

高层建筑的高程施工控制网为建筑场地内的一组不少于三个的四等水准点，待建筑物基础和地坪层建造完成后，应从水准点往墙上或柱上引测+1.000m 或+0.500m 标高线，作为向上各层测设设计高程的依据。

2. 轴线投测

高层建筑物的轴线投测就是将地坪层的平面施工控制网点沿铅垂线方向逐层向上测

设，使高层建筑的各层都有与地坪层在平面位置上完全相同的控制网，以控制建筑物的垂直度。轴线投测的方法主要有经纬仪法和激光垂准仪投测法两种。

（1）经纬仪法

在进行轴线投测前，一定要对所使用的经纬仪进行严格检校，尤其是照准部水准管轴应严格垂直于竖轴。投测工作也应选择在阴天及无风天气进行，以减小日照和大风等外界因素的不利影响。

图 9-36 所示为某高层建筑的施工控制网。图 9-36 中标明了各纵横轴线和建筑坐标系，其中轴线③和Ⓒ为中心轴线，并且通过塔楼中心。在不受施工影响处桩定 C、C' 和 3、3′ 四个轴线控制桩，作为轴线投测的依据。

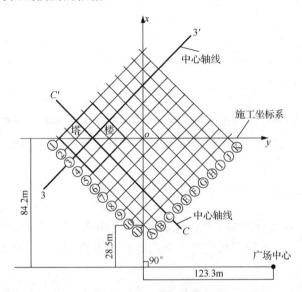

图 9-36　某高层建筑的施工控制网

基础施工结束后，为了向上投测中心轴线，将轴线③和Ⓒ用经纬仪投测在塔楼底部，投测点为 a、a' 和 b、b'，如图 9-37（a）所示。

随着楼层增高，每层都应将 a 点和 b 点向上投测。为此，将经纬仪安置于点 3，仔细整平水准管，盘左瞄准点 a 后将照准部固定，抬高视准轴，将方向线投影至上层楼板上；盘右同样操作，用正倒镜分中法确定 a_1。分别将经纬仪安置在点 3′、C、C'，在同样的操作过程中确定 a_1'、b_1、b_1'。每层上轴线 aa' 和 bb' 的交点即塔楼中心。

当楼房继续增高、轴线控制桩距建筑物较近时，望远镜的仰角较大，操作不便，投测精度将随仰角的增大而降低。为此，要将原中心轴线控制桩引测到距建筑物更远的安全地方，或者附近大楼的屋顶上，图 9-37（b）中的 C_1、C_1' 即轴线新的控制桩。在这些新的控制桩上安置经纬仪，按上述方法可以将中心轴线投测到更高的楼层。

（2）激光垂准仪投测法

目前，由于工程施工过程对安全、环保的要求，在建中的高层建筑外围一般架设有脚手架和安全网，经纬仪视线容易受阻，给投测工作带来不便。激光垂准仪是一种专门用于铅垂线测设的仪器，具有精度高、速度快和操作简便等优点，广泛应用于高层建筑的轴线投测之中。

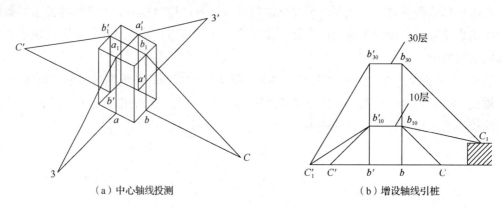

(a) 中心轴线投测　　　　　　　(b) 增设轴线引桩

图 9-37　轴线投测示意图

激光垂准仪在光学垂准系统的基础上添加两只半导体激光器，其中一只通过上垂准望远镜发射激光束，另一只激光器通过下对点系统发射激光束，利用激光束对准基准点。激光垂准仪的结构可以保证激光束光轴与望远镜视准轴同心、同轴、同焦，当望远镜照准光靶时，在光靶上就会显示一亮斑。激光垂准仪的投点误差为 $\frac{1}{100000} \sim \frac{1}{200000}$。

如图 9-38 所示，激光垂准仪安置在底层，严格对中整平，打开垂准激光开关，在楼板的预留孔（20cm×20cm）上放置接收靶，采用对径读数的方法取两次观测光斑的中间点作为投测点。

在建筑物的平面上，根据需要设置投测点，每条轴线需有两个投测点。根据梁、柱的结构尺寸，投测点与定位轴线的距离一般为 500~800mm，如图 9-39 所示。

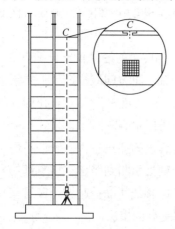

图 9-38　激光垂准仪投测法

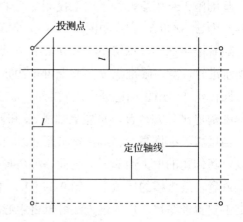

图 9-39　投测点与定位轴线的关系

3. 高程传递

高层建筑施工中，要从地坪层测设的+1.000m（或+0.500m）标高线逐层向上传递标高，使上层的楼板、窗台、梁、柱等在施工时符合设计高程。高程传递方法有钢尺测量法、水准测量法和全站仪天顶测距法。

（1）钢尺测量法

用钢尺从地坪层+1.000m（或+0.500m）标高线沿墙面或柱面直接向上垂直测量，画出上层楼面的设计标高线或高出设计标高 1m 的标高线。

（2）水准测量法

水准测量法利用楼梯间向上传递高程。如图 9-40 所示，欲将标高从底层 A 点（$H_A = +1.000$m）传递到上一层 B 点处，使其高程为设计高程 H_B。首先通过楼梯间悬吊一钢尺，零端向下，并挂一与钢尺检定时所用拉力重力相当（如 100N）的重锤。将两台水准仪分别安置在底层和上层楼板，读取 A 点所立水准尺读数 a 和钢尺读数 b；在上层楼板上读取钢尺读数 c，则 B 点水准尺上读数应为

$$d = H_A + a - b + c - H_B \qquad (9\text{-}22)$$

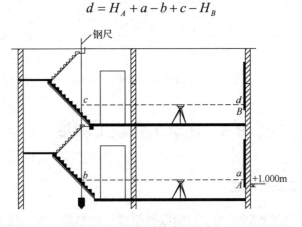

图 9-40　水准测量法传递高程

上下移动 B 点水准尺，当读数为 d 时，在墙上沿尺底面做标记，该点高程即设计高程 H_B。上述过程应进行两次，若相差小于 3mm，则取中间位置作为最终高程标记。

（3）全站仪天顶测距法

全站仪天顶测距法要求在高层建筑各层楼板间预留的垂准孔上或电梯井间进行。如图 9-41 所示，在底层安置全站仪，将望远镜置于水平位置，当屏幕显示垂直角为 0° 或天顶距为 90° 时，向立于+1.000mm（或+0.500mm）标高线上的水准尺读数即仪器标高。通过垂准孔或电梯井将望远镜指向天顶（此方向上垂直角为 90° 或天顶距为 0°），在各楼层的垂准孔上固定一块铁板（400mm×400mm×2mm，中间有 ϕ30mm 小孔），将棱镜平放于孔上，按测距键测得垂直距离。预先测出棱镜镜面至棱镜横轴的高度（即仪器常数），则各楼层铁板的顶面标高为仪器标高加垂直距离减棱镜常数。最后用水准仪测设该层+1.000mm（或

+0.500mm）标高线。

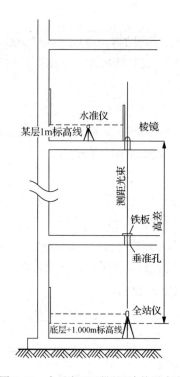

图 9-41　全站仪天顶测距法传递高程

9.4　建筑工程竣工测量

9.4.1　建筑工程竣工测量概述

竣工测量是指各种工程建设竣工、验收时所进行的测绘工作。竣工测量的最终成果就是竣工总平面图，它包括反映工程竣工时的地形现状、地上与地下各种建（构）筑物及管线平面位置与高程的总现状地形图、各类专业图和表等。编绘竣工总平面图的目的有以下几个方面。

1）真实反映设计的变更情况，显示工程竣工的现状。

2）提供各种建（构）筑物的几何位置，便于日后进行各种设施的维修工作，特别是地下管道等隐蔽工程的检查和维修工作。

3）提供原有各项建（构）筑物、地上和地下各种管线及交通线路的坐标、高程等资料，为建筑物的改建、扩建提供施工和设计的依据。

新建建筑物竣工总平面图是随着工程的陆续竣工而相继编绘的。可一边竣工测量，一边利用竣工测量成果编绘竣工总平面图。若发现地下管线的位置有问题，则可及时到现场查对，使竣工图能真实反映实际情况。一旦工程竣工，竣工总平面图也大部分编制完成。

竣工总平面图的编绘包括室外实测和室内资料编绘两方面。

9.4.2　竣工测量

每一个单项工程完成后，必须由施工单位进行竣工测量，提交工业厂房及一般建筑物、铁路和公路、地下管网、架空管网等各项工程的竣工测量成果。下面主要介绍工业厂房与一般建筑物的竣工测量。

竣工测量与地形图测绘的方法大致相似，主要区别在于测绘内容的选择和精度要求不同，竣工测量必须测定大量细部点的平面位置和高程。对于工业厂房及一般建筑物，测绘内容包括建筑物拐点坐标、各种管线进出口的位置和高程，并附房屋编号、结构层数、面积和竣工时间等资料。较大厂房至少测定三个点的坐标。圆形建（构）筑物要测出圆心坐标和半径。

测图方法一般包括经纬仪测图法和全站仪数字测图法。若采用经纬仪测图法测图，不仅要将各建（构）筑物的特征点按坐标展绘在聚酯薄膜图上，而且要认真进行碎部测量记录，以供日后使用，同时应遵照《国家基本比例尺地图图式　第 1 部分：1∶500　1∶1000　1∶2000 地形图图式》（GB/T 20257.1—2017）绘制竣工平面图。如果采用全站仪数字测图法，则可将建筑物、交通线路、管线分成几个图层进行管理，并遵照《1∶500　1∶1000　1∶2000 外业数字测图规程》（GB/T 14912—2017）进行测量。

竣工测量外业工作结束后，应提交工程名称、施工依据、施工成果、控制测量记录资料，以及碎部特征点的坐标和高程等完整的成果，作为编绘竣工总平面图的依据。

9.4.3　竣工总平面图的编绘原则

1）竣工总平面图应包括建筑方格网点、水准点、厂房、辅助设施、生活福利设施、架空及地下管线、铁路等建筑物或构筑物的坐标和高程，以及厂区内空地和未建区的地形。有关建筑物、构筑物的符号应与设计图例相同，有关地形图的图例应使用国家地形图图式符号。

2）竣工总平面图的图幅尺寸应尽可能满足将一个生产流程系统地放在一张图上的要求。若场区过大，则可以分幅编绘，但是应有统一的分幅和编号方法。

3）场区地上和地下所有建（构）筑物绘在一张竣工总平面图上时，如果线条过于密集且不醒目，则可采用分类编图，如综合竣工总平面图、交通运输竣工总平面图和管线竣工总平面图等。比例尺一般采用 1∶1000。如果不能清楚地表示某些特别密集的地区，也可局部采用 1∶500 的比例尺。

4）竣工总平面图和各分类专题图编绘完成后，应将电子版本刻录成光盘与装订成册的纸质资料一起保存或上交有关专业部门。

9.5 建筑工程变形测量

9.5.1 建筑工程变形测量概述

在工程建设、使用和运营过程中，受到基础的地质构造、土壤的理化性质、地下水位的差异及建筑物本身的荷重和外界的动荷载（如风力、震动）作用等因素影响，工程建筑经常出现沉降、位移、倾斜、裂缝和挠曲等形变特征。为了保证工程建筑的使用、运营安全及为建筑设计提供依据，应用专门的测量仪器定期对以上形变特征进行观测，这项工作称为变形测量。与一般的测量工作相比，变形测量具有以下特点。

（1）观测精度要求高

由于变形观测的结果直接影响变形原因的合理分析、变形规律的正确描述及变形趋势的科学预测，因此，变形观测必须具有较高的精度。《工程测量标准》（GB 50026—2020）对变形测量的等级划分和精度要求如表 9-6 所示。在变形观测之前，应根据变形观测的不同目的，选择相应的观测精度和施测方法。

表 9-6　变形测量的等级划分和精度要求

单位：mm

变形测量等级	垂直位移观测		水平位移测量	适用范围
	变形点的高程中误差	相邻变形点高差中误差	变形点的点位中误差	
一等	±0.3	±0.1	±1.5	变形特别敏感的高层建筑、工业建筑、高耸构筑物、重要古建筑、精密工程设施等
二等	±0.5	±0.3	±3.0	变形比较敏感的高层建筑、高耸构筑物、古建筑、重要工程设施和重要建筑场地的滑坡监测等
三等	±1.0	±0.5	±6.0	一般性的高层建筑、工业建筑、高耸构筑物、滑坡监测等
四等	±2.0	±1.0	±12.0	观测精度要求较低的建筑物、构筑物和滑坡监测等

注：1. 变形点的高程中误差和点位中误差，是相对于最近基准点而言的。

　　2. 当水平位移变形测量用坐标向量表示时，向量中误差为表中相应等级点位中误差的 $\frac{1}{\sqrt{2}}$。

　　3. 垂直位移的测量可视需要按变形点的高程中误差或相邻变形点高差中误差确定测量等级。

（2）需要重复观测

为了分析变形规律和预测变形趋势，必须按照一定的时间周期重复进行变形观测。变形测量的观测周期应根据建（构）筑物的特征、变形速率、观测精度要求和工程地质条件等因素综合考虑。在观测过程中，根据变形量的变化情况，应适当调整观测周期。

（3）需要采用严密的数据处理方法

由于建筑物的变形一般较小，同时周期性的重复观测会积累大量的原始观测数据，因此必须采用严密的数据处理方法，从不同观测周期的大量观测数据中，精确确定变形规律与变形趋势。

在进行变形测量时，应满足以下基本要求。

1）对于大型或重要工程建筑物、构筑物，在工程设计时，应对变形测量统筹安排。施工开始时，即应进行变形测量。

2）变形测量点，宜分为基准点、工作基点和变形观测点。其布设应符合下列要求。

① 每项工程至少应有三个稳固可靠的点作为基准点。

② 工作基点应选在比较稳定的位置。对于通视条件较好或观测项目较少的工程，可不设立工作基点，在基准点上直接测定变形观测点。

③ 变形观测点应设立在变形体上能反映变形特征的位置。

3）每次变形观测时，宜符合以下要求：采用相同的图形（观测路线）和观测方法，使用同一仪器和设备，固定的观测员，在基本相同的环境和条件下工作。

4）应定期检测平面和高程监测网。建网初期，宜每半年检测一次；点位稳定后，检测周期可适当延长。当对变形成果产生怀疑时，应随时进行检测。

5）每次观测前，对所使用的仪器和设备，应进行检验校正，并进行详细记录。

6）变形观测结束后，应根据工程需要整理上交变形值成果表，观测点布置图，变形量曲线图，荷载、温度、变形量相关曲线图，以及变形分析报告等资料。

9.5.2 建筑物的沉降观测

为了掌握建筑物的沉降情况，及时发现对建筑物不利的下沉现象，以采取应对措施，保证建筑物的安全使用，应定期测定建（构）筑物上所设观测点的高程随时间而变化，这项工作称为沉降观测。例如，对高层建筑物、重要厂房的柱基及主要设备基础、连续性生产和受震动影响较大的设备基础、地下水位较高或大孔性土地基的建筑物等进行的沉降观测工作。

1. 沉降观测点的布置

沉降观测点应选在能够反映建（构）筑物变形特征和变形明显的部位；标志应稳固、明显、结构合理，不影响建（构）筑物的美观和使用；点位应避开障碍物，便于观测和长期保存。

建（构）筑物的沉降观测点应按设计图纸埋设，并应按以下位置布置。

1）建筑物四角或沿外墙每 10～15m 处或每隔 2～3 根柱基上。

2）裂缝或沉降缝或伸缩缝的两侧，新旧建筑物或高低建筑物及纵横墙的交接处。

3）人工地基和天然地基的接壤处，建筑物不同结构的分界处。

4）烟囱、水塔和大型储藏罐等高耸构筑物的基础轴线的对称部位，每一构筑物不得少于四个点。

观测点的标志形式有墙上观测点［图 9-42（a）］、钢筋混凝土柱上的观测点和基础上的观测点［图 9-42（b）］。建筑物、构筑物的基础沉降观测点应埋设于基础底板上。基坑回弹观测时，回弹观测点宜沿基坑纵横轴线或在能反映回弹特征的其他位置上设置。回弹观测的标志应埋入基底面下 10～20cm，其钻孔必须垂直，并设置保护管。地基土的分层沉降观测点应选择在建（构）筑物的地基中心附近。观测标志的深度，最浅的应在基础底面 50cm 以下，最深的应超过理论上的压缩层厚度。观测的标志，应由内管和保护管组成，内管顶部应设置半球状的立尺标志。

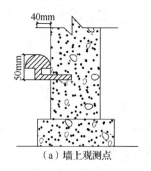
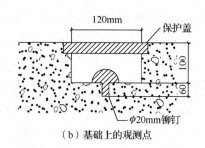

（a）墙上观测点　　　　　　　　（b）基础上的观测点

图 9-42　沉降观测点标志

2．观测要求

（1）水准点的布设要求

沉降观测的基准点或工作基点也称水准点，建筑物的沉降观测是依据水准点进行的，因此，要综合考虑水准点的稳定、观测的方便和精度要求，合理布设水准点。

1）为了相互校核并防止由于某个水准点的高程变动造成差错，一般至少埋设三个水准点。三个水准点之间最好安置一次仪器就可进行联测。

2）水准点应埋设在建筑物、构筑物基础压力和震动等影响范围以外，埋设深度至少要在冰冻线及地下水位变化范围以下 0.5m。

3）水准点与观测点的距离不应大于 100m，以便观测与提高精度。

（2）观测时间要求

沉降观测应贯穿于整个施工过程，从基坑开挖时水准点的布设与观测至竣工后投入使用后的若干年，直到沉降现象停止为止。沉降观测间隔或周期的选择应满足下列要求。

1）施工期间，建筑物沉降观测的周期，高层建筑每增加 1～2 层应观测一次；其他建筑的观测总次数，不应少于五次。竣工后的观测周期可根据建筑物的稳定情况确定。

2）建筑物、构筑物的基础沉降观测，在浇灌底板前和基础浇灌完毕后应至少各观测一次；回弹观测点的高程，宜在基坑开挖前、开挖后及浇灌基础之前，各测定一次。

3）在增加较大荷重（如浇灌基础、回填土、安装柱和厂房屋架、砌筑砖墙、设备安装、设备运转、烟囱高度每增加 15m 左右等）之后，一般要进行沉降观测。

4）在施工中，如果中途停工时间较长，应在停工时和复工前进行观测。

5）基础附近地面荷重突然增加、周围大量积水或暴雨及地震后、周围大量挖方等特殊原因有可能导致建（构）筑物沉降变形的情况均应观测。

6）竣工后要按沉降量的大小，定期进行观测。开始可隔 1～2 个月观测一次，以每次沉降量 5～10mm 为标准，否则要增加观测次数。之后，随着沉降量的减小，可逐渐延长观测周期，直至沉降稳定。

（3）观测精度要求

沉降观测实质上是根据水准点用精密水准仪定期进行水准测量，测出建筑物上观测点的高程，从而计算其下沉量。

1）水准点是测量观测点沉降量的高程控制点，应经常检测水准点高程有无变动。测定时一般应用 S_1 级水准仪往返观测。

2）观测应在成像清晰、稳定的时间内进行，同时应尽量在不转站的情况下测出各观测点的高程，以保证精度。

3）前后视观测最好用同一根水准尺，水准尺与仪器的距离不应超过 50m，并用皮尺丈量，使之大致相等。测完观测点后，必须再次后视水准尺，先后两次后视读数之差不应超过精度要求。

4）沉降观测的各项记录，必须注明观测时的气象情况和荷载变化，以符合相关精度要求。

沉降观测的精度要求及对应的观测方法可参考表 9-7。

表 9-7　沉降观测的精度要求及对应的观测方法

单位：mm

等级	高程中误差	相邻点高差中误差	观测方法	往返较差、附合或环线闭合差
一等	±0.3	±0.15	除宜按国家一等精密水准测量外，尚需设双转点，实线≤15m，前后视视距差≤0.3m，视距累积差≤1.5m；精密液体静力水准测量；微水准测量等	≤$0.15\sqrt{n}$
二等	±0.5	±0.3	按国家一等精密水准测量；精密液体静力水准测量	≤$0.30\sqrt{n}$
三等	±1.0	±0.5	按本表二等水准测量；液体静力水准测量	≤$0.60\sqrt{n}$
四等	±2.0	±1.0	按本表三等水准测量；短视线三角高程测量	≤$1.40\sqrt{n}$

注：n 为测站数。

3. 成果整理

每次观测结束后，应检查记录中的数据和计算是否准确，精度是否满足要求。根据水准点与观测点之间的观测高差，利用水准点的高程，推算观测点在各观测时间的高程，同时计算两次观测之间的下沉量和累计下沉量，填入沉降观测记录表中，同时注明观测日期和荷载情况，如表 9-8 所示。为了更加清楚地表示下沉量、荷载、时间三者之间的关系，预测沉降趋势及判断沉降过程是否稳定，还应画出各观测点的下沉量（荷载）-时间关系曲线（图 9-43）。

表 9-8　沉降观测记录表

观测日期	荷载/ (t·m⁻²)	观测点								
		1			2			3		
		高程/m	下沉量/mm	累计下沉/mm	高程/m	下沉量/mm	累计下沉/mm	高程/m	下沉量/mm	累计下沉/mm
2003-04-12	4.5	86.368	±0	±0	86.366	±0	±0	86.365	±0	±0
2003-04-27	6.0	86.366	−2	−2	86.363	−3	−3	86.362	−3	−3
2003-05-13	7.0	86.363	−3	−5	86.361	−2	−5	86.359	−3	−6
2003-05-28	8.5	86.360	−3	−8	86.358	−3	−8	86.355	−4	−10
2003-06-12	10.0	86.357	−3	−11	86.355	−3	−11	86.351	−4	−14
2003-06-30	11.5	86.355	−2	−13	86.353	−2	−13	86.348	−3	−17
2003-07-16	11.5	86.354	−1	−14	86.351	−2	−15	86.346	−2	−19
2003-08-02	11.5	86.353	−1	−15	86.349	−2	−17	86.345	−1	−20
2003-10-05	11.5	86.351	−2	−17	86.347	−2	−19	86.344	−1	−21
2004-04-03	11.5	86.350	−1	−18	86.346	−1	−20	86.343	−1	−22
2004-06-15	11.5	86.350	±0	−18	86.346	±0	−20	86.343	±0	−22
2004-09-20	11.5	86.350	±0	−18	86.346	±0	−20	86.343	±0	−22

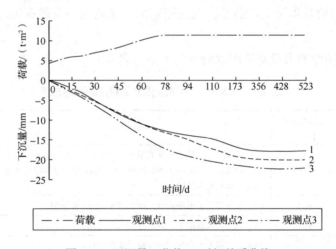

图 9-43　下沉量（荷载）-时间关系曲线

　　沉降观测外业手簿中还需详细注明建（构）筑物施工情况。其主要内容包括：建筑物平面图及观测点布置图，基础的长度、宽度与高度；挖槽或钻孔后发现的地质土壤及地下水情况；建筑物观测点周围工程施工及环境变化的情况；建筑物观测点周围笨重材料及重型设备堆放的情况；施测时所引用的水准点号码、位置、高程及其有无变动的情况；地震、暴雨日期及积水的情况；如果中间停止施工，还应将停工日期及停工期间现场情况加以说明。

　　沉降观测结束后，应根据工程需要，提交下列有关资料：沉降观测成果表、观测点位置图、下沉速率-时间曲线图、下沉量（荷载）-时间曲线图、相邻影响曲线图和变形分析报告等。

9.5.3　建（构）筑物的倾斜观测

当建（构）筑物受地基承载力不均匀、外力作用（如风荷载、剧震、地下水过量开采）及建筑物本身质量分布不对称等因素影响时，其基础和上部常表现为不均匀下沉，即倾斜。用测量仪器观测建筑物的基础和上部结构倾斜方向、大小、速率的工作，称为建筑物的倾斜观测。

1. 描述建（构）筑物倾斜的指标

描述建（构）筑物倾斜的指标包括建（构）筑物基础相对倾斜值、建（构）筑物主体的倾斜率和倾斜值。

（1）建（构）筑物基础相对倾斜值

建（构）筑物基础相对倾斜值按式（9-23）计算：

$$\Delta S_{AB} = \frac{S_A - S_B}{L} \tag{9-23}$$

式中，ΔS_{AB} 为基础相对倾斜值；S_A、S_B 分别为倾斜段两端点 A、B 的沉降观测量（m）；L 为 A、B 间的水平距离（m），如图 9-44（a）所示。

（2）建（构）筑物主体的倾斜率

建（构）筑物主体的倾斜率用式（9-24）表示：

$$i = \tan \alpha = \frac{\Delta D}{H} \tag{9-24}$$

式中，i 为主体的倾斜率；ΔD 为建（构）筑物顶部观测点相对于底部观测点的偏移值（m）；H 为建（构）筑物的高度（m）；α 为主体的倾斜角（°），如图 9-44（b）所示。

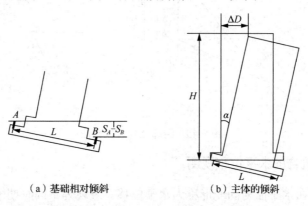

（a）基础相对倾斜　　　　　（b）主体的倾斜

图 9-44　建（构）筑物倾斜观测示意图

2. 建（构）筑物的倾斜观测

建（构）筑物基础的相对倾斜是用精密水准仪定期观测基础两端沉降观测点 A、B 的

下沉量 S_A、S_B，利用式（9-23）进行计算确定的。描述建筑物主体倾斜的指标主要有倾斜率 i、倾斜角 α 及建（构）筑物主体的偏移值 ΔD，相应的观测方法有差异沉降量推算法、垂准仪法和经纬仪垂直投影法。

（1）差异沉降量推算法

以图 9-44 为例，差异沉降量推算法用精密水准仪测定建筑两端的差异沉降量 $S_A - S_B$，再根据 A、B 间的水平距离 L 和高度 H 用式（9-25）计算建（构）筑物顶部观测点相对于底部观测点的偏移值 ΔD（图 9-44），即

$$\Delta D = \frac{S_A - S_B}{L} H \tag{9-25}$$

（2）垂准仪法

垂准仪法适用于建筑物内部有垂直通道或建筑顶部有预留孔时，在顶部安置垂准仪，将预留孔中心投测到底部的接收靶上，根据顶部相同预留孔中心不同观测时间在接收靶位置的投测点之间的水平偏移量确定 ΔD。

（3）经纬仪垂直投影法

经纬仪垂直投影法应选择几个墙面进行。如图 9-45 所示，在墙顶创建固定标志 A，将经纬仪安置在与墙面距离大于墙高的地面点 O 处。瞄准 A 点后将望远镜放平，用正倒镜分中法在墙面上作标志 B。一段时间后，再用经纬仪瞄准同一点 A，若建筑物主体沿该方向发生倾斜，向下投影得点 B'，则建筑物主体沿该方向的偏移值 $\Delta D_1 = |BB'|$。若同时在另一侧面也观测得到偏移值 ΔD_2，则建筑物主体相对于底部的总偏移量为

$$\Delta D = \sqrt{\Delta D_1^2 + \Delta D_2^2} \tag{9-26}$$

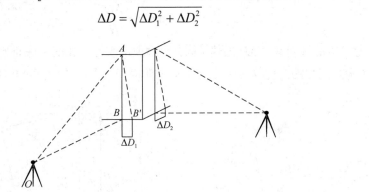

图 9-45　经纬仪垂直投影法

9.5.4　建（构）筑物的水平位移观测

建（构）筑物在水平面内的变形称为水平位移，表现为不同时期平面坐标或距离的变化。水平位移观测就是测定建（构）筑物在平面位置上随时间变化的移动量。

水平位移的测量可采用测角前方交会法、边角交会法、导线测量法、极坐标法、经纬仪投点法、视准线法、正垂线或倒垂线法等，水平位移观测点的施测精度可参考表 9-7 中相应等级及规定要求执行。下面简单介绍测角前方交会法、极坐标法和视准线法。

（1）测角前方交会法

交会角应为 60°～120°，并宜采用三点交会。

（2）极坐标法

边长应采用检定过的钢尺丈量或用电磁波测距仪测定，当采用钢尺丈量时，不宜超过一尺段，并应进行尺长、拉力、温度的高差等项修正。

（3）视准线法

测定建筑物在特定方向上的位移量时，可在其垂直方向上设立一条基准线，并在建筑物上预先埋设观测点，定期测量该观测点偏离基准线的距离，以掌握该方向上建筑物的位移量随时间变化的规律，这种方法称为视准线法。按照施测方法的不同，视准线法又包括引张线法、激光准直法和测小角法。

图 9-46 所示为测小角法的示意图，图 9-46 中 AB 为基准线，在 A 点安置经纬仪，在 B 和 P 点上设立观测标志，测量水平角 β。由于水平角 β 较小，根据 AP 之间的水平距离 D，可用式（9-27）推算 P 点在垂直于基准线方向上的偏离量 δ。

$$\delta = \frac{\beta}{\rho}D \qquad (9\text{-}27)$$

式中，$\rho = 206265''$。

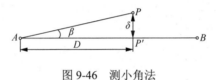

图 9-46　测小角法

习　题

一、问答题

1. 测设与测图有什么区别？测设的基本工作有哪些？

2. 点位的测设方法有几种？各适用于什么场合？

3. 测设铅垂线有哪几种方法？各适用于什么场合？

4. 施工平面控制网有哪些形式？如何进行测设？

5. 如何测设建筑物轴线？龙门板的作用是什么？为什么在施工工地有时标定了轴线桩还要测设控制桩？

6. 编绘竣工总平面图的目的是什么？

7. 建筑物变形观测的意义及主要内容是什么？

二、计算题

1. 已知点 M、N 的坐标分别为：$x_M = 500.89\,\text{m}$，$y_M = 509.32\,\text{m}$；$x_N = 685.35\,\text{m}$，

$y_N = 398.67\,\text{m}$。点 A、B 的设计坐标分别为 $x_A = 823.77\,\text{m}$，$y_A = 466.24\,\text{m}$；$x_B = 758.06\,\text{m}$，$y_B = 469.29\,\text{m}$。试分别用极坐标法和角度交会法测设点 A 和 B。

2．假设某建筑物室内地坪的高程为 50.000m，附近有一水准点 BM2，其高程 $H_2 = 49.680\,\text{m}$。现要求把该建筑物地坪高程测设到木桩 A 上。测设时，在水准点 BM2 和木桩 A 间安置水准仪，在 BM2 上立水准尺，读数为 1.506m。求测设木桩 A 所需的数据和测设步骤。

3．已知 A 点高程为 126.85m，AB 间的水平距离为 68m，设计坡度 $i = +100\%$，试述其测设过程。

4．已知某厂房两个相对房角的坐标，放样时顾及基坑开挖范围，欲在厂房轴线以外 6m 处设置矩形控制网，如图 9-47 所示，求厂房控制网四角点 P、Q、R、S 的坐标值。

5．如图 9-48 所示，在建筑方格网中拟建一建筑物，其外墙轴线与建筑方格网线平行，已知两相对房角设计坐标和方格网坐标，现按直角坐标放样，请计算测设数据，并说明测设步骤。

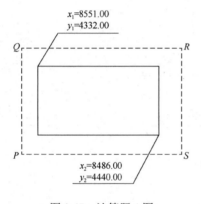

图 9-47　计算题 4 图

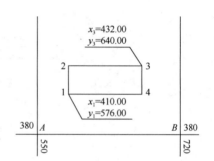

图 9-48　计算题 5 图

第 10 章

道路与桥梁工程测量

10.1　道路施工测量概述

道路分为城市道路（包括高架道路）、联系城市之间的公路（包括高速公路）、工矿企业的专用道路，以及为农业生产服务的农村道路，由此组成全国道路网。

道路的路线以平、直最为理想，但实际上，由于地形及其他原因的限制，路线有时必须有转折和上、下坡。为了选择一条经济、高效、合理的路线，必须进行路线勘测。路线勘测一般分为初测和定测两个阶段。

初测阶段的任务是：在沿着路线可能经过的范围内布设导线，测量路线带状地形图和纵断面图，收集沿线地质、水文等资料，作纸上定线，编制比较方案，为初步设计提供依据。根据初步设计，选定某一方案，便可转入路线的定测工作。

定测阶段的任务是：在选定设计方案的路线上进行中线测量、纵断面和横断面测量，以及局部地区的大比例尺地形图的测绘等，为路线纵坡设计、工程量计算等道路技术设计提供详细的测量资料。

初测和定测工作称为路线勘测设计测量。

利用技术设计出道路的平面线型、纵坡、横断面等，依据已有设计数据和图纸，即可进行道路施工。施工前和施工中，需要恢复中线、测设路基边桩和竖曲线等。当工程逐项结束后，还应进行竣工验收测量，为工程竣工后的使用、养护提供必要的资料。这些测量工作称为道路施工测量。

10.2　道路中线测量

道路中线测量是把道路的设计中心线测设在实地上。道路中线的平面几何线型由直线和曲线组成，如图 10-1 所示。道路中线测量工作主要包括测设中线上各交点（JD）和转点（ZD）、量距和钉桩、测量转点上的偏角、测设圆曲线等。

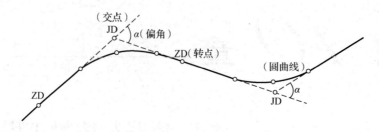

图 10-1 道路中线

10.2.1 交点和转点的测设

路线的各交点（包括起点和终点）是详细测设中线的控制点。一般，先在初测的带状地形图上进行纸上定线，然后实地标定交点位置。

定线测量中，当相邻两交点互不通视或直线较长时，需要在其连线上测定一个或几个点，以便在交点测量转折角和直线量距时作为照准和定线的目标。直线上一般每隔 200～300m 设一转点。另外，在路线与其他道路交叉处，以及路线上需设置桥梁、涵洞等构筑物处，也要设置转点。

1. 交点的测设

（1）根据地物测设交点

如图 10-2 所示，交点 JD_8 的位置已在地形图上选定，在图上量得该点至房屋两角和电杆的距离，在现场用距离交会法测设 JD_8。

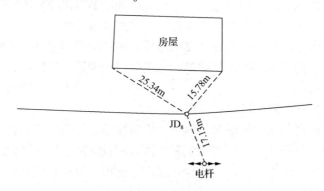

图 10-2 根据地物测设交点

（2）根据导线点测设交点

按导线点的坐标和交点的设计坐标，计算测设数据，用极坐标法、距离交会法或角度交会法测设交点。如图 10-3 所示，根据导线点 T_5、T_6 和 JD_{11} 三点的坐标，计算出导线边的方位角 α_{56} 和 T_5 至 JD_{11} 的平距 D 和方位角 α，用极坐标法测设 JD_{11}。

（3）穿线法测设交点

穿线法测设交点的步骤是：先测设路线中线的直线段，然后根据两相邻直线段相交在实地定出交点。

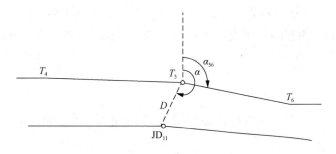

图 10-3　根据导线点测设交点

在图上选定中线上的某些点（如图 10-4 中的 Q_1、Q_2、Q_3、Q_4），根据邻近地物或导线点量得测设数据，用合适的方法在实地测设这些点。由于图解数据和测设工作中均存在偶然误差，测设的这些点不严格地在一条直线上。用目估法或经纬仪视准法定出一条直线，使其尽可能靠近这些测设点，这一工作称为穿线。穿线成果即中线直线段上的 A、B 点（称为转点）。

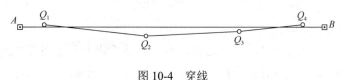

图 10-4　穿线

用同样的方法测设另一中线的直线段上的 C、D 点，如图 10-5 所示。AB、CD 直线在地面上测设好以后，即可测设交点。将经纬仪安置于 B 点，瞄准 A 点，倒转望远镜在视线方向上、接近交点 JD 的概略位置前后打下两桩（称为骑马桩）。采用正倒镜分中法在该两桩上定出 a、b 两点，并钉以小钉，拉上细线。将经纬仪搬至 C 点，后视 D 点，利用相同方法定出 c、d 点，拉上细线。在两条细线相交处打下木桩，并钉以小钉，得到交点 JD。

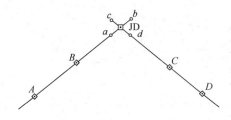

图 10-5　穿线法测设交点

2. 转点的测设

当两交点间距离较远但尚能通视或已有转点需要加密时，可采用经纬仪直接定线或经纬仪正倒镜分中法测设转点。当相邻两交点互不通视时，可用下述方法测设转点。

（1）两交点间测设转点

如图 10-6 所示，JD_8、JD_9 为相邻但互不通视的两个交点，ZD′ 为初定转点。现需检查

ZD′是否在两交点的连线上,可置经纬仪于 ZD′,用正倒镜分中法延长直线 JD$_8$ —ZD′至 JD$_9'$。设与 JD$_9'$ 的偏差为 f,用视距法测定距离 a、b,则 ZD′应横向移动的距离 e 可按式(10-1)计算:

$$e = \frac{a}{a+b}f \qquad (10\text{-}1)$$

将 ZD′按 e 值移至 ZD。再将仪器移至 ZD,按上述方法逐渐趋近,直至符合要求。

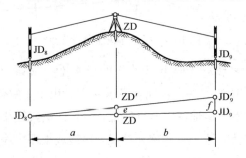

图 10-6 两个不通视交点间测设转点

(2)延长线上测设转点

如图 10-7 所示,JD$_{10}$、JD$_{11}$ 互不通视,可在其延长线上初定转点 ZD′。将经纬仪置于 ZD′,用正、倒镜照准 JD$_{10}$,并以相同竖盘位置俯视 JD$_{11}$,得两点后,取其中点得 JD$_{11}$。若 JD$_{11}'$ 与 JD$_{11}$ 重合或偏差值 f 在容许范围之内,即可将 ZD′作为转点;否则,应重设转点,量出 f 值,用视距法测出距离 a、b,则 ZD′应横向移动的距离 e 可按式(10-2)计算:

$$e = \frac{a}{a-b}f \qquad (10\text{-}2)$$

将 ZD′按 e 值移至 ZD。重复上述方法,直至符合要求。

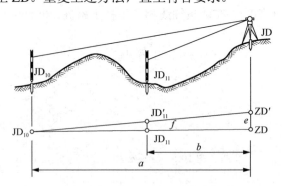

图 10-7 两个不通视交点延长线上测设转点

10.2.2 路线转折角的测定

在路线的交点上,应根据交点前、后的转点测定路线的转折角,通常测定路线前进方向的右角 β(图 10-8),可以用 DJ$_2$ 或 DJ$_6$ 级经纬仪观测一个测回。按 β 角算出路线交点处的偏角α。β<180°时为右偏角（路线向右转折），β>180°时为左偏角（路线向左转折）。右偏角和左偏角按式（10-3）和式（10-4）计算：

$$\alpha_{右}=180°-\beta \qquad\qquad (10\text{-}3)$$

$$\alpha_{左}=\beta-180° \qquad\qquad (10\text{-}4)$$

在测定β角后，测设其分角线方向，定出 C 点（图 10-9），打桩标定，以便以后测设道路曲线的中点。

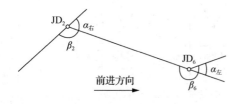

图 10-8　路线的转角和偏角

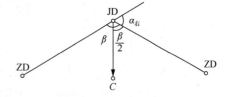

图 10-9　测设分角线方向

10.2.3　里程桩的设置

道路中线上设置里程桩，既标定了路线中线的位置和长度，又可作为施测路线纵、横断面的依据。设置里程桩的工作主要包括定线、量距和打桩。距离测量可以采用钢尺或测距仪，等级较低的公路可以用皮尺。

里程桩分为整桩和加桩两种，如图 10-10 所示，每个桩的桩号表示该桩距路线起点的里程。例如，某加桩距路线起点的距离为 2356.88m，其桩号为 2+356.88。整桩是由路线起点开始，每隔 20m 或 50m（曲线上根据不同的曲线半径 R 每隔 20m、10m 或 5m）设置一桩 [图 10-10（a）]。

加桩分为地形加桩、地物加桩 [图 10-10（b）]、曲线加桩 [图 10-10（c）] 和关系加桩。

地形加桩是指沿中线地面起伏突变处、横向坡度变化处及天然河沟处等所设置的里程桩。

地物加桩是指沿中线有人工构筑物的地方（如桥梁、涵洞处，路线与其他公路、铁路、渠道、高压线等交叉处，拆迁建筑物处，以及土壤地质变化处）加设的里程桩。

曲线加桩是指曲线上设置的主点桩，如圆曲线起点（简称直圆点 ZY）、圆曲线中点（简称曲中点 QZ）、圆曲线终点（简称圆直点 YZ），分别以汉语拼音缩写为代号。

关系加桩是指路线上的转点（ZD）桩和交点（JD）桩。

在钉桩时，对于交点桩、转点桩、距路线起点每隔 500m 处的整桩、重要地物加桩（如桥、隧位置桩）及曲线主点桩，均打下断面为 6cm×6cm 的方桩 [图 10-10（d）]，桩顶钉以中心钉，桩顶露出地面约 2cm，在其旁边钉一指示桩 [图 10-10（e）所示为指示交点桩的板桩]。交点桩的指示桩应钉在圆心和交点连线外距交点约 20cm 处，字面朝向交点。曲线主点的指示桩字面朝向圆心。其余的里程桩一般使用板桩，一半露出地面，以便书写桩号，字面一律背向路线前进的方向。

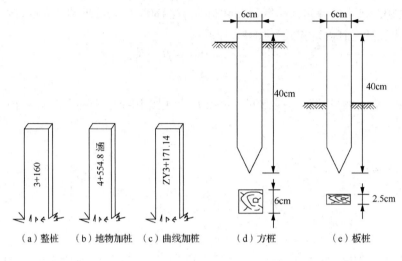

图 10-10　里程桩

10.3　道路曲线测设

10.3.1　圆曲线的测设

当路线由一个方向转到另一个方向时，必须用曲线来连接。曲线的形式较多，其中圆曲线（又称单曲线）是最基本的一种平面曲线。如图 10-11 所示，偏角 α 根据所测右角（或左角）计算；圆曲线半径 R 根据地形条件和工程要求选定。根据 α 和 β 可以计算其他各元素。

圆曲线的测设分为两步进行，先测设曲线上起控制作用的主点（ZY、QZ、YZ）；依据主点测设曲线上每隔一定距离的里程桩，详细地标定曲线位置。

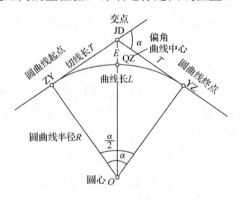

图 10-11　道路圆曲线的主点及主元素

1. 圆曲线主点测设

（1）主点测设元素计算

为了在实地测设圆曲线的主点，需要知道切线长 T、曲线长 L 及外矢距 E，这些元素称为主点测设元素，从图 10-11 中可以看出，若 α 和 R 已知，则主点测设元素的计算公式如下。

切线长为

$$T = R \tan \frac{\alpha}{2} \tag{10-5}$$

曲线长为

$$L = R \frac{\pi \alpha}{180} \tag{10-6}$$

外矢距为

$$E = R\left(\sec\frac{\alpha}{2} - 1\right) = R\left(\frac{1}{\cos\dfrac{\alpha}{2}} - 1\right) \tag{10-7}$$

切曲差为

$$J = 2T - L \tag{10-8}$$

【例 10-1】已知 JD 的桩号为 2+380.89，偏角 α=23°20′(右偏)，设计圆曲线半径 R=200m，求各测设元素。

解：

$$T = 200 \tan\frac{23°20'}{2} \approx 41.30 \text{ （m）}$$

$$L = 200 \times 23.3333 \times \frac{\pi}{180} \approx 81.45 \text{ （m）}$$

$$E = 200\left(\frac{1}{\cos\dfrac{23°20'}{2}} - 1\right) \approx 4.22 \text{ （m）}$$

$$J = 2 \times 41.30 - 81.45 \approx 1.15 \text{ （m）}$$

（2）主点桩号计算

由于道路中线不经过交点，因此，圆曲线中点和终点的桩号必须从圆曲线起点的桩号沿曲线长度推算获得。交点桩的里程已由中线丈量获得，因此，可根据交点的里程桩号及圆曲线测设元素计算出各主点的里程桩号。主点桩号的计算公式为

$$\begin{cases} \text{ZY桩号} = \text{JD桩号} - T \\[2mm] \text{QZ桩号} = \text{ZY桩号} + \dfrac{L}{2} \\[2mm] \text{YZ桩号} = \text{QZ桩号} + \dfrac{L}{2} \end{cases} \tag{10-9}$$

为了避免计算中出现错误，可用式（10-10）进行计算检核：

$$\text{YZ桩号} = \text{JD桩号} + T - J \tag{10-10}$$

用例 10-1 的测设元素及 JD 桩号 2+380.89 按式（10-9）算得

ZY 桩号=2+380.89-41.30=2+339.59

QZ 桩号=2+339.59+40.725=2+380.315

$$YZ\ 桩号=2+380.315+40.725=2+421.04$$

检核计算：按式（10-10）算得

$$YZ\ 桩号=2+380.89+41.30-1.15=2+421.04$$

两次算得 YZ 的桩号相等，说明计算正确。

（3）主点的测设

1）测设圆曲线起点（ZY）。置经纬仪于 JD，后视相邻交点方向，自 JD 沿经纬仪指示方向量切线长 T，打下曲线起点桩。

2）测设曲线终点（YZ）。经纬仪照准前视相邻交点方向，自 JD 沿经纬仪指示方向量切线长 T，打下曲线终点桩。

3）测设曲线中点（QZ）。沿测定路线转折角时所定的分角线方向（曲线中点方向）量外矢距 E，打下曲线中点桩。

2. 圆曲线详细测设

一般情况下，当地形变化不大、曲线长度小于 40m 时，测设曲线的三个主点已能满足设计和施工的需要。如果曲线较长、地形变化大，则除测定三个主点以外，还需要按照一定的桩距 l，在曲线上测设整桩和加桩，这一过程称为圆曲线详细测设。

圆曲线详细测设的方法很多。下面介绍几种常用的方法。

（1）偏角法

用偏角法测设圆曲线上的细部点以圆曲线起点（或圆曲线终点）作为测站，计算出测站至曲线上任一细部点 P_i 的弦线与切线的夹角——弦切角 Δ_i（称为偏角）和弦长 C_i 或相邻细部点的弦长 c，据此确定 P_i 点的位置，如图 10-12 所示。曲线上的细部点即曲线上的里程桩，一般按圆曲线半径 R 规定弧长为 l_0 的整桩。l_0 一般规定为 5m、10m 和 20m，R 越小，l_0 也越小。设 P_1 为曲线上的第一个整桩，它与圆曲线起点（ZY）间弧长为 l_1（$l_1<l_0$），以后 P_1 与 P_2、P_2 与 $P_3\cdots P_{i-1}$ 与 P_i 间的弧长都是 l_0。曲线最后一个整桩 P_n 与圆曲线终点（YZ）间的弧长为 l_{n+1}。设 l_1 所对圆心角为 ϕ_1，l_0 所对圆心角为 ϕ_0，l_{n+1} 所对圆心角为 ϕ_{n+1}，ϕ_1、ϕ_0、ϕ_{n+1} 按式（10-11）～式（10-13）计算 [（单位为（°）]：

$$\phi_1=\frac{l_1}{R}\cdot\frac{180}{\pi} \tag{10-11}$$

$$\phi_0=\frac{l_0}{R}\cdot\frac{180}{\pi} \tag{10-12}$$

$$\phi_{n+1}=\frac{l_{n+1}}{R}\cdot\frac{180}{\pi} \tag{10-13}$$

所有 ϕ 角之和应等于路线的偏角，可以将其作为计算的检核条件：

$$\phi_1=(n-1)\phi_0+\phi_{n+1}=\alpha \tag{10-14}$$

根据弦切角为同弧所对圆心角一半的定理，可以用式（10-15）计算圆曲线起点至 P_i 点的偏角为

$$\Delta_i=\frac{1}{2}\phi_i \tag{10-15}$$

圆曲线起点至 P_i 点的弦长为

$$C_i = 2R\sin \Delta_i \qquad\qquad (10\text{-}16)$$

圆曲线上相邻细部点的弦长 c 与弧长 l 的长度差 δ 即弦弧差，可用式（10-17）计算：

$$\delta_i = 1 - 2R\sin\frac{1}{2R} \qquad\qquad (10\text{-}17)$$

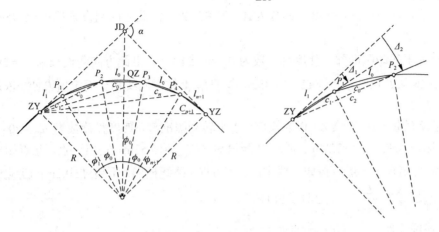

图 10-12　偏角法测设圆曲线细部点

由于道路圆曲线半径较大，相邻细部点弧较小，因此，$\dfrac{1}{2R}$ 为一个微小的比值，根据正弦函数的级数展开式：

$$\sin x = x - \frac{x^3}{3!} + \frac{x^5}{5!} - \frac{x^7}{7!} + \cdots$$

取前两项，得弦弧差实用计算公式：

$$\delta = \frac{l^3}{24R^2} \qquad\qquad (10\text{-}18)$$

【例 10-2】根据图 10-12 中圆曲线元素（$\alpha=40°20'$，$R=120\text{m}$）和交点 JD 桩号，计算该圆曲线的偏角法测设数据。

解：计算结果如表 10-1 所示。

表 10-1　圆曲线细部点偏角法测设数据（$R=120\text{m}$）

曲线里程桩号		相邻桩点弧长 l/m	偏角 Δ	弦长 C/m	相邻细部点的弦长 c/m
ZY	3 + 091.05		0°00′00″	0	
P_1	3 + 100	8.95	2°08′12″	8.95	8.95
P_2	3 + 120	20.00	6°54′41″	28.95	19.98
P_3	3 + 140	20.00	11°41′10″	48.61	19.98
P_4	3 + 160	20.00	16°27′39″	68.01	19.98
YZ	3 + 175.52	15.52	20°10′00″	82.74	15.51
QZ	3 + 133.29		10°05′00″	42.02	

根据测设距离的不同，偏角法可分为长弦偏角法和短弦偏角法两种。前者测设测站至细部点的距离（长弦），宜采用经纬仪加测距仪（或用全站仪）；后者测设相邻细部点之间

的距离（短弦），宜采用经纬仪加钢尺。

这里仍以图 10-12 为例，具体测设步骤如下。

a. 安置经纬仪（或全站仪）于圆曲线起点（ZY）上，瞄准交点（JD），使水平度盘读数设置为 $00°00'00''$。

b. 水平转动照准部，使度盘读数为 $\Delta_1 = 2°08'12''$，沿此方向测设弦长 $C_1 = 8.95$m，定出 P_1 点。

c. 再水平转动照准部，使度盘读数为 $\Delta_2 = 6°54'41''$，沿此方向测设长弦 $C_2 = 28.95$m，定出 P_2 点；或从 P_1 点测设短弦 $C_0 = 19.88$m，与偏角 Δ_2 的方向线相交而定出 P_2 点，依次类推，测设 P_3、P_4 点。

d. 测设至曲线终点（YZ）作为检核：水平转动照准部，使度盘读数为 $\Delta_{YZ} = 20°10'00''$，在方向上测设长弦 $C_{YZ} = 82.74$m，或从 P_4 测设短弦 $C_{n+1} = 15.51$m，定出一点。此点如果与 YZ 不重合，则其闭合差一般应按如下要求：半径方向（路线横向）不超过±0.1m；切线方向（路线纵向）不超过 $\pm\dfrac{L}{1000}$（L 为曲线长）。

（2）切线支距法（直角坐标法）

切线支距法是以圆曲线起点 ZY（或圆曲线终点 YZ）为独立坐标系的原点，如图 10-13 所示，切线为 X 轴，通过原点的半径方向为 Y 轴，根据独立坐标系中的坐标 (x_i, y_i) 测设曲线上的各细部点 P_i。

1）测设数据计算。如图 10-13 所示，设圆曲线起点至前半条曲线上各点 P_i 间的弧长为 l_i，所对圆心角为 ϕ_i，圆曲线半径为 R。则 P_i 的坐标可按下式计算：

$$\phi_i = \frac{l_i}{R} \cdot \frac{180}{\pi} \qquad (10\text{-}19)$$

$$\begin{cases} x_i = R\sin\phi_i \\ y_i = R(1-\cos\phi_i) \end{cases} \qquad (10\text{-}20)$$

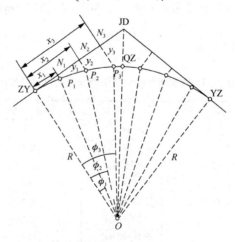

图 10-13　切线支距法测设圆曲线细部点

【例 10-3】以例 10-2 中的曲线元素（$\alpha=40°20'$，$R=120$m）及桩号 $l_0 = 20$m 为参考数据，

利用上述相关公式计算圆曲线细部点切线支距法测设数据。

解：计算结果列于表 10-2 中。

表 10-2　圆曲线细部点切线支距法测设数据（$R=120$m）　　　　单位：m

曲线里程桩号		各桩点至 ZY 或 YZ 点的曲线长 l_i	纵距 x	横距 y	相邻桩点间的弧长 l	相邻细部点间的弧长 c
ZY	3 + 091.05	0.00	0.00	0.00		
P_1	3 + 100.00	8.95	8.94	0.33	8.95	8.95
P_2	3 + 120.00	28.95	28.67	3.48	20.00	19.98
QZ	3 + 133.28	42.23	41.36	7.35	13.28	13.27
YZ	3 + 175.52	0.00	0.00	0.00		
P_1'	3 + 160.00	15.52	15.48	1.00	15.52	15.51
P_2'	3 + 140.00	35.52	35.00	5.22	20.00	19.98
QZ	3 + 133.28	42.24	41.37	7.36	6.72	6.72

2）测设方法。用切线支距法测设圆曲线细部点的步骤如下。

① 用钢尺从 ZY（或 YZ）沿切线方向量取 x_1，x_2，…纵距，得垂足点 N_1，N_2，…，用测钎在地面做标记。

② 在垂足点上作切线的垂直线，分别沿垂直线方向用钢尺量出 y_1，y_2，…横距，定出曲线上各细部点。

用此法测设的 QZ 应与曲线主点测设时所定 QZ 相符，以此作为检核条件。

（3）极坐标法

用极坐标法测设圆曲线的细部点是用全站仪进行路线测量的最合适的方法。仪器可以安置在任何控制点上，包括路线上的交点、转点等已知坐标的点，其测设速度快、精度高。如图 10-14 所示，仪器安置于圆曲线起点（ZY）后视切线方向，拨出偏角后，在仪器的视线方向上测设出弦长 C_i，即得放样点 P_i。偏角及弦长计算方法与偏角法相同。

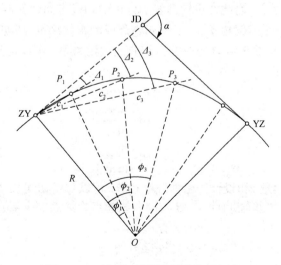

图 10-14　极坐标法测设圆曲线细部点

3. 测设圆曲线遇障碍时的测量方法

在圆曲线测设时，往往由于地形复杂、地物障碍等影响，圆曲线的主点或细部点测设受阻，不能按一般方法进行，此时必须根据现场情况具体解决。下面介绍测设遇障碍时的测量方法。

（1）虚交点法测设圆曲线主点

如图 10-15 所示，在地形复杂地段，路线交点 JD 位于河流、深谷，此时，可借助两个辅助点 A、B，形成所谓虚交点 P。具体介绍如下。

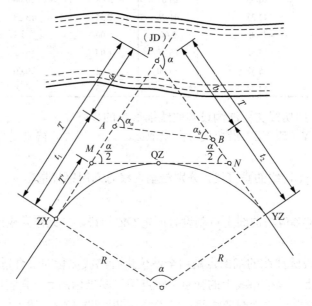

图 10-15 虚焦点法测设圆曲线主点

设虚交点 P 落入河中，为此在设置曲线的外侧沿切线方向选择两个辅助点 A、B。在 A、B 点分别安置经纬仪，测出偏角 α_a、α_b 并用钢尺或测距仪测量 AB 的长度。

根据辅助点 A、B 与虚交点 P 构成的 $\triangle ABP$ 的边角关系，可以得到路线偏角 α 及三角形中边长 a、b 的计算式：

$$\alpha = \alpha_a = \alpha_b \tag{10-21}$$

$$a = AB\frac{\sin\alpha_a}{\sin\alpha} \tag{10-22}$$

$$b = AB\frac{\sin\alpha_b}{\sin\alpha} \tag{10-23}$$

根据算得的路线偏角 α 和设计的圆曲线半径 R，可以算得切线长 T 和曲线长 L。根据 a、b、T 可按式（10-24）计算辅助点 A、B 与圆曲线起点、终点的距离 t_1 和 t_2：

$$\begin{cases} t_1 = T - a \\ t_2 = T - b \end{cases} \tag{10-24}$$

在切线方向上量测 t_1 和 t_2，可测设圆曲线的起点和终点。圆曲线中点 QZ 的测设可采用

"中点切线法"，设圆曲线中点的切线交起点、终点的切线于 M、N 点，由于 $\angle PMN=\angle PNM=\dfrac{\alpha}{2}$，则

$$T = R\tan\frac{\alpha}{4} \tag{10-25}$$

从 ZY、YZ 分别沿切线方向量 T' 长度，得到 M、N 点，取 MN 的中点，即圆曲线中点 QZ。

（2）偏角法测设圆曲线细部点

1）偏角法视线受阻。如图 10-16 所示，从曲线起点 A 测设 P_4 时，视线遇障碍。此时，可用下述两种方法解决。

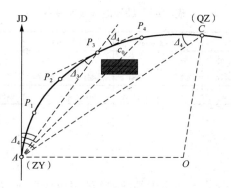

图 10-16　偏角法视线受阻

① 按同一圆弧段两端的弦切角（即偏角）相等的原理测设。可将仪器搬至 P_3 点，以度盘读数 00°00′00″ 后视 A 点，倒镜，使度盘读数为 P_4 点的偏角值 Δ_4，则视线方向即 P_3P_4 方向，由 P_3 点沿 P_3P_4 方向量出其弦长 c_0，即能定出 P_4 点。此后仍用原数据按短弦偏角法测设曲线上其他各点，不必另算偏角值。

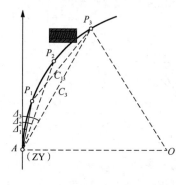

图 10-17　偏角法量距受阻

② 按同一圆弧段的弦切角和圆周角相等的原理测设。当在 P_3 点不便安置仪器时，可把仪器安置于曲线中点 C，以度盘读数 00°00′00″ 后视 A 点，转动照准部，使度盘读数为 P_4 点原来计算的偏角值 Δ_4，得 CP_4 方向，再由 P_3 点量出其相应的弦长 c_0，与视线相交，即得 P_4 点。同理，使度盘读数依次为其他各点的原偏角值，并使其视线与其相应的弦长相交，可得其他各点。

2）偏角法量距受阻。如图 10-17 所示，在曲线细部点 P_2P_3 间有障碍物，不能测设 P_2P_3 的弦长。此时，可以改用长弦偏角法，测设测站 A 点至 P_3 点的距离 C_3；或改为测设 P_1P_3 间的距离 C_{13}，C_{13} 可用式（10-26）计算：

$$C_{13} = 2R\sin(\Delta_3 - \Delta_1) \tag{10-26}$$

10.3.2　缓和曲线的测设

车辆从直线驶入圆曲线时将产生离心力，由于离心力的作用，车辆将向曲线外侧倾倒。

为了减小离心力的影响，使行车安全，曲线的路面要做成外侧高、内侧低、呈单向横坡的形式，即弯道超高。超高不能在直线进入圆曲线段或圆曲线进入直线段突然出现或消失，这会使路面出现台阶，引起车辆震动。超高必须在一段距离内逐渐增加或减少，即在直线与圆曲线之间插入一段半径由无穷大逐渐减小至圆曲线半径 R 的曲线，这种曲线称为缓和曲线。

我国《公路工程技术标准》（JTG B01—2014）中规定：当平曲线半径小于不设超高的最小半径时，应设缓和曲线。四等公路可不设缓和曲线，缓和曲线一般采用螺旋线，其长度应根据相应等级的行车速度计算，并应大于表 10-3 中的规定值。

表 10-3　缓和曲线长度设置

单位：m

公路等级	高速公路		一级公路		二级公路		三级公路		四级公路	
地形	平原微丘	山岭重丘	平原微丘	山岭重丘	平原微丘	山岭重丘	平原微丘	山岭重丘	平原微丘	山岭重丘
缓和曲线长度	100	70	85	50	70	35	50	25	35	20

1. 缓和曲线公式

（1）基本公式

如图 10-18 所示，螺旋线是曲率半径随曲线长度的增大而成反比均匀减小的曲线，即在螺旋线上任一点的曲率半径 ρ 与曲线的长度 l 成反比，可用式（10-27）表示：

$$\rho = \frac{c}{l} \tag{10-27}$$

式中，c 为常数，表示缓和曲线变化率。

缓和曲线的终点至起点的曲线长度 l_S 为缓和曲线全长 l 时，缓和曲线的曲率半径等于圆曲线半径 R，故

$$c = R l_S \tag{10-28}$$

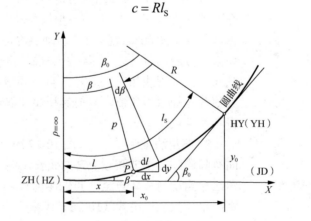

图 10-18　缓和曲线的特性

（2）切线角公式

缓和曲线上任一点 P 处的切线与过起点切线的交角 β 称为切线角，切线角与缓和曲线

上任一点的弧长所对应的中心角相等，在 P 处取一微分段 $\mathrm{d}l$ 所对应的中心角为 $\mathrm{d}\beta$，则

$$\mathrm{d}\beta = \frac{\mathrm{d}l}{\rho} = \frac{l\mathrm{d}l}{c}$$

积分得

$$\beta = \frac{l^2}{2c} = \frac{l^2}{2Rl_{\mathrm{s}}} \tag{10-29}$$

当 $l = l_{\mathrm{s}}$ 时，缓和曲线全长所对应的中心角即切线角 β_0，有

$$\beta_0 = \frac{l_{\mathrm{s}}}{2R}$$

以角度表示则为

$$\beta_0 = \frac{l_{\mathrm{s}}}{2R} \cdot \frac{180}{\pi} \tag{10-30}$$

（3）参数方程

如图 10-18 所示，设 ZH 为坐标原点，过 ZH 的切线为 X 轴，半径为 Y 轴，任一点 P 的坐标为 (x, y)，则微分弧段 $\mathrm{d}l$ 在坐标轴上的投影为

$$\begin{cases} \mathrm{d}x = \mathrm{d}l \cos\beta \\ \mathrm{d}y = \mathrm{d}l \sin\beta \end{cases} \tag{10-31}$$

将式（10-31）中的 $\cos\beta$、$\sin\beta$ 按级数展开，然后将式（10-29）代入并积分，略去高次项得

$$\begin{cases} x = 1 - \dfrac{l^5}{40R^2 l_{\mathrm{s}}^2} \\ y = \dfrac{l^3}{6Rl_{\mathrm{s}}} \end{cases} \tag{10-32}$$

式（10-32）称为缓和曲线参数方程。

当 $l = l_{\mathrm{s}}$ 时，得到缓和曲线终点坐标为

$$\begin{cases} x_0 = 1 - \dfrac{l^3}{40R^2} \\ y_0 = \dfrac{l^2}{6R} \end{cases} \tag{10-33}$$

2. 缓和曲线主点测设

（1）内移值 p 与切线增值 q 的计算

如图 10-19 所示，当圆曲线加设缓和曲线后，为使缓和曲线起点位于切线上，必须将圆曲线向内移动一段距离 p，这时曲线发生变化，使切线增长距离 q，圆曲线弧长变短为 CMD，由图 10-19 可知

$$\begin{cases} p = y_0 - R(1 - \cos\beta_0) \\ q = x_0 - R\sin\beta_0 \end{cases} \tag{10-34}$$

将 $\cos\beta_0$、$\sin\beta_0$ 按级数展开，略去高次项，并将 β_0、x_0、y_0 值代入，得

$$\begin{cases} p = \dfrac{l_\mathrm{S}^2}{24R} \\[3mm] q = \dfrac{l_\mathrm{S}}{2} - \dfrac{l_\mathrm{S}^3}{240R^2} \end{cases} \tag{10-35}$$

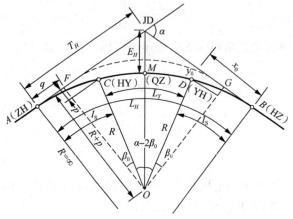

图 10-19　带有缓和曲线的圆曲线

（2）测设元素的计算

在圆曲线上增设缓和曲线后，要将圆曲线和缓和曲线作为一个整体考虑，如图 10-19 所示，其测设元素如下。

切线长为

$$T_H = (R - p)\tan\frac{\alpha}{2} + q \tag{10-36}$$

曲线长为

$$L_H = R(\alpha - 2\beta_0)\frac{\pi}{180} + 2l_\mathrm{S} \tag{10-37}$$

外矢距为

$$E_H = (R - p)\sec\frac{\alpha}{2} - R \tag{10-38}$$

切曲差为

$$D_H = 2T_H - L_H \tag{10-39}$$

当 α 已知，R、l_S 选定后，即可根据式（10-36）～式（10-39）计算曲线元素。

（3）主点里程计算与测设

根据已知交点、里程和曲线的元素值，即可按式（10-40）～式（10-45）计算各主点里程。

直缓点为

$$\mathrm{ZH}_{\text{里程}} = \mathrm{JD}_{\text{里程}} - T_H \tag{10-40}$$

缓圆点为

$$\mathrm{HY}_{\text{里程}} = \mathrm{ZH}_{\text{里程}} + l_\mathrm{S} \tag{10-41}$$

圆曲线中点为

$$QZ_{里程} = HZ_{里程} - \frac{L_H}{2} \tag{10-42}$$

圆缓点为

$$YH_{里程} = HY_{里程} + L_Y \tag{10-43}$$

缓直点为

$$HZ_{里程} = YH_{里程} + l_S \tag{10-44}$$

交点为

$$JD_{里程} = QZ_{里程} + \frac{D_H}{2} \quad （校核） \tag{10-45}$$

主点 ZH、HZ、QZ 的测设方法与圆曲线主点的测设方法相同，HY、YH 根据缓和曲线终点坐标 (x_0, y_0) 用切线支距法或极坐标法测设。

3. 缓和曲线的细部测设

（1）切线支距法

切线支距法是以 ZH 点或 HZ 点为坐标原点，以过原点的切线为 X 轴、过原点的半径为 Y 轴，利用缓和曲线段和圆曲线段上的各点坐标 (x, y) 测设曲线。如图 10-20 所示，缓和曲线上各点坐标可按式（10-32）计算：

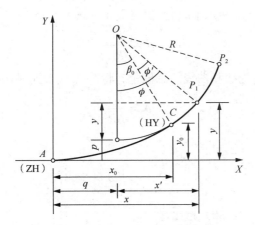

图 10-20　缓和曲线的切线支距法测设

圆曲线上各点坐标的计算，因坐标原点是缓和曲线的起点，故应先求出以圆曲线起点为原点的坐标 (x', y')，再分别加上 p、q 值，即可得到以 ZH 为原点的圆曲线上任一点的坐标：

$$\begin{cases} x = x' + q = R\sin\phi + q \\ y = y' + p = R(1 - \cos\phi) + p \end{cases} \tag{10-46}$$

式中，ϕ 为该点至 HY 或 YH 的曲线长 l（仅为圆曲线部分长度）所对应的圆心角。

缓和曲线和圆曲线上各点的坐标值均可在相关曲线测设用表中查取。曲线上各点的测设方法与圆曲线切线支距法相同。

（2）偏角法

偏角可分为缓和曲线上的偏角与圆曲线上的偏角两部分进行计算，如图 10-21 所示，若从缓和曲线 ZH 或 HZ 开始测设，并按弧长 l 等分缓和曲线（一般 l 为 10m 或 20m），则曲线上任一分点 i 与 ZH 的连线相对于切线的偏角 δ_i 计算如下，因 δ_i 较小，故

$$\delta_i = \tan \delta_i = \frac{y_i}{x_i} \tag{10-47}$$

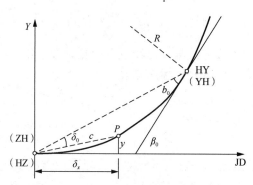

图 10-21　缓和曲线的偏角法测设

将曲线方程中 x、y 代入式（10-47）得（取第一项）

$$\delta = \frac{l^2}{6Rl_\mathrm{s}} \tag{10-48}$$

HY 或 YH 的偏角 δ_0 为缓和曲线的总偏角。将 $l = l_\mathrm{s}$ 代入式（10-48）中得

$$\delta_0 = \frac{l_\mathrm{s}}{6R} \tag{10-49}$$

因为 $\beta_0 = \dfrac{l_\mathrm{s}}{2R}$，故

$$\delta_0 = \frac{1}{3}\beta_0 \tag{10-50}$$

将式（10-48）与式（10-50）相比得

$$\delta = \left(\frac{l}{l_\mathrm{s}}\right)^2 \delta_0 \tag{10-51}$$

由式（10-51）可知，缓和曲线上任一点的偏角与该点至缓和曲线起点的曲线长的平方成正比。

由图 10-21 可知：

$$b_0 = \beta_0 - \delta_0 = 3\delta_0 - \delta_0 = 2\delta_0 \tag{10-52}$$

测设圆曲线部分时，如图 10-21 所示，将经纬仪置于 HY，后视 ZH 且使水平度盘读数为 b_0（当路线为右转时，改用 $360° - b_0$），然后逆时针转动经纬仪，当读数为 $00°\,00'00''$ 时，

视线方向为 HY 切线方向，倒镜后即可按偏角法测设圆曲线。

10.3.3　竖曲线的测设

在设计路线纵坡的变更处，考虑行车的视距要求和行车的平稳，在竖直面内用圆曲线连接起来，这种曲线称为竖曲线。如图 10-22 所示，路线上三条相邻的纵坡为 $i_1(+)$、$i_2(-)$、$i_3(+)$，在 i_1 和 i_2 之间设置凸形竖曲线；在 i_2 和 i_3 之间设置凹形竖曲线。

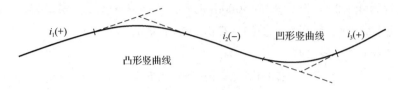

图 10-22　竖曲线

测设竖曲线时，根据路线纵断面图中所设计的竖曲线半径 R 和相邻坡道的坡度 i_1、i_2，计算测设数据。如图 10-23 所示，在竖曲线测设元素的计算中，切线长、曲线长和外矢距可用圆曲线的计算公式，即式（10-5）～式（10-7）。

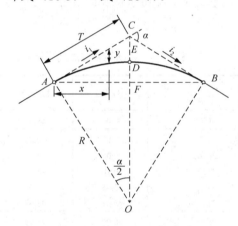

图 10-23　竖曲线测设元素

由于竖曲线的转角 α 很小，计算可简化为

$$\alpha = i_1 - i_2 \tag{10-53}$$

而竖曲线的设计半径 R 又较大，因此，竖曲线测设元素也可以用式（10-54）～式（10-56）计算：

$$T = \frac{1}{2}R(i_1 - i_2) \tag{10-54}$$

$$L = R(i_1 - i_2) \tag{10-55}$$

$$E = \frac{T^2}{2R} \tag{10-56}$$

同理可导出竖曲线中间各点按直角坐标法测设的 y_i（即竖曲线上的标高改正值）的计算公式：

$$y_i = \frac{x_i^2}{2R} \tag{10-57}$$

式（10-57）中的 y_i 值在凹形竖曲线中为正号，在凸形竖曲线中为负号。

【例 10-4】 设 $i_1 = -1.114\%$，$i_2 = +0.154\%$，竖曲线为凹形竖曲线，变坡点的桩号为 K2+670，高程为 48.60m，欲设置 R=5000m 的竖曲线，求各测设元素，起点、终点的桩号和高程，曲线上每 10 m 间距里程桩的标高改正数和设计高程。

解：按上述相关公式求得

$$T = 31.70\text{m}，\quad L = 63.40\text{m}，\quad E = 0.10\text{m} 。$$

起点桩号： $K2 + (670 - 31.70) = K2 + 638.30$ 。

终点桩号： $K2 + (638.30 + 63.40) = K2 + 701.70$ 。

起点坡道高程： $48.60 + 31.7 \times 1.114\% \approx 48.95$ （m）。

终点坡道高程： $48.60 + 31.7 \times 0.154\% \approx 48.65$ （m）。

根据 R=5000m 和相应的桩距 x_i，即可求得竖曲线上各桩的标高改正数 y_i，计算结果列于表 10-4 中。

表 10-4　竖曲线各桩点高程计算　　　　单位：m

点名	桩号	至竖曲线起点或终点的平距 x_i	高程值 y_i	坡道高程	竖曲线高程	备注
起点	K2 + 638.30	0.0	0.00	48.95	48.95	
	K2 + 650	11.7	0.01	48.83	48.83	
	K2 + 660	21.7	0.05	48.71	48.76	
变坡点	K2 + 670	31.7	0.10	48.60	48.70	
	K2 + 680	21.7	0.05	48.62	48.67	
	K2 + 690	11.7	0.01	48.63	48.64	
终点	K2 + 701.70	0.0	0.00	48.65	48.65	

竖曲线起点、终点的测设方法与圆曲线相同，而竖曲线上辅点的测设，实质上是在曲线范围内的里程桩上测出竖曲线的高程。因此，在实际工作中，测设竖曲线都与测设路面高程桩一起进行。测设时，只需把已算出的各点坡道高程加上（对于凹形竖曲线）或减去（对于凸形竖曲线）相应点上的标高改正值即可。

10.4　路线纵横断面测量

路线纵断面测量的任务是在路线中线测定之后，测定中线上各里程桩（简称中桩）的地面高程，绘制路线纵断面图，供路线纵坡设计用。路线横断面测量的任务是测定各中桩两侧垂直于中线的地面高程，绘制横断面图，供线路路基设计、计算土石方量及施工时放样边桩用。

路线纵断面测量又称路线水准测量。为了提高测量精度和进行成果检查，根据"从整体到局部"的测量原则，路线纵断面测量分两步进行：首先沿线路方向设置若干水准点，建立线路的高程控制，称为基平测量；然后根据各水准点的高程，分段进行中桩水准测量，称为中平测量。

10.4.1　路线纵断面测量

（1）基平测量

首先沿线路方向设置若干水准点，建立线路的高程控制。水准点分永久水准点和临时水准点两种，在勘测和施工阶段甚至长期都要使用，因此，水准点应选在地基稳固、易于引测及施工时不易受破坏的地方。

在路线起点和终点、大桥两岸、隧道两端，以及需要长期观测高程的重点工程附近，均应布设永久水准点。永久水准点要埋设标石，也可设在永久性建筑物上，或用金属标志嵌在基岩上。水准点的布设密度应根据地形复杂情况和工程需要确定。在丘陵和山区，每隔 0.5～1km 布设一个水准点，在平原和微丘陵地区，每隔 1～2km 布设一个水准点。此外，在中桥、小桥、涵洞及停车场等工程集中的地段，均应布设水准点，在较短的路线上，一般每隔 300～500m 布设一个水准点。

基平测量时，首先应将起始水准点与附近国家水准点进行连测，以获得绝对高程。在沿线水准测量中，也应尽量与附近国家水准点进行连测，以便获得更多的检核条件。若路线附近没有国家水准点，则可根据国家地形图上量得的高程作为参考，假定起始水准点的高程。

基平水准测量应使用不低于 DS_3 型水准仪，按四等水准测量的方法和精度要求，采用一组往返或两组单程在两水准点之间进行观测。

（2）中平测量

中平测量是以相邻水准点为一测段，从一个水准点出发，逐个测定中桩的地面高程，附合到下一个水准点上。

测量时，在每一测站上首先读取后、前两转点（TP）的尺上读数，再读取两转点间所有中桩地面点的尺上读数，这些转点称为中间点。由于转点起传递高程的作用，因此，转点尺应立在尺垫、稳固的桩顶或坚石上，尺上读数至 mm，视线长一般不应超过 150m。转点尺上读数至 cm，要求尺子立在紧靠桩边的地面上。

如图 10-24 所示，水准仪置于①站，后视水准点 BM1，前视转点 TP_1，将观测结果分别记入表 10-5 中"后视"和"前视"栏内；然后观测 BM1 与 TP_1 间的各中桩，将后视点 BM1 上的水准尺依次立于 0+000、0+020、0+040、0+060、0+080 等各中桩地面上，将读数分别记入表 10-5 中"中视"栏内。

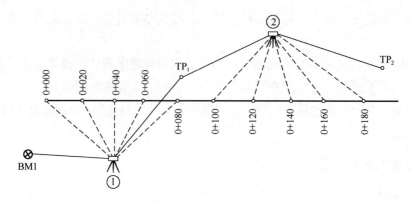

图 10-24　中平测量

表 10-5　中平测量记录计算表

测点	水准尺读数/m			视线高程/m	高程/m	备注
	后视	中视	前视			
BM1					512.314	
K0 + 000					512.89	
K0 + 020	2.191	1.62		514.505	512.61	
K0 + 040		1.90			512.89	BM1 高程为基平
K0 + 060		0.60			512.48	所测
K0 + 080		2.03			512.61	
TP$_1$		0.90			512.499	
K0 + 100	3.162		1.006	516.661	512.16	
K0 + 120		0.50			512.14	
K0 + 140		0.52			512.46	
K0 + 160		0.82			512.84	
K0 + 180		1.20			512.65	
TP$_2$	2.246	1.01	1.521	517.386	512.140	
…						基平测得 BM2 高
K1 + 240		2.32	0.606		512.06	程为 524.824 m
BM2					512.782	
计算复核	$\Sigma h_{中} = 524.782 - 512.314 = 12.468(\mathrm{m})$ $\Sigma a - \Sigma b = 12.468(\mathrm{m})$ $f_h = 524.782 - 524.824 = -0.042(\mathrm{m}) = -42(\mathrm{mm})$ $f_{h容} = \pm 30\sqrt{1.24} \approx \pm 33(\mathrm{mm})$					

将水准仪搬至②站，后视转点 TP$_1$，前视转点 TP$_2$，然后观测各中桩地面点。用相同方法继续向前观测，直至附合到水准点 BM2，完成一测段的观测工作。

每一站的各项计算依次按下列公式进行：

1）视线高程=后视点高程+后视读数。

2）转点高程=视线高程-前视读数。

3）中桩高程=视线高程-中视读数。

各站记录后，应立即计算各点高程，直至下一个水准点，并立即计算高差闭合差 f_h，若 $f_h = f_{h允} = \pm30\sqrt{L}\,\text{mm}$（一级公路），则符合要求，即可进行中桩地面高程的计算，以计算的各中桩点高程作为绘制纵断面图的依据。

（3）纵断面图的绘制及施工量计算

纵断面图是沿中线方向绘制的反映地面起伏和纵坡设计的线状图，它标示出各线路纵坡的大小和中线位置的挖填尺寸，是线路设计和施工中的重要文件资料。

纵断面图是以中桩的里程为横坐标、以中桩的高程为纵坐标绘制的。常用的里程比例尺有 1：5000、1：2000 和 1：1000 等几种。为了明显地表示地面起伏，一般取高程比例尺比里程比例尺大 10 倍或 20 倍。例如，里程比例尺取 1：1000 时，高程比例尺取 1：100 或 1：50。

图 10-25 所示为道路设计纵断面图，图的上半部从左至右绘有贯穿全图的两条线。细折线表示中线方向的地面线，是根据中平测量的中桩地面高程绘制的；粗折线表示纵坡设计线。此外，上部还注有以下资料：水准点编号、高程和位置；竖曲线示意图及其曲线元素；桥梁的类型、孔径、跨数、长度、里程桩号和设计水位；涵洞的类型、孔径和里程桩号；其他道路、铁路交叉点的位置、里程桩号和有关说明等。图 10-25 下部的表格，注记以下有关测量和纵坡设计的资料。

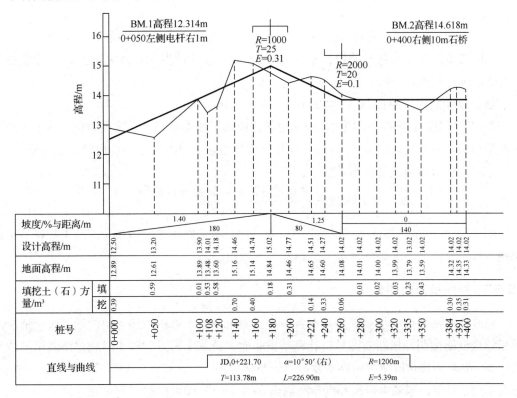

图 10-25　道路设计纵断面图

1）在图纸左面自下向上填写直线与曲线、桩号、填挖土（石）方量、地面高程、设计高程、坡度与距离。上部纵断面图上的高程按规定的比例尺注记，但首先要确定起始高程（如图 10-25 中 0+000 桩号的地面高程）在图上的位置，并且参考其他中桩的地面高程，使绘出的地面线处在图上的适当位置。

2）在"直线与曲线"一栏中，应按里程桩号标明路线的直线部分和曲线部分。曲线部分用直角折线表示，上凸表示路线右偏，下凹表示路线左偏，并注明交点编号及其桩号，注明 α、R、T、L、E 等曲线元素。

3）在"桩号"一栏中，从左至右按规定的里程比例尺注上各中桩的桩号。

4）在"填挖土（石）方量"一栏内进行施工量的计算，计算方法如下：

$$某点的施工量=该点地面高程-该点设计高程$$

求得的施工量，正号表示挖土深度，负号表示填土高度。地面线与设计线的交点为不填不挖的"零点"，零点也给以桩号，位置可由图上直接量得，以供测设时使用。

5）在"地面高程"一栏中，注上对应于各中桩桩号的地面高程，并在纵断面图上按各中桩的地面高程依次点出其相应的位置，用细直线连接各相邻点位，即得中线方向的地面线。

6）在"设计高程"一栏内，分别填写相应中桩的设计路基高程。某点的设计高程的计算方法如下：

$$设计高程=起点高程+设计坡度×起点至该点的平距$$

【例 10-5】0+000 桩号的设计高程为 12.50m，设计坡度为+1.4%（上坡），计算桩号 0+100 的设计高程。

解：设计高程应为 $12.50+1.4\%×100=13.90$（m）。

7）在"坡度与距离"一栏内，分别用斜线或水平线表示设计坡度的方向，线上方注记坡度数值（以百分比表示），下方注记坡长，水平线表示平坡，不同的坡段以竖线分开。

某段设计坡度值的计算方法如下：

$$设计坡度=\frac{终点设计高程-起点设计高程}{平距}$$

8）在上部地面线部分进行纵坡设计。设计时，要考虑施工时填挖土石方工程量最小或填挖方尽量平衡及小于限制坡度等道路有关技术规定。

10.4.2 路线横断面测量

路线横断面测量的主要任务是在各中桩处测定垂直于道路中线方向的地面起伏情况，然后绘成横断面图。横断面图是设计路基横断面、计算土石方和施工时确定路基填挖边界的依据。横断面测量的宽度由路基宽度及地形情况确定，一般要求中线两侧各测 15～50m，如图 10-26 所示。测量中距离和高差准确到 0.05～0.1m 即可满足工程要求。

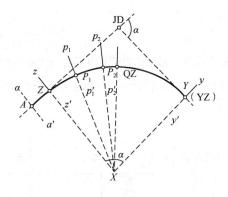

图 10-26　路线横断面方向测设

1. 测设横断面方向

直线段上横断面方向就是与道路中线相垂直的方向,在直线段上测设横断面,如图 10-27 所示,将杆头有十字形木条的方向架立于欲测设横断面方向的 A 点上,用架上的 1—1′ 方向线瞄准交点 JD 或直线段上某一转点 ZD,则 2—2′即 A 点的横断面方向,用标杆标定。

为了测设曲线上里程桩的横断面方向,在方向架上加一根可转动并可制动的定向杆 3— 3′,如图 10-28 所示。如欲定 ZY 和 P_1 点的横断面方向,先将方向架立于 ZY 点上,用 1—1′ 方向瞄准 JD,则 2—2′方向即 ZY 的横断面方向。再转动定向杆 3—3′,对准 P_1 点,制动定 向杆。将方向架移至 P_1 点,用 2—2′对准 ZY 点,根据"同弧两端弦切角相等"定理,3—3′ 方向即 P_1 点的横断面方向。

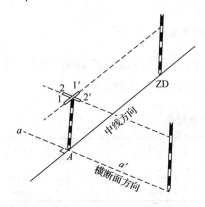

图 10-27　用方向架定横断面方向

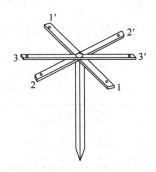

图 10-28　求心方向架

为了继续测设曲线上 P_2 点的横断面方向,在 P_1 点定好横断面方向后,不动方向架,松 开定向杆,用 3—3′对准 P_2 点,制动方向杆。然后将方向架移至 P_2 点,用 3—3′对准 P_1 点, 则 3—3′方向即 P_2 点的横断面方向。

2. 测定横断面上点位

横断面上中桩的地面高程已在纵断面测量时测出,横断面上各地形特征点相对于中桩的平距和高差可用以下方法测定。

（1）水准仪皮尺法

水准仪皮尺法适用于施测横断面较宽的平坦地区，如图 10-29 所示，水准仪安置后，以中桩地面高程点为后视，以中桩两侧横断面方向地形特征点为前视，水准尺上读数至 cm。

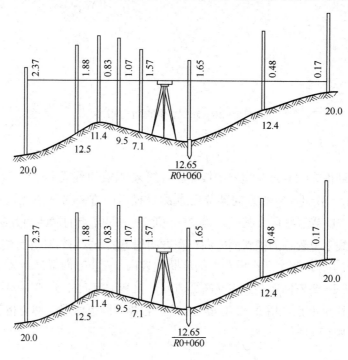

图 10-29　水准仪皮尺法测横断面

用皮尺分别量出各特征点到中桩的平距，量至 dm。记录格式如表 10-6 所示。表 10-6 中按路线前进方向分左、右侧记录，以分式表示各测段的前视读数和平距。

表 10-6　路线横断面测量记录

前视读数 / 距离 （左侧）					后视读数 / 桩号	前视读数 / 距离 （右侧）	
$\frac{2.37}{20.0}$	$\frac{1.88}{12.5}$	$\frac{0.83}{11.4}$	$\frac{1.07}{9.5}$	$\frac{1.57}{7.1}$	$\frac{12.65}{R0+060}$	$\frac{0.48}{12.4}$	$\frac{0.17}{20.0}$

（2）标杆皮尺法

如图 10-30 所示，$A, B, C\cdots$ 为横断面方向上所选定的变坡点，将花杆立于 A 点，从中桩处地面将尺拉平量至 A 点的距离，并测出皮尺截于花杆位置的高度，即 A 点相对于中桩地面的高差，同法可测得 A—B, B—$C\cdots$ 的距离和高差，直至规定的横断面宽度。中桩一侧测完后再测另一侧。

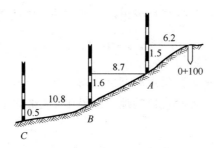

图 10-30　标杆皮尺法测横断面

（3）经纬仪视距法

置经纬仪于中桩上，可直接用经纬仪定出横断面方向，而后量出至中桩地面的仪器高，用视距法测出各特征点与中桩间的平距和高差。此法适用于地形困难、山坡陡峻的路线横断面测量。

3．横断面图的绘制

一般采用 1∶100 或 1∶200 的比例尺绘制横断面图。根据横断面测量中得到的各点间的平距和高差，在毫米方格纸上绘出各中桩的横断面图。绘制时，先标定中桩位置，由中桩开始，逐一将特征点画在图上，再直接连接相邻点，即可绘出横断面的地面线，如图 10-31 所示。

横断面图画好后，将路面设计的标准断面图套到该实测的横断面图上；也可将路基断面设计线直接画在横断面图上，绘制成路基断面图，如图 10-32 所示。

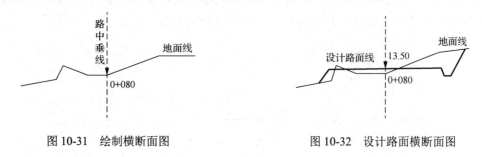

图 10-31　绘制横断面图　　　　　　　　图 10-32　设计路面横断面图

10.5　道路施工测量

道路施工测量主要包括恢复道路中线测量、施工控制桩测设、路基边桩测设。

10.5.1　恢复道路中线测量

从路线勘测、道路工程设计到道路施工，在此期间往往有一部分道路中线桩点被挪动或丢失。为了保证道路中线位置的准确可靠，施工前，应进行一次复核测量，并将已经丢失或挪动过的交点桩、里程桩等恢复和校正好，其方法与中线测量相同。

10.5.2　施工控制桩测设

道路中线桩在施工中通常会被挖出或堆埋，为了在施工中控制中线位置，需要在不易受施工破坏、便于引测、易于保存桩位的地方测设施工控制桩。测设方法有平行线法和延长线法。

（1）平行线法

平行线法是在设计的路基宽度以外，测设两排平行于中线的施工控制桩，如图 10-33 所示。施工控制桩的间距一般取 10～20m。

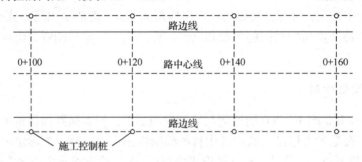

图 10-33　平行线法定施工控制桩

（2）延长线法

延长线法是在路线转折处的中线延长线上及曲线中点至交点的延长线上测设施工控制桩，如图 10-34 所示。应量出施工控制桩至交点的距离并做记录。

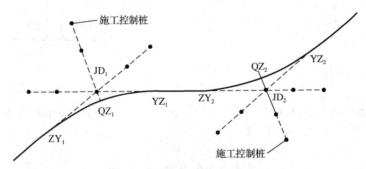

图 10-34　延长线法定施工控制桩

10.5.3　路基边桩测设

路基施工前，要把路基设计的边坡与原地面相交的点测设出来。该点对于设计路堤为坡脚点，对于设计路堑为坡顶点。路基边桩的位置根据填土高度或挖土深度、边坡设计坡度及横断面的地形情况而定。下面介绍常用的路基边桩测设数据获取及测设方法。

1. 图解法

在道路工程设计时，地形横断面及路基设计断面都已绘制在方格纸上，路基边桩的位置可用图解法求得，即在横断面设计图上量取中桩至边桩的距离，然后到实地按横断面方向用皮尺量出其位置。

2. 解析法

解析法是通过计算求得路基中桩至边桩的距离的方法。在平地和山区，计算和测设的方法不同，现分述如下。

（1）平坦地段路基边桩测设

填方路基称为路堤 [图 10-35（a）]，挖方路基称为路堑 [图 10-35（b）]。路堤边桩至中桩的距离为

$$l_{左} = l_{右} = \frac{B}{2} + mh \tag{10-58}$$

路堑边桩至中桩的距离为

$$l_{左} = l_{右} = \frac{B}{2} + s + mh \tag{10-59}$$

式中，B 为路基设计宽度；$\frac{1}{m}$ 为路基边坡；h 为填土高度或挖土深度；s 为路堑边沟顶宽。根据算得的距离，从中桩沿横断面方向量距，测设路基边桩。

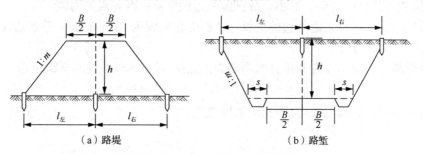

（a）路堤　　　　　　　　　　（b）路堑

图 10-35　平坦地段路基边桩测设

（2）坡地路段路基边桩测设

如图 10-36（a）所示，在坡地上测设路基边桩，左、右边桩离中桩的距离为

$$l_{左} = \frac{B}{2} + s + mh_{左} \tag{10-60}$$

$$l_{右} = \frac{B}{2} + s + mh_{右} \tag{10-61}$$

式中，B、s、m 均由设计决定，$l_{左}$、$l_{右}$ 随 $h_{左}$、$h_{右}$ 变化而变化。由于 $h_{左}$、$h_{右}$ 是边桩处地面与设计路基面的高差，而边桩位置是待定的，因此 $h_{左}$、$h_{右}$ 均无法事先知道。在实际测设工作中，可采用逐渐趋近法进行坡地路段路基边桩的测设。

如图 10-36（b）所示，设路基左侧加沟顶宽度为 4.7m，右侧为 5.2m，中心桩挖深为 5.0m，边坡坡度为 1∶1。现以左侧边桩测设为例，说明山坡上边桩测设的逐渐趋近法。

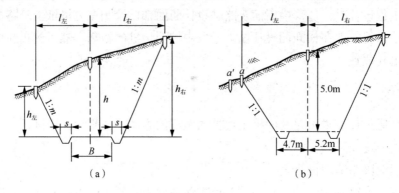

图 10-36　坡地上用逐渐趋近法测设边桩

1）估计边桩位置：若地面水平，则左侧边桩的距离应为 $(4.7m+5.0m)\times1=9.7m$，实际情况是左侧地面较中桩处低,估计边桩处地面比中桩处地面低 1m,则 $h_左=5m-1m=4m$，代入式（10-60），得左边桩与中桩的近似距离：

$$l_左=4.7+4\times1=8.7（m）$$

在实地量 8.7m 平距，得 a' 点。

2）实测高差：用水准仪测定 a' 点与中桩之高差为 1.3m，则 a' 点距中桩的平距应为

$$l_左=4.7+(5.0-1.3)\times1=8.4（m）$$

此值比初次估算值（8.7m）小，故正确的边桩位置应在 a' 点的内侧。

3）重估边桩位置：正确的边桩位置与中桩的距离应为 8.4～8.7m，重新估计，在距中桩 8.6m 处地面定出 a 点。

4）重测高差：测出 a 点与中桩的高差为 1.2m，则 a 点与中桩的平距应为

$$l_左=4.7+(5.0-1.2)\times1=8.5（m）$$

此值与估计值相符，故 a 点即左侧边桩位置。

10.6　桥梁工程测量

10.6.1　桥梁工程测量概述

随着铁路、公路和城市道路等交通运输事业的发展，在江河上需要修建大量桥梁。这些桥梁可分为铁路桥梁、公路桥梁、铁路公路两用桥梁。此外，陆地上的立交桥和高架道路也属于桥梁。

桥梁工程测量在桥梁勘测设计、建筑施工和运营管理期间都具有重要作用，其主要工作包括桥位勘测和桥梁施工测量两部分。

桥位勘测的主要内容包括：桥位控制测量、桥位地形图测绘、桥轴线纵断面测量和桥

轴线横断面测量等。

桥梁施工测量的主要内容包括：平面控制测量、高程控制测量、墩台定位和轴线测设等。

在桥梁的勘测设计阶段，需要测绘各种比例尺的地形图（包括水下地形图）、河床断面图，并提供其他测量资料。

在桥梁的建筑施工阶段，需要建立桥梁平面控制网和高程控制网，进行桥墩、桥台定位和梁的架设等施工测量，以保证建造的位置质量。

在建成后的管理阶段，为了监测桥梁的安全运营，充分发挥其效益，需要定期进行变形观测。

桥梁按其轴线长度一般分为特大型桥梁（大于 1000m）、大型桥梁（100～1000m）、中型桥梁（30～100m）和小型桥梁（8～30m）四类。

10.6.2　大中小型桥梁施工测量

1．小型桥梁施工测量

跨度较小的小型桥梁一般用于临时筑坝截断河流，选在枯水季节进行，以便桥梁的墩台定位和施工。

（1）桥梁中轴线和控制桩的测设

小型桥梁的中轴线一般由道路的中线决定，如图 10-37 所示，先根据桥位桩号在道路中线上测设出桥台和桥墩的中心桩位 A、B、C 点，并在河道两岸测设桥位控制桩位 k_1、k_2、k_3、k_4 点；然后分别在 A、B、C 点上安置经纬仪，在与桥中轴线垂直的方向上测设桥台和桥墩控制桩位 a_1、a_2、a_3、a_4、b_1、b_2、b_3、b_4、c_1、c_2、c_3、c_4 点，每侧要有两个控制桩。

测设时，量距要用经过检定的钢尺，并进行尺长、温度和高差改正，或用光电测距仪，测距精度应大于 $\dfrac{1}{5000}$，以保证上部结构安装时能正确就位。

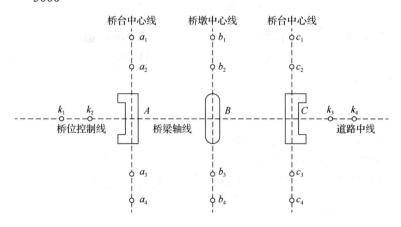

图 10-37　小型桥梁施工控制桩测设

（2）基础施工测量

根据桥台中心线和桥墩中心线定出基坑开挖边界线。基坑上口尺寸应根据坑深、坡度、土质情况和施工方法确定。基坑挖到一定深度后，应根据水准点高程在坑壁测设距基底设计面一定高差（如 1m）的水平桩，作为控制挖深及基础施工中掌握高程的依据。

基础完工后，应根据上述的桥位控制桩和桥墩、桥台控制桩用经纬仪在基础面上测设出桥墩、桥台中心及其相互垂直的纵、横轴线，根据纵、横轴线即可放样桥台、桥墩砌筑的外廓线，并弹出墨线，作为砌筑桥台、桥墩的依据。

2. 大中型桥梁施工测量

建造大中型桥梁时，因为河道宽阔，桥墩要在河水中建造，且墩台较高、基础较深、墩间跨距大、梁部结构复杂，所以对桥轴线测设、墩台定位等要求精度较高。为此，需要在施工前布设平面控制网和高程控制网，用较精密的方法进行墩台定位和梁部结构架设。

（1）平面控制测量

桥梁平面控制网的图形一般为包含桥轴线的双三角形和具有对角线的四边形或双四边形，如图 10-38 所示（图 10-38 中点画线为桥轴线）。如果桥梁有引桥，则平面控制网还应向两岸内边延伸。

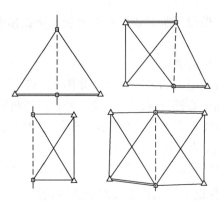

图 10-38　桥梁平面控制网

观测平面控制网中所有的角度、边长测量可视实地情况而定，但至少先需要测定两条边长，然后计算各平面控制点（包括两个桥轴线点）的坐标。大型桥梁的平面控制网也可以用 GPS 测量技术布设。

（2）高程控制测量

在桥址两岸设立一系列基本水准点和施工水准点，用精密水准测量连测，组成桥梁高程控制网。在从河的一岸测到另一岸时，由于跨河距离较长，水准仪瞄准水准尺时读数困难，且前视距与后视距相差悬殊，因此水准仪的 i 角误差（视准轴不平行于水准管轴）和地球曲率影响都会增加。此时，可以采用跨河水准测量的方法或光电测距三角高程测量方法。

3. 跨河水准测量

（1）跨河水准测量的场地布设

当水准测量路线通过宽度为各等级水准测量的标准视线长度 2 倍以上（五等为 200m

以上）的江河、山谷等障碍物时，应按跨河水准测量的要求进行，由于过河水准的前视、后视视线长度不相等且相差很大，同时过河视线很长（数百米至几千米），因此仪器 i 角误差（对于微倾式水准仪是指水准管轴不平行于视准轴所产生的误差，对于自动安平水准仪是指自动安平补偿器不完善所产生的误差）及地球曲率和大气折光对高差的影响很大。

为消除或减弱上述误差的影响，跨河水准测量应将仪器与水准尺在两岸的安置点位布设成如图 10-39 所示的形式。

图 10-39（a）和（b）中 I_1、I_2 和 b_1、b_2 分别为两岸仪器点和立尺点。过河视线 I_1b_2 和 I_2b_1 应尽量相等，且视线距水面的高度应符合规范要求。岸上视线 I_1b_1 和 I_2b_2 的长度不得小于 10m，且应彼此相等。图 10-39（c）中 I_1、I_2 为仪器点，而 b_1、b_2 为立尺点。I_1、I_2 分别观测高差 $h_{b_1I_1}$、$h_{b_2I_2}$、$h_{I_1I_2}$，在两岸以一般水准测量方法分别测出高差 $h_{I_2b_2}$、$h_{I_1b_1}$，即可求得两立尺点 b_1、b_2 间的高差 $h_{b_1b_2}$。各等级跨河水准测量时，立尺点均应设置木桩。木桩不应短于 0.3m，桩顶应与地面平齐，并钉以圆铆钉。

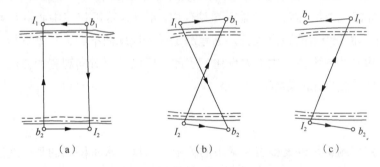

图 10-39　跨河水准测量测站和立尺点布设

（2）跨河水准测量方法

跨河水准测量的方法有倾斜螺旋法、经纬仪倾角法、光学测微法、水准仪直读法。下面以水准仪直读法介绍跨河水准测量的观测步骤。

水准仪直读法采用 DS$_3$ 型水准仪和双面水准尺，适用于三、四等水准线路的宽度在 300m 以下的河流且能直接在水准尺上读数的情形。

以图 10-39（b）所示的布设形式为例，采用一台水准仪观测时，一测回的观测步骤如下。

1）在 I_1 安置水准仪，b_1 立水准尺，照准本岸 b_1，按中丝法读取黑、红面读数各一次。

2）在对岸 b_2 立水准尺，将 I_1 处水准仪照准对岸 b_2，按中丝法读取黑、红面读数各一次。以上 1）、2）两项操作为上半测回。

3）上半测回结束后，立即将水准仪移至对岸 I_2，同时将 b_1、b_2 点水准尺对调，按与上半测回相反的顺序（即"先对岸远尺、后本岸近尺"）进行操作，完成下半测回。

以上操作组成一个测回，一般需观测两个测回。在有两台水准仪作业的情况下，两台水准仪同时从两岸各观测一个测回。两测回间高差不符值，三等不应超过 8mm，四等不应超过 16mm。在限差以内时，取两测回高差平均值作为最后结果；超过限差时，应检查纠正或重测。

跨河水准测量的观测应选在无风、气温变化小的阴天；晴天观测时，上午应在日出 1h 后至 9：30，下午应在 15 时至日落前 1h；观测时，水准仪应用伞遮光，水准尺要用支架固定垂直稳固。

当河面较宽、观测对岸远尺进行直接读数有困难时，可采用特制的觇板，如图 10-40 所示，持尺者根据观测者的信号上下移动觇板，直至望远镜十字丝的横丝对准觇板上的红白相交处，然后由持尺者记下觇板指标线对应在水准尺上的读数。

（3）光电测距三角高程测量

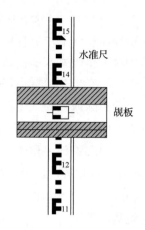

图 10-40　跨河水准测量的觇板

在河的两岸布置 A、B 两个临时水准点，在 A 点安置全站仪，量取仪器高 i；在 B 点安置棱镜，量取棱镜高 l；将测站 A 点的高程、仪器高 i 和棱镜高 l 一并输入全站仪内，全站仪瞄准棱镜中心进行测量，测得 A、B 点间的高差。由于跨河的距离较长，高差测定受到地球曲率和大气垂直折光的影响，而大气的结构在短时间内不会产生太大变化，因此，可以采用对向观测的方法，有效地抵消地球曲率和大气垂直折光的影响。

4. 桥梁墩台定位测量

桥梁墩台定位测量是桥梁施工测量中的关键性工作。水中桥墩的基础施工定位时，采用方向交会法，这是由于水中桥墩基础一般采用浮运法施工，目标处于浮动中的不稳定状态，在其上无法使测量仪器稳定。在已稳固的墩台基础上定位，可以采用方向交会法、距离交会法或极坐标法。同样，桥梁上层结构的测设也可以采用这些方法。下面介绍方向交会法和极坐标法。

（1）方向交会法

如图 10-41 所示，AB 为桥轴线，C、D 为桥梁平面控制网中的控制点，P_i 点为第 i 个桥墩设计的中心位置（待测设的点）。在 A、C、D 三点上各安置一台经纬仪。A 点上的经纬仪瞄准 B 点，定出桥轴线方向；C、D 两点上的经纬仪均先瞄准 A 点，并分别测设根据 P_i 点的设计坐标和控制点坐标计算的 α_i、β_i 角，以正倒镜分中法定出交会方向线。在计算交会角 α_i、β_i 时，设 d_i 为 i 号桥墩中心 P_i 至桥轴线控制点 A 的距离，在设计中，基线 D_1、D_2 及角度 θ_1、θ_2 均为已知值，经桥墩中心 P_i 向基线 AC 作辅助线 $P_i n$，则在直角三角形 CnP_i 中

$$\tan \alpha_i = \frac{P_i n}{Cn} = \frac{d_i \sin \theta_1}{D_1 - d_i \cos \theta_1} \tag{10-62}$$

$$\alpha_i = \arctan \frac{d_i \sin \theta_1}{D_1 - d_i \cos \theta_1} \tag{10-63}$$

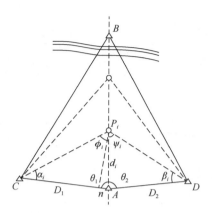

图 10-41　方向交会法测设桥墩位置

同理

$$\beta_i = \arctan\frac{d_i\sin\theta_2}{D_2 - d_i\cos\theta_2} \tag{10-64}$$

α_i、β_i 的检核可参照求算 α_i、β_i 的方法，计算 ϕ_i 及 ψ_i，即

$$\begin{cases}\phi_i = \arctan\dfrac{D_1\sin\theta_1}{d_i - D_1\cos\theta_1}\\[3mm]\psi_i = \arctan\dfrac{D_2\sin\theta_2}{d_i - D_2\cos\theta_2}\end{cases} \tag{10-65}$$

则计算检核公式为

$$\begin{cases}\alpha_i + \phi_i + \theta_1 = 180°\\ \beta_i + \psi_i + \theta_2 = 180°\end{cases} \tag{10-66}$$

　　由于测量误差的影响，从 C、A、D 三点指来的三条方向线一般不可能正好交会于一点，而构成误差三角形 $P_1P_2P_3$，如图 10-42 所示。如果误差三角形在桥轴线上的边长（P_1P_3）在容许范围之内（对于墩底放样为 2.5cm，对于墩顶放样为 1.5cm），则取 C、D 两点指来方向线的交点 P_2 在桥轴线上的投影 P_i 作为桥墩放样的中心位置。

　　在桥墩施工中，随着桥墩的逐渐筑高，中心位置的放样工作需要重复进行，且要求迅速和准确。为此，在第一次求得正确的桥墩中心位置 P_i 以后，将 CP_i 和 DP_i 方向线延长到对岸，设立固定的瞄准标志 C'、D'，如图 10-43 所示。以后每次进行方向交会法放样时，从 C、D 点直接瞄准点 C'、D'点，即可恢复对 P_i 点的交会方向。

（2）极坐标法

　　在使用经纬仪加测距仪或使用全站仪并在被测设的点位上可以安置棱镜的条件下，用极坐标法放样桥墩中心位置更为精确和方便。对于极坐标法，原则上可以将仪器置于任何控制点上，根据计算的放样数据（角度和距离）测设点位。但若是测设桥墩中心位置，最好将仪器安置于桥轴线的 A 点或 B 点，瞄准另一轴线点作为定向，然后将棱镜安置在该方向上测设 AP_i 或 BP_i 的距离，即可定桥墩中心 P_i 点。

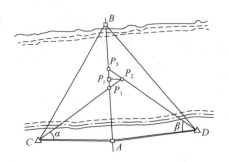

图 10-42　方向交会中的误差三角形

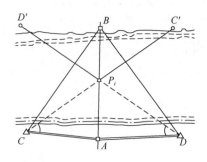

图 10-43　方向交会的固定瞄准标志

5. 桥梁架设施工测量

架梁是桥梁施工的最后一道工序。桥梁梁部结构较复杂，要求对墩台方向、距离和高程有较高的精度测定，作为架梁的依据。

墩台施工时，对其中心点位、中线方向和垂直方向及墩顶高程都做了精密测定，但这是以各墩台为单元进行的。架梁需要将相邻墩台联系起来，考虑其相关精度，要求中心点间的方向距离和高差符合设计要求。

桥梁中心线方向测定，在直线部分采用准直法，用经纬仪正倒镜观测，刻划方向线。如果跨距较大（大于 100m），应逐墩观测左、右角。在曲线部分，可采用测定偏角的方法。

相邻桥墩中心点间距离用光电测距仪观测，使中心点里程与设计里程完全一致，并在中心标板上刻划里程线，与已刻划的方向线正交，形成墩台中心十字线。

墩台顶面高程用精密水准仪测定，构成水准路线，附合到两岸的基本水准点上。

大跨度钢桁架或连续梁采用悬臂或半悬臂安装架设，拼装开始前，应在横梁顶部和底部的中点作出标志，架梁时，用以测量钢梁中心线与桥梁中心线的偏差值。

桥梁拼装开始后，应不断测量以保证钢梁始终在正确的平面位置上，立面位置（高程）应符合设计的大节点挠度和整跨拱度的要求。

如果桥梁的拼装采用"两端悬臂、跨中合龙"方式，则合龙前的测量重点应放在两端悬臂的相对关系上，如中心线方向偏差、最近节点高程差和距离差要符合设计和施工的要求。

全桥架通后，做一次方向、距离和高程的全面测量，其成果资料可作为钢梁整体纵、横移动和起落调整的施工依据，称为全桥贯通测量。

10.6.3　桥梁变形观测

桥梁工程在施工和建成后的运营期间，由于各种内在因素和外界条件的影响，会产生各种变形。例如，桥梁的自重对基础产生压力，引起基础、墩台的均匀沉降或不均匀沉降，使墩柱倾斜或产生裂缝；梁体在动荷载的作用下产生挠曲；高塔柱在高低温的影响下会产生周期性的扭转或摆动等。为了保证工程施工质量和运营安全，验证工程设计的效果，应对桥梁工程进行定期变形观测。

1．桥梁变形观测的内容

（1）垂直位移观测

垂直位移观测是对各桥墩、桥台进行的沉降观测。沉降观测点沿墩台的外围布设。根据其周期性的沉降量，可以判断其是正常沉降还是非正常沉降，是均匀沉降还是不均匀沉降。

（2）水平位移观测

水平位移观测是对各桥墩、桥台在水平方向位移的观测。水平方向的位移分为纵向（桥轴线方向）位移和横向（垂直于桥轴线方向）位移。

（3）倾斜观测

倾斜观测主要是对高桥墩和斜拉桥的塔柱进行铅垂线方向的倾斜观测，这些构筑物的倾斜往往与基础的不均匀沉降有关。

（4）挠度观测

挠度观测是对梁体在静荷载和动荷载的作用下产生的挠曲和振动的观测。

（5）裂缝观测

裂缝观测是对混凝土的桥台、桥墩和梁体上产生裂缝的现状和发展过程的观测。

2．桥梁变形观测的方法

（1）常规测量仪器方法

用常规的变形观测仪器测定变形的方法包括用精密水准仪测定垂直位移、用经纬仪视准线法或水平角法测定水平位移、用垂准仪进行倾斜观测等。

（2）专用仪器测量方法

用专用的变形观测仪器测定变形的方法包括用准直仪测定水平位移、用流体静力水准仪测定挠度、用倾斜仪测定倾斜等。

（3）摄影测量方法

用地面近景摄影测量方法对桥梁构件进行立体摄影（两台以上摄影机同时摄影），通过测量计算得到被测点的三维坐标，以计算变形量。

习　题

一、问答题

1．道路工程测量主要包括哪些内容？

2．何谓道路中线的转点、交点和里程桩？如何测设里程桩？

3．穿线交点法测设交点的步骤是什么？

4．路线纵、横断面测量的任务是什么？

5．桥梁工程测量主要包括哪些内容？

6．桥梁平面控制网的布置有哪些形式？

7．跨河水准测量与一般水准测量有哪些不同？

8．桥墩定位有哪几种方法？

9．桥梁变形观测内容有哪些？可以采用哪些观测方法？

二、计算题

1．在道路中线测量中，设某交点 JD 的桩号为 2+172.32，测得右偏角 $\alpha=38°30'$，设计圆曲线半径 $R=210\text{m}$。

1）计算圆曲线主点测设元素 T、L、E、J。

2）计算圆曲线主点 ZY、QZ、YZ 桩号。

3）设曲线上整桩距 $l_0=20\text{m}$，试计算用偏角法测设该圆曲线细部点的测设数据。

2．根据上题的圆曲线，设圆曲线起点（ZY）坐标为

$$\begin{cases} x=6344.517 \\ y=5224.438 \end{cases}$$

交点（JD）坐标为

$$\begin{cases} x=6433.749 \\ y=5228.398 \end{cases}$$

试计算用极坐标法测设圆曲线细部点的测设数据。

3．根据上题的圆曲线，试计算用切线支距法测设圆曲线细部点的测设数据。

4．设路线纵断面图上的纵坡设计如下：$i_1=+1.5\%$，$i_2=-0.5\%$，变坡点的桩号为 3+460.00，其设计高程为 52.36m。按 $R=3000\text{m}$ 设置凸形竖曲线，试计算竖曲线元素 T、L、E 和竖曲线起点、终点的桩号。

5．已知交点的里程桩号为 K21+476.21，转角 $\alpha_{右}=37°16'00''$，圆曲线半径 $R=300\text{m}$，缓和曲线长 $l_0=60\text{m}$，试计算该曲线的测设元素、主点里程，并说明主点的测设方法。

第 *11* 章

GNSS 基本知识

11.1 GNSS 概述

GNSS 属于无线电定位系统，泛指所有的卫星导航系统，包括美国的 GPS、俄罗斯的格洛纳斯（global navigation satellite system，GLONASS）、欧盟的伽利略卫星导航系统（galileo satellite navigation system，GALILEO）、我国的北斗卫星导航系统（BeiDou navigation satellite system，BDS）等。

美国的 GPS 于 20 世纪 70 年代提出，经过 20 余年的分阶段建设，于 1994 年全面建成，广泛应用于导航、定位和授时。自 GPS 投入使用以来，其在导航与定位技术以及、测量学导航学及其相关学科领域获得了极其广泛的应用，以其全球性、全天候、成本低等优点显示出强大的生命力和竞争力。目前，GPS 应用已扩展到陆地、海洋、空中等各种领域，包括空间大地测量、测量控制网联测、地球动力学研究、野外勘查、海洋测绘、石油勘探、精密工程测量、车船的导航与定位、飞机导航与进场着陆、空中交通管制、空间飞行器的精密定轨等。GPS 目前有 24 颗卫星均匀分布在 6 个相对于赤道的倾角为 55° 的地心轨道面内，每个面内有 4 颗卫星运行，轨道半径（地球质心与卫星的距离）约为 2.66 万 km，运行速度为 3800m/s，轨道周期为 11h 58min。每颗卫星可覆盖全球约 38% 的面积。

俄罗斯的 GLONASS 始建于 1976 年，由 24 颗卫星组成，均匀分布在 3 个近圆形的轨道平面内，每个轨道面内有 8 颗卫星，轨道高度约为 1.91 万 km，运行周期为 11h 15min，轨道相对于赤道的倾角为 64.8°。

GALILEO 是由欧盟研制和建立的全球卫星导航系统，该计划于 1999 年 2 月由欧洲委员会公布，是世界上第一个基于民用的全球卫星导航系统。GALILEO 由轨道高度约 24 万 km 的 30 颗卫星组成，其中计划 27 颗为工作星，3 颗为备份星，位于 3 个相对于赤道的倾角为 56° 的轨道平面内。

BDS 是我国自行研制的全球卫星导航系统，是继美国 GPS、俄罗斯 GLONASS、欧盟 GALILEO 之后第 4 个成熟的全球卫星导航系统。BDS 的建设分为三步，即北斗一号全球卫星导航系统、北斗二号全球卫星导航系统和北斗三号全球卫星导航系统。从 2017 年开始，北斗三号全球卫星导航系统进入了超高密度卫星发射时期。2018 年 8 月 25 日，我国在西昌卫星发射中心用长征三号乙运载火箭以"一箭双星"方式成功发射第 35、36 颗北斗导航卫星。2018 年 9 月 19 日，我国在西昌卫星发射中心用长征三号乙运载火箭成功发射第 37、38 颗北斗导航卫星：这两颗卫星属于中圆地球轨道卫星，是我国北斗三号系统第 13、14 颗组网卫星，在这两颗北斗导航卫星上，首次装载了国际搜救组织标准设备，可为全球用户提供遇险报警及定位服务。2019 年 5 月 17 日，我国在西昌卫星发射中心用长征三号丙运载火箭，成功发射第 45 颗北斗导航卫星。2020 年 6 月 23 日，北斗三号全球卫星导航系统最后一颗组网卫星升空，至此，我国全面完成北斗全球卫星导航系统星座部署。

11.2　GNSS 的组成

整个 GNSS 由三大部分组成，即由卫星组成的空间星座部分、由若干地面站组成的地面监控部分和以接收机为主体的用户设备部分。这三大部分既有各自独立的功能和作用，又共同组成有机配合和缺一不可的整体系统。GNSS 整个系统的运行原理为：空间星座部分的 GNSS 卫星向地面发射导航信号；地面监控部分通过接收、测量各个卫星信号，进而确定卫星的运行轨道，并将卫星的运行轨道信息上传给卫星，让卫星在其所发射的信号上转播这些信息；用户设备部分通过接收、测量各颗卫星的信号，确定用户接收机自身的空间位置。本节以 GPS 为例进行介绍。

11.2.1　空间星座部分

空间星座部分的主体是在空间轨道中运行的导航卫星，它们通常分布在中地球轨道、静止地球轨道或倾斜地球同步轨道。图 11-1 所示为 GPS 卫星星座示意图。

图 11-1　GPS 卫星星座示意图

GNSS 卫星的基本功能如下：
1）接收和存储由地面监控站发来的导航信息，接收并执行监控站的指令。
2）利用卫星上设有的微处理机进行部分必要的数据处理工作。
3）通过星载高精度原子钟提供精密的时间标准。
4）向用户发送导航与定位信息。
5）在地面监控站的指令下，通过推进器调整卫星的姿态和启用备用卫星。

11.2.2　地面监控部分

地面监控部分负责整个系统的平稳运行，通常由主控站、注入站和监测站组成。例如，GPS 的地面监控部分主要由分布在全球的 1 个主控站、3 个注入站和 5 个监测站组成。

（1）主控站

主控站位于美国科罗拉多州的联合空间执行中心。主控站除协调和管理所有地面监控系统的工作外，其主要任务如下：

1）采集数据：采集各监测站传来的数据，包括卫星的伪距、积分多普勒、时钟、工作状态、监测站自身的状态、气象要素等。

2）编辑导航电文：根据采集的数据计算每一颗卫星的星历、时钟改正数、状态参数、大气改正数等，并按一定格式编辑为导航电文，传送到注入站。

3）诊断功能：对地面支持系统的协调工作和卫星的健康状况进行诊断，并进行编码和编入导航电文发送给用户。

4）调整卫星：根据需要对卫星进行调整，调整卫星轨道到正常位置，或者用备用卫星取代失效的工作卫星。

（2）注入站

3 个注入站分别设在印度洋的迪戈伽西亚、南大西洋的阿松森岛和南太平洋的卡瓦加兰。注入站的主要任务是在主控站的控制下，将主控站推算和编制的卫星星历、钟差、导航电文和其他控制指令等注入相应卫星的存储系统，并检测注入信息的正确性。

（3）监测站

监测站是由主控站直接控制的数据自动采集中心，分别设在主控站、3 个注入站和夏威夷岛。站内设有双频 GPS 接收机、高精度原子钟、计算机和若干环境数据传感器。接收机连续观测 GPS 卫星、采集数据、监测卫星的工作状况。环境传感器收集当地有关的气象数据。所有的观测资料由计算机进行初步处理，再存储和传送到主控站，用以确定卫星的精密轨道。

整个 GPS 的地面监控部分，除主控站外均无人值守，各站间用现代化的通信系统联系起来，在原子钟和计算机的精确控制下自行运行。

11.2.3　用户设备部分

GNSS 的空间星座部分和地面监测部分是用户广泛应用该系统进行导航和定位的基础，用户只有通过用户设备才能实现导航和定位的目的。GNSS 接收机由天线单元和接收单元（包括通道单元、计算与显示单元、存储单元、电源等）构成，大体上可分为导航型、测地型两类。其中，导航型接收机结构简单、体积小、精度低、价格便宜，一般采用单频 C/A 码伪距接收技术，用于航空、航海和陆地的实时导航。测地型接收机结构复杂、精度高、价格昂贵，采用双频伪距与载波相位接收技术，用于大地测量、地壳形变监测及精密测距中。

用户设备的主要任务是接收 GNSS 卫星发射的信号，获得必要的导航和定位信息，并进行数据处理以完成导航和定位工作，它的简化原理框图如图 11-2 所示。天线接收卫星发射的信号，经天线前置放大器放大后进行变换处理。信号处理器则把射频信号转变成中频信号，中频信号经放大、滤波后传至伪距延时锁定环路（从载波锁定环路提取与多普勒频移相应的伪距变化率，从伪码延时锁定环路提取伪码），该环路对信号进行解扩、解调后得到基带信号。导航定位计算机从基带信号中译出星历、卫星时钟校正参数、大气校正参数、时间标记点、历书，用这些参数结合伪码和伪距变化率及一些初始数据，完成用户位置和速度的计算及最佳导航星的选择计算等工作。

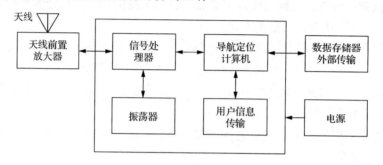

图 11-2　用户设备的简化原理框图

接收机的工作过程如下：

1）选择卫星：用户必须预先知道全部导航卫星的粗略星历，并从可见卫星中选取几何关系最好的 4 颗卫星。若接收机刚投入使用，还没有这种数据，则需搜捕卫星信号。

2）搜捕和追踪被选卫星信号：搜捕信号不必每位码从头到尾进行搜捕，只要粗略地知道用户位置，便可在大概的用户与卫星的距离上搜捕，一旦捕获到卫星信号并进入跟踪，就可以获得导航信息。

3）获取粗略伪距并进行修正：用双频测得伪距差，对测量伪距进行大气附加延时的修正。只用 C/A 码的接收机无法进行此项工作。

4）导航定位计算：实时计算出测站的三维位置，甚至三维速度和时间。

11.3　GNSS 卫星定位原理

GNSS 卫星定位按接收机状态的不同，可分为静态定位和动态定位。静态定位指 GNSS 接收机安置在静止不动的待定点上，连续观测数分钟或更长的时间，以确定待定点的三维坐标（称为绝对定位）。若同时用两台 GNSS 接收机分别安置在两个固定点上，连续观测一定时间，则可确定两点之间的相对位置（称为相对定位）。动态定位是指至少有 1 台 GNSS 接收机处于运动状态下所测定的运动中的 GNSS 接收机的位置（绝对位置或相对位置）。按测距方式的不同，GNSS 卫星定位原理又可分为伪距测量定位、载波相位测量定位和差分 GNSS 定位等。

11.3.1　绝对定位的原理

　　绝对定位通常指在协议地球坐标系（conventional terrestrial system，CTS）中，直接确定观测站相对于坐标系原点（地球质心）绝对坐标的一种定位方法。绝对定位的原理是以 GNSS 卫星和用户接收机天线之间的距离观测量为基础，根据已知卫星的瞬时坐标确定用户接收机天线所对应的点位，即观测站的位置。

　　GNSS 绝对定位方法的实质是空间距离后方交会。为此，在一个观测站上，原则上有 3 个独立的距离观测量即可，这时观测站应位于以 3 颗卫星为球心、以相应距离为半径的球与地面交线的交点。但是，由于采用单程测距原理，同时卫星钟和用户接收机钟难以保持严格同步，因此实际观测的观测站至卫星之间的距离均含有卫星钟差和接收机钟差。对于卫星钟差，可以应用导航电文中所给出的有关钟差参数加以修正，而接收机钟差一般难以预先准确地确定，所以通常将这两种误差视为未知参数，与观测站的坐标在数据处理中一并求解。因此，在一个观测站上，为了实时求解 4 个未知参数（3 个点位坐标分量和 1 个钟差参数），至少需要 4 个同步伪距观测值，即必须至少同时观测 4 颗卫星，如图 11-3 所示。

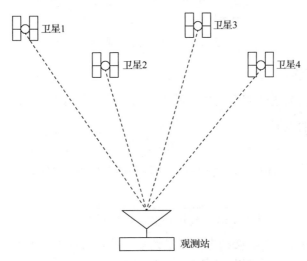

图 11-3　绝对定位的原理

11.3.2　相对定位的原理

　　如图 11-4 所示，GNSS 相对定位是用两台接收机分别安置在基线的两端，同步观测相同的卫星，以确定基线端点的相对位置或基线向量。如果将多台接收机安置在若干条基线的端点，那么通过同步观测可以确定多条基线向量。在一个端点坐标已知的情况下，可以用基线向量推算另一待定点坐标。根据接收机在定位过程中所处状态的不同，相对定位有静态和动态之分。静态相对定位，即设置在基线端点的接收机是固定不动的，这样可以通过连续观测获取足够的观测数据，提高定位精度。动态相对定位按接收机运动状态的不同又可分为动态定位（指运动中接收机载体的位置数据是按规定的时间间隔、经自动观测而获得的）和准动态定位（指接收机依次在选定的一系列流动站上观测若干时间后，再搬到下一站的动态定位）。

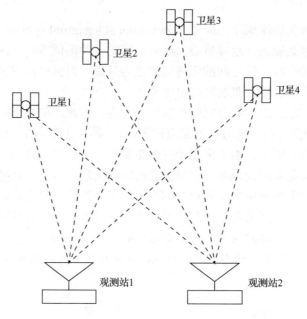

图 11-4 相对定位的原理

11.3.3 伪距测量定位

伪距测量是接收机通过测量卫星发射信号与接收机接收到此信号之间的时间差 Δ_t 求得与卫星的距离 D 的，即

$$D = c\Delta_t \tag{11-1}$$

式中，c 为光速。卫星坐标 (x_j, y_j, z_j) 是已知的，设测站坐标为 (x_i, y_i, z_i)，则卫星到接收机的距离可表示为

$$D = \sqrt{(x_i - x_j)^2 + (y_i - y_j)^2 + (z_i - z_j)^2} \tag{11-2}$$

建立伪距观测值方程时，必须考虑卫星钟差、接收机钟差及大气层折射延迟等影响。卫星钟差、大气层折射延迟可以采用适当的改正模型进行改正，将接收机钟差看作 1 个未知数，同时考虑测站的 3 个坐标未知数。因此，只需同时观测 4 颗卫星即可获得 4 个观测方程，利用这 4 个方程可求得 4 个未知数。

11.3.4 载波相位测量定位

载波相位测量定位的观测量是 GNSS 接收机所接收的卫星载波信号与接收机振荡器产生的参考信号之间的相位差。通过鉴相器可知，卫星到接收机间的相位差 $\Delta\phi$ 可分为 N 个整周相位和不到 1 个整周相位 $\Delta\varphi(t)$ 之和：

$$\Delta\phi = 2\pi N + \Delta\varphi(t) \tag{11-3}$$

因此，卫星到接收机的距离为

$$D = \lambda\Delta\phi = \lambda[2\pi N + \Delta\varphi(t)] \tag{11-4}$$

式中，λ 为波长。鉴相器只能测出不足 1 个整周相位值 $\Delta\varphi(t)$，整周相位无法测出。因此整周未知数 N 需要通过其他途径求取。此外，如果在追踪卫星过程中，出现某些问题，如卫星信号被障碍物挡住而暂时中断，或受无线电信号干扰而造成信号失锁等，那么计数器无法连续计数。因此，当信号重新被跟踪后，整周计数就不正确，但不到 1 个整周的相位观测值仍然是正确的，这种现象称为跳周。

由于载波频率高、波长短，因此测量精度高。但利用载波相位测量定位时，要解决整周解算和跳周修复问题。

11.3.5　测量误差

载波相位差本身的测量精度可以达到 2mm，但 GNSS 测量是在多种误差源的影响下进行的，因此应设法削弱或消除误差的影响。GNSS 测量中的一些确定性系统误差可以通过改正模型直接修正，也可以引入相应的附加参数一并求解，但过多的附加参数会影响定位解的可靠性，并且有些误差很难用数字模型进行模拟。

GNSS 测量中出现的各种误差按照来源大致可以分为以下三类。

1）与卫星有关的误差：主要包括星历误差、卫星钟误差、地球自转的影响和相对论效应影响等。

2）信号传播误差：由于卫星相距地面较远，信号向地面传播经过大气层，因此，信号传播误差主要是信号通过电离层和对流层的影响。此外，还有信号传播的多路径效应影响。

3）观测误差和接收设备误差：接收设备的误差主要是接收机钟差和天线相位中心的位置偏差。

通常可以采用适当的方法削弱或消除这些误差的影响，如建立误差改正模型对观测值进行改正，或者选择良好的观测条件、采用恰当的观测方法等。

11.4　GNSS 测量实施

GNSS 测量工作的实施包括外业工作和内业工作两部分。外业工作包括踏勘选点、建立标志和数据观测。内业工作主要是进行数据处理与分析。由于 GNSS 测量时观测点之间不要求通视，因此比传统测量选点工作简单。需要注意的是，测站应安置在天空视野开阔、交通便利且远离高压线、变电所及微波辐射干扰源的区域。测站点选定后，应按规定建立标志，并绘制点之记。

通过 GNSS 技术测定两点间基线向量的方法称为 GNSS 测量的作业模式，常见的模式有静态定位、快速静态定位、准动态定位、动态定位和实时动态测量。

1）静态定位：网形布设如图 11-5 所示，可采用三角形网、环形网等，有利于观测结果的检验，提高测量结果精度。作业过程中将两台接收机分别轮流安置在每条基线的端点，同步观测 4 颗卫星 1h 左右或同步观测 5 颗卫星 20min 左右。静态定位一般用于建立精密工程测量控制网，如桥梁或隧道控制网。

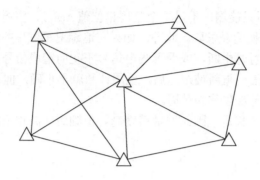

图 11-5　静态定位网形布设

2）快速静态定位：网形布设如图 11-6 所示，在测区中部选择一个测点作为基准站安置一台接收机连续跟踪观测所有可见卫星，另一台接收机依次到其余各点流动设站观测，每站静止观测数分钟。该模式适用于小范围控制测量、控制网加密、一般工程测量等。

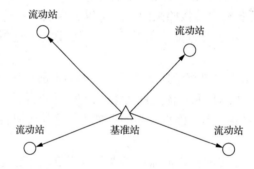

图 11-6　快速静态定位网形布设

3）准动态定位：网形布设如图 11-7 所示，在测区内选择一基准站后安置一台接收机连续跟踪观测所有可见卫星，另一台接收机安置在起点 1 处，静止观测数分钟后依次移动到 2 点、3 点、4 点观测数秒，全过程始终保持对卫星的跟踪状态。该模式适用于控制网加密、测设、碎部测量等工作。

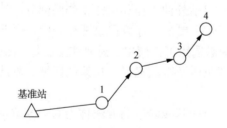

图 11-7　准动态定位网形布设

4）动态定位：网形布设与准动态定位相同，在测区内选择一基准站后安置一台接收机连续跟踪观测所有可见卫星，另一台接收机安置在起点 1 处，静止观测数分钟后按规定的时间间隔依次移动到 2 点、3 点、4 点自动观测，全过程始终保持对卫星的跟踪状态。相比准动态定位，该模式提高了观测效率。

5）实时动态测量：以载波相位观测量为基础的实时差分测量技术，其基本原理是在基准站上安置一台接收机，对所有可见卫星进行连续观测，并将其观测数据通过无线电传输设备，实时地发送给流动观测站。流动站上的接收机在接收卫星信号的同时，通过无线电接收设备接收基准站传输的观测数据，然后根据相对定位原理，实时计算并显示流动站的三维坐标及精度。流动站可处于静止状态，也可处于运动状态；可在固定点上先进行初始化再进入动态作业，也可在动态条件下直接开机完成整周未知数 N 的搜索求解。在固定 N 之后，只需保持 4 颗以上卫星相位观测值的跟踪，流动站就可以随时给出厘米级的定位结果。

习　题

问答题

1. GPS 有多少颗工作卫星？这些卫星距地表平面高度是多少？GLONASS 有多少颗工作卫星？这些卫星距地表平均高度是多少？

2. GNSS 的组成及各部分的作用是什么？

3. 目前全球主要有哪些卫星导航定位系统？

4. 绝对定位与相对定位的原理是什么？

5. GNSS 测量主要的误差来源有哪些？

6. GNSS 测量常见的作业模式有哪些？

7. 我国发展北斗导航系统的重要意义有哪些？

8. 目前接收设备基本上都能够接收到几种主要导航系统的卫星信号？这对于提高测量精度有什么实际作用？

附录 1　测量实验与实习要求

一、测量实验与实习的有关要求

1）在实验或实习课前，应阅读教材中有关内容。了解实习的内容、方法和注意事项。

2）实验或实习时分小组进行。班级学习委员向指导教师提供分组名单，确定小组负责人。

3）实验和实习是集体学习行动，任何人不得无故缺席或迟到。

4）实验和实习应在指定场地进行，不得随意改变地点。

5）在实验和实习中认真观看指导教师的示范操作，在使用仪器时严格按操作规则进行。

二、使用仪器的有关要求

测量仪器是精密光学仪器或光、机、电一体化贵重设备。对仪器的正确使用、精心爱护和科学保养，是测量人员必须具备的素质，也是保证测量成果的质量、提高工作效率的必要条件。在使用测量仪器时应养成良好的工作习惯，严格遵守下列规则。

1. 仪器的携带

携带仪器前，检查仪器箱是否扣紧，拉手和背带是否牢固。

2. 仪器的安装

1）安放仪器的三脚架必须稳固可靠，特别注意伸缩腿稳固。

2）从仪器箱提取仪器时，应先松开制动螺旋，用双手握住仪器支架或基座，放到三脚架上。安装仪器时，一手握住仪器，一手拧连接螺旋，直至拧紧。

3）仪器取出后，应关好箱盖，不准在箱上坐人。

3. 仪器的使用

1）太阳直射时将仪器安装在三脚架上之后，无论是否观测，观测者必须守护仪器。

2）太阳直射时应撑伞，给仪器遮阳。雨天禁止使用仪器。

3）仪器镜头上的灰尘、污痕只能用软毛刷或镜头纸轻轻擦去，不能用手指或其他物品擦，以免磨坏镜面。

4）旋转仪器各部分螺旋要适度。制动螺旋不要拧得太紧，微动螺旋不要旋转至尽头。

4. 仪器的搬迁

1）贵重仪器或搬迁距离较远时，必须把仪器装箱后再搬迁。

2）水准仪近距离搬迁时，先检查连接螺旋是否旋紧，然后松开各制动螺旋，收拢三脚架，一手握住仪器基座或照准部，一手抱住三脚架，稳步前进。

5. 仪器的装箱

1）从三脚架取下仪器时，先松开各制动螺旋，一手握住仪器基座或支架，一手拧松连接螺旋，双手从架头上取下仪器装箱。

2）在箱内将仪器正确就位后，拧紧各制动螺旋，关箱扣紧。

三、测量记录的有关要求

1）观测数据应按规定的表格在现场记录。记录应采用 2H 或 3H 硬度的铅笔。记录者听到观测数据后应复诵一遍记录的数字，避免记错。

2）记录观测数据之前，应将表头的仪器型号、日期、天气、观测者、测量者等信息填写完整。

3）记录时字体端正清晰，字体大小以占格宽一半为宜，留出空隙作错误改正用。记录数据要全，不能省略零位。

4）记录者记录完一个测站的数据后，当场应进行必要的计算和检核，确认无误后，观测者才能搬站。

5）对错误的原始记录数据，不得涂改，也不得用橡皮擦掉，应用横线划去错误数字，把正确的数字写在原数字的上方，并在备注栏说明原因，修改者应签字并注明日期。

四、内业计算的有关要求

1）测量外业工作完成后，应及时进行内业的计算处理，得出结论，写出实验报告。

2）小组里的每个成员应该独立完成内业工作且所用原始数据原则上每人 1 份（观测者为报告本人）。

3）计算过程中，按"四舍六入，五前奇进偶舍"的取数规则进行计算。

附录 2　测量实验指导

实验 1　微倾式水准仪的认识与检验

高程是确定地面点位的主要参数之一。水准测量是高程测量的主要方法，水准仪是水准测量所使用的仪器。本实验通过对常用的微倾式水准仪的认识和使用，使学生熟悉水准测量的常规仪器、附件、工具，正确掌握水准仪的基本操作，能够对微倾式水准仪的主要指标进行检验。

一、实验性质

验证性实验，实验时数安排为 2 学时。

二、目的和要求

1）了解微倾式水准仪的基本构造和性能，以及各螺旋的名称及作用，掌握其使用方法。
2）了解三脚架的构造、作用，熟悉水准尺的刻划、标注规律及尺垫的作用。
3）掌握水准仪的安置、瞄准、精平、读数、记录和计算高差的方法。

三、仪器和工具

1）从仪器室借领：微倾式水准仪 1 台、三脚架 1 个、水准尺 2 根、尺垫 2 个。
2）自备：铅笔、草稿纸。

四、方法步骤

1. 准备工作

1）仪器介绍。指导教师现场演示讲解水准仪的构造、安置及使用方法；水准尺的刻划、标注规律及读数方法。
2）选择场地架设仪器。从仪器箱中取水准仪时，注意仪器装箱位置，以便用后装箱。
3）认识仪器。对照实物正确说出仪器的组成部分、各螺旋的名称及作用。

2. 基本操作练习

1）粗整平。先用双手按相对（或相反）方向旋转一对脚螺旋，观察圆水准器气泡移动方向与左手拇指运动方向之间的运行规律，再用左手旋转第三个脚螺旋，经过反复调整使圆水准器气泡居中。
2）瞄准。先将望远镜对准明亮背景，旋转目镜调焦螺旋，使十字丝清晰；再用望远镜瞄准器照准竖立于测点的水准尺，旋转对光螺旋进行对光；最后旋转微动螺旋，使十字丝的竖丝位于水准尺中线位置上或尺边线上，完成对光，并消除视差。

3）读数。用十字丝中丝读取 m、dm、cm，估读出毫米位数字，并用铅笔记录在草稿纸上。

3. 仪器的检验

1）仪器竖轴平行于圆水准器轴的检验。旋转脚螺旋→使圆水准气泡居中→仪器绕竖轴旋转 180°，观察气泡是否偏离，并用铅笔将观察到的现象记录在实验报告上。

2）十字丝分划板横丝垂直于仪器竖轴的检验。整平仪器→十字丝横丝一端对准远处一明显标志点→旋转微动螺旋转动水准仪，观察标志点是否始终在横丝上移动，并用铅笔将观察到的现象记录在实验报告中。

3）水准管轴平行于视准轴的检验。选择平坦场地，A、B 两点相距约 80m，立水准尺→在两尺间安置水准仪，观测高差 $h_{AB} = a_1 - b_1$→距 B 点 2～3m 安置水准仪，观测高差 $h'_{AB} = a_2 - b_2$→计算两次高差之差 $\Delta h = h'_{AB} - h_{AB}$，计算 i 角，并用铅笔将观察到的数据记录在实验报告中（注意：A、B 两点的距离 S_{AB} 用视距测量法，在 B 点附近安置水准仪时，上丝与下丝读数之差乘以 100 即得 S_{AB}）。

五、注意事项

1）三脚架应支在平坦、坚固的地面上，架设高度应适中，架头应大致水平，架腿制动螺旋应紧固，整个三脚架应稳定。

2）安放仪器时应将仪器连接螺旋旋紧，防止仪器脱落。

3）各螺旋的旋转应稳、轻、慢，禁止用蛮力，最好使用螺旋运行的中间位置。

4）瞄准目标时必须注意消除误差，应养成先用瞄准器寻找和瞄准的好习惯。

5）立尺时，应站在水准尺后，双手扶尺，以使尺身保持竖直。

6）边观测、边记录、边计算。记录应使用铅笔。

7）避免水准尺靠在墙上或电杆上，以免摔坏；禁止用水准尺抬物，禁止坐在水准尺及仪器箱上。

实验 2　普通水准测量

水准路线一般布置成闭合水准路线、附合水准路线、支水准路线的形式。本实验通过对一条闭合水准路线按普通水准测量的方法进行施测，使学生掌握普通水准测量的方法。

一、实验性质

验证性实验，实验时数安排为 2 学时。

二、目的和要求

1）练习闭合水准路线的选点、布置。

2）掌握普通水准测量路线的观测、记录、计算检核及集体配合、协调作业的施测过程。

3）掌握闭合水准路线成果检核及数据处理方法。

4）能独立完成一条闭合水准测量路线的实际作业过程。

三、仪器和工具

1）从仪器室借领：微倾式水准仪 1 台、三脚架 1 个、水准尺 2 根、尺垫 2 个。
2）自备：铅笔、计算器。

四、方法步骤

1）领取仪器后，根据指导教师给定的已知高程点，在测区选点。选择 4~5 个待测高程点，做好标记并标明点号，形成一条闭合水准路线。

2）在距已知高程点（起点）与第一个待测高程点大致等距离处架设水准仪，在起点与第一个待测点上立尺。

3）仪器整平后便可进行观测，同时记录观测数据（只读取黑面中丝对应的数据）。

4）第一站施测完毕、检核无误后，水准仪搬至第二站（第一、二个待测高程点中间），第一个待测点上的水准尺尺底位置不变，尺面转向仪器；另一根水准尺竖立在第二个待测点上，进行观测，依次类推。

5）当两点间距离较长或两点间的高差较大时，在两点间可选定一个或两个转点作为分段点，进行分段测量。在转点上立尺时，尺子应立在尺垫上的凸起物顶上。

6）水准路线施测完毕后，应求出水准路线高差闭合差，以对水准测量路线成果进行检核。

7）在高差闭合差满足要求（$f_h = \pm 12\sqrt{n}$ mm）时，对闭合差进行调整，求出数据处理后各待测点的高程。

五、注意事项

1）前后视距应大致相等。
2）读取读数前，应仔细对光，以消除视差。
3）勿将上、下丝的读数误读成中丝读数。
4）观测过程中不得进行粗平。圆水准器的气泡发生偏离时，应整平仪器后重新观测。
5）边测量、边记录、边检核，误差超限应立即重测。
6）尺垫仅在转点上使用，在转点前后两站测量未完成时，不得移动尺垫位置。

实验 3 四等水准测量

我国高程控制测量按照精度等级分为一、二、三、四等，其中三、四等直接为地形测图或工程建设提供高程控制点。本实验采用两次仪器高法进行四等水准测量，选用附合水准路线，以使学生掌握高程控制测量的基本技术和施测方法。

一、实验性质

综合性实验，实验时数安排为 3 学时。

二、目的和要求

1）学会用两次仪器高法进行四等水准测量的观测、记录、计算方法。

2）熟悉四等水准测量的主要技术指标，掌握测站及附合水准路线的检核方法。

三、仪器和工具

1）从仪器室借领：自动安平水准仪 1 台、水准尺 2 根、记录板 1 块、尺垫 2 个、记录纸 1 张。

2）自备：计算器、铅笔、小刀、计算用纸。

四、方法步骤

1）选定一条附合水准路线，其长度以安置 4～6 个测站为宜。沿线标定待定高程点的地面标志。

2）在起点与第一个立尺点之间设站，安置好水准仪后，按以下顺序观测。

① 后视黑面尺，读取下、上、中丝读数。

② 前视黑面尺，读取下、上、中丝读数。

③ 在原地调节仪器高度，调平后，前视黑面尺，读取中丝读数。

④ 后视黑面尺，读取中丝读数。

3）各种观测数据记录完毕应随即计算，检查各项计算值是否满足限差要求。

4）当两点间距离较大或两点间的高差较大时，在两点间可选定一或两个转点作为分段点，进行分段测量。在转点上立尺时，尺子应立在尺垫上的凸起物顶上。

5）依次设站，利用相同方法施测其他各站。

6）全路线施测完毕后，完成计算报告。

五、注意事项

1）每站观测结束后应当即计算检核，若有超限则重测该测站。全路线施测计算完毕，各项检核均已符合，同时路线闭合差在限差之内后，方可收测。

2）四等水准测量限差规定如附表 1 所示。

附表 1　四等水准测量限差

视线高度差/cm	视距长度/m	前后视距差/m	前后视距累积差/m	测高差之差/mm	路线闭合差/mm
>10	≤80	≤5.0	≤10.0	5.0	$\pm 20\sqrt{L}$

注：L 为路线总长（km）。

3）四等水准测量作业要求树立集体观念，全组人员一定要互相合作、密切配合。

4）记录者要认真负责，当听到观测值所报读数后，要汇报给观测者，经默许后，方可记入记录表中。如果发现有超限现象，立即告诉观测者进行重测。

5）严禁为了快出成果，转抄、照抄、涂改原始数据。记录的字迹要工整、整齐、清洁。

6）仪器前后尺视距一般不超过 80m。

7）四等水准测量记录计算比较复杂，要多想多练，步步校核，熟中取巧。

实验 4　电子水准仪的认识和使用*

随着科学技术的进步，电子水准仪越来越受到人们的重视，人们在设计、施工单位越来越多地使用电子水准仪进行测量。电子水准仪比自动安平水准仪测试更方便快捷、结果更可靠、精度更高。本实验采用电子水准仪进行水准测量，以使学生了解电子水准仪的一般构造及基本操作。

一、实验性质

验证性实验，实验时数安排为 2 学时。

二、目的和要求

1）了解电子水准仪的基本构造、性能及其各螺旋的名称和作用，掌握使用方法。
2）了解条码尺的刻划、标注规律及读数原理。

三、仪器和工具

1）从仪器室借领：电子水准仪 1 台、三脚架 1 个、条码尺 1 根。
2）自备：铅笔、草稿纸。

四、方法步骤

1. 准备工作

1）仪器介绍。指导教师现场演示讲解电子水准仪的构造、安置及使用方法，条码尺的刻划、标注规律及读数原理。
2）选择场地架设仪器。从仪器箱中取水准仪时，注意仪器装箱位置，以便用后装箱。
3）认识仪器。对照实物正确说出仪器的组成部分、各螺旋的名称及作用。

2. 基本操作练习

1）粗整平。先用双手按相对（或相反）方向旋转一对脚螺旋，观察圆水准器气泡移动方向与左手拇指运动方向之间的运行规律，再用左手旋转第三个脚螺旋，反复调整使圆水准器气泡居中。
2）瞄准。先将望远镜对准明亮背景，旋转目镜调焦螺旋，使十字丝清晰；再用望远镜瞄准器照准竖立于测点的条码尺，旋转对光螺旋进行对光；最后旋转微动螺旋，使十字丝的竖丝位于条码尺中线位置上或尺边线上，完成对光，并消除视差。
3）读数。按下电子水准仪的读数键，记录屏幕上显示的仪高和视线高。

五、注意事项

1）三脚架应支在平坦、坚固的地面上，架设高度应适中，架头应大致水平，架腿制动螺旋应紧固，整个三脚架应稳定。
2）安放仪器时应将仪器的连接螺旋旋紧，防止仪器脱落。

3）各螺旋的旋转应稳、轻、慢，禁止用蛮力，最好旋至使螺旋运行的中间位置。

4）瞄准目标时必须注意消除误差，应养成先用瞄准器寻找和瞄准的好习惯。

5）立尺时，应站在条码尺后，双手扶尺，使尺身保持竖直。

6）边观测、边记录、边计算。记录应使用铅笔。

7）避免条码尺靠在墙上或电杆上，以免摔坏；禁止用条码尺抬物，禁止坐在条码尺及仪器箱上。

实验 5　光学经纬仪的认识与检验

角度测量是测量的基本工作之一，经纬仪是测定角度的仪器。本实验利用光学经纬仪进行角度测量，以使学生了解光学经纬仪的组成、构造，以及各螺旋的名称、功能。

一、实验性质

验证性实验，实验时数安排为 2 学时。

二、目的和要求

1）了解 DJ_6 型光学经纬仪的基本构造及其主要部件的名称与作用。

2）掌握光学经纬仪的安置方法及光学经纬仪的使用方法。

三、仪器和工具

1）从仪器室借领：DJ_6 型光学经纬仪 1 台、三脚架 1 个、标杆 1 根。

2）自备：草稿纸、铅笔、计算器。

四、方法步骤

1. 光学经纬仪的基本操作

1）仪器讲解。指导教师现场讲解光学经纬仪的构造，各螺旋的名称、功能及操作方法，仪器的安置及使用方法。

2）安置仪器。各小组在给定的测站点上架设仪器（从箱中取经纬仪时，应注意仪器的装箱位置，以便用后装箱）。在测站点上撑开三脚架，高度应适中，架头应大致水平；然后把经纬仪安放到三脚架的架头上。安放仪器时，一手扶住仪器，一手旋转位于架头底部的连接螺旋，使连接螺旋穿入经纬仪基座压板螺孔并旋紧。

3）认识仪器。对照实物正确说出仪器的组成部分、各螺旋的名称及作用。

4）对中。对中有垂球对中和光学对中器对中两种方法。

方法一：垂球对中。

① 在架头底部连接螺旋的小挂钩上挂上垂球。

② 平移三脚架，使垂球尖大致对准地面上的测站点，并注意使架头大致水平，踩紧三脚架。

③ 稍旋松底座下的连接螺旋，在架头上平移仪器，使垂球尖精确对准测站点（对中误

差应小于等于 3mm），最后旋紧连接螺旋。

方法二：光学对中器对中。

① 将仪器中心大致对准地面测站点。

② 旋转光学对中器的目镜调焦螺旋，使分划板对中圈清晰；推、拉光学对中器的镜管进行对光，使对中圈和地面测站点标志都清晰显示。

③ 移动三脚架或在架头上平移仪器，使地面测站点标志位于对中圈内。

④ 逐一松开三脚架架腿制动螺旋并利用伸缩架腿（架脚点不得移位）使圆水准器气泡居中，大致整平仪器。

⑤ 用脚螺旋使照准部水准管气泡居中，整平仪器。

⑥ 检查对中器中地面测站点是否偏离分划板对中圈。若发生偏离，则旋松底座下的连接螺旋，在架头上轻轻平移仪器，使地面测站点回到对中器分划板对中圈内。

⑦ 检查照准部水准管气泡是否居中。若气泡发生偏离，则需再次整平，即重复前面的过程，最后旋紧连接螺旋［按方法二对中仪器后，可直接进入步骤 6］。

5）整平。转动照准部，使水准管平行于任意一对脚螺旋，同时相对（或相反）旋转这两只脚螺旋（气泡移动的方向与左手大拇指行进方向一致），使水准管气泡居中；然后将照准部绕竖轴转动 90°，再转动第三只脚螺旋，使气泡居中。如此反复进行，直到照准部转到任何方向，气泡在水准管内的偏移都不超过刻划线的一格为止。

6）瞄准。取下望远镜的镜盖，将望远镜对准天空（或远处明亮背景），转动望远镜的目镜调焦螺旋，使十字丝最清晰；然后用望远镜上的照门和准星瞄准远处一线状目标（如远处的避雷针、天线等），旋紧望远镜和照准部的制动螺旋，转动对光螺旋（物镜调焦螺旋），使目标影像清晰；再转动望远镜和照准部的微动螺旋，使目标被十字丝的纵向单丝平分，或被纵向双丝夹在中央。

7）读数：瞄准目标后，调节反光镜的位置，使读数显微镜读数窗亮度适当，旋转显微镜的目镜调焦螺旋，使度盘及分微尺的刻划线清晰，读取落在分微尺上的度盘刻划线所示的度数，然后读出分微尺上零刻划线到这条度盘刻划线之间的分数，最后估读至 1′ 的 0.1 位。

8）设置度盘读数。可利用光学经纬仪的水平度盘读数变换手轮改变水平度盘读数。具体做法是打开基座上的水平度盘读数变换手轮的护盖，拨动水平度盘读数变换手轮，观察水平度盘读数的变化，使水平度盘读数为一定值，关上护盖。

有些仪器配置的是复测扳手，要改变水平度盘读数，首先要旋转照准部，观察水平度盘读数的变化，使水平度盘读数为一定值，按下复测扳手将照准部和水平度盘卡住；再将照准部（带着水平度盘）转到需瞄准的方向上，打开复测扳手，使其复位。

2. 光学经纬仪的检验

1）照准部水准管轴 $LL \perp$ 竖轴 VV 的检验。先大致整平仪器，转动照准部使水准管轴平行于任意一对脚螺旋的连线，转动该对脚螺旋使水准管气泡严格居中；旋转照准部 180°，若气泡仍然居中，则说明 $LL \perp VV$；否则需要校正。

2）望远镜十字丝竖丝 $\perp$ 横轴 HH 的检验。用竖丝的上端或下端瞄准一个清晰的目标点。

旋转望远镜微动螺旋，观察视场中目标点的移动情况。若目标点由竖丝一端移到另一端后仍不偏离竖丝，则说明竖丝⊥HH，否则需要校正。

3）望远镜视准轴CC⊥横轴HH的检验。如第4章图4-17所示，将仪器安置在标杆A与水平横置直尺B的中间位置。盘左瞄准标杆A，固定照准部，倒转望远镜，在直尺上定出B_1点；利用相同方法盘右定出B_2点。若B_1、B_2点重合，则说明视准轴⊥HH，否则需要校正。

4）横轴HH⊥竖轴VV的检验。如第4章图4-19所示，在距放置水平横置直尺的墙面约20m处安置仪器，盘左瞄准墙上高处照准标志P，观测并计算出其竖直角α，然后置平望远镜，在直尺上定出P_1点；盘右瞄准P点，利用相同方法定出P_2点。若P_1与P_2点重合，则HH⊥VV；否则，计算横轴误差，方法如下：

$$i'' = \frac{P_1P_2}{2D}c\tan\alpha\rho''$$

5）光学对中器视准轴与竖轴重合的检验。地面上放置白纸，白纸上画十字形标志，以标志点P为对中标志安置仪器，旋转照准部180°，P点像偏离对中器分划板中心到P'时对中器视准轴与竖轴不重合，需校正。

实验6 测回法测量水平角

水平角测量是角度测量的工作之一，测回法是测定由两个方向所构成的单个水平角的主要方法，也是在测量工作中使用最广泛的一种方法。本实验利用测回法测量水平角，以使学生了解测回法测量水平角的步骤和过程，掌握用光学经纬仪或电子经纬仪按测回法测量水平角的方法。

一、实验性质

验证性实验，实验时数安排为2学时。

二、目的和要求

1）了解电子经纬仪的基本构造，以及主要部件的名称与作用。
2）掌握电子经纬仪的安置方法及使用方法。

三、仪器和工具

1）从仪器室借领：电子经纬仪1台、三脚架1个、标杆1根。
2）自备：草稿纸、铅笔、计算器。

四、方法步骤

1）仪器讲解。指导教师现场演示讲解电子经纬仪的各部件名称、操作键盘上各键的功能及显示与标记。
2）安置仪器。各小组在给定的测站点上架设电子经纬仪。从箱中取电子经纬仪时，应注意电子经纬仪的装箱位置，以便用后装箱。

3）认识仪器。对照实物正确说出电子经纬仪的组成部分、各螺旋的名称及作用，并比较电子经纬仪与光学经纬仪的相同部分与不同部分。

4）对中、整平。电子经纬仪与光学经纬仪相应步骤完全相同。

5）在前述过程完成后，即可按电源键开机。

6）瞄准：取下望远镜的镜盖，将望远镜对准天空（或远处明亮背景），转动望远镜的目镜调焦螺旋，使十字丝最清晰；用望远镜上的照门和准星瞄准远处一线状目标（如远处的避雷针等），旋紧经纬仪照准部和望远镜的制动螺旋，转动物镜调焦螺旋（对光螺旋），使目标影像清晰（注意消除视差）；再转动望远镜和照准部的微动螺旋，使目标被十字丝的纵向单丝平分，或被纵向双丝夹在中央。

7）参考 4.3.1 节的相关步骤进行测回法读数。利用远处较高的建（构）筑物（如水塔、楼房）上的避雷针、天线等作为确定的两个方向目标，采用测回法分别瞄准后，在显示屏幕上读取水平方向读数，将读数填在实习表格中。

五、注意事项

1）在条件允许时，尽量使用光学对中器进行对中，对中误差应小于 2mm。

2）测量水平角瞄准目标时，应尽可能瞄准其底部，以减少目标倾斜引起的误差。

3）在观测过程中，注意避免碰动光学经纬仪的复测扳手或度盘变换手轮，以免发生读数错误。

4）在日光下测量时应避免将物镜直接瞄准太阳。

5）将仪器安放到三脚架上或取下仪器时，要一手先握住仪器，以防仪器摔落。

6）电子经纬仪在装卸电池时，必须先关掉仪器的电源开关（关机）。

7）勿用有机溶液擦拭镜头、显示窗和键盘等。

实验 7　方向观测法测量水平角

在三角网的控制测量中，用方向法观测水平角是必要工作之一。本实验利用方向观测法测量水平角，以使同学们深入了解电子经纬仪及其使用，掌握用电子经纬仪按方向法测量水平角。

一、实验性质

综合性实验，实验时数安排为 3 学时。

二、目的和要求

1）掌握方向法观测水平角的观测、记录和计算方法。

2）了解用经纬仪按方向法观测水平角的各项技术指标。

三、仪器和工具

1）从仪器室借领：电子经纬仪 1 台、三脚架 1 个、标杆 1 根。

2）自备：草稿纸、铅笔、计算器。

四、方法步骤

1）用盘左位置瞄准第一个目标 A，将水平度盘读数配置到略大于 0° 的位置上，精确瞄准目标 A，读取 A 目标水平方向值 $a_左$，做好记录。

2）按顺时针方向，依次瞄准 $B \rightarrow C \rightarrow D \rightarrow A$，分别读取读数（即各目标水平方向值 $b_左$、$c_左$、$d_左$、$a'_左$），做好记录。

3）由 A 方向盘左两个读数之差 $a_左 - a'_左$（称为上半测回归零差）计算盘左上半测回归零差，如果归零差满足限差小于等于 12″ 的要求，则求出 $a_左$ 与 $a'_左$ 两个读数的平均值 $\overline{a}_左$，并记录在记录表格中，写在 $a_左$ 的顶部；否则应重新测量。

4）倒转望远镜将盘左位置换为盘右位置，瞄准第一个目标 A 读数 $a_右$ 并记录，按逆时针方向，依次瞄准第四个目标 $D \rightarrow$ 第三个目标 $C \rightarrow$ 第二个目标 $B \rightarrow$ 第一个目标 A，分别读取读数，即各目标水平方向值 $d_右$、$c_右$、$b_右$、$a'_右$，由下往上记录在表格中。

5）由 A 方向盘右两个读数之差 $a_右 - a'_右$ 计算下半测回归零差，如果归零差满足限差小于等于 12″ 的要求，则求出两个读数 $a_右$ 与 $a'_右$ 的平均值 $\overline{a}_右$，记在 $a'_右$ 的顶部。

6）对于同一目标，需用盘左读数尾数减去盘右读数尾数计算 $2C$（两倍视准轴误差），$2C$ 应满足限差小于等于 18″ 的要求；否则应重新测量。

7）将 $\overline{a}_左$ 与 $\overline{a}_右$ 取平均值，求得归零方向的平均值 $\overline{a} = \dfrac{\overline{a}_左 + \overline{a}_右}{2}$；用各目标的盘左读数与盘右读数±180° 的和除以 2 计算各目标方向值的平均值。

8）用各目标方向的平均值减去归零方向的平均值 $\overline{a}$，可求出各目标归零后的水平方向值，至此，第一测回观测结束。

9）如果需要进行多测回观测，各测回操作的方法、步骤相同，只是每测回盘左位置瞄准第一个目标 A 时，都需要配置度盘。每个测回度盘读数需变化 $\dfrac{180°}{n}$（n 为总测回数）。

10）各测回观测完成后，应对同一目标各测回的方向值进行比较，如果满足限差小于等于 12″ 的要求，则取平均，求出各测回方向值的平均值。

五、注意事项

1）使用电子对中器进行对中，整平应仔细。
2）可以选择远近适中、易于瞄准的清晰目标作为第一个目标。
3）每人独立完成一个测回的观测，测回间应变换水平度盘的位置。
4）应随时观测，随时记录，随时检核。
5）在观测过程中，若发现气泡偏移超过一格，则应重新整平仪器并重新观测该测回。
6）各项误差指标超限时，必须重新观测。
7）水平角方向观测法的限差要求如第 4 章表 4-3 所示。

实验 8　竖直角的观测与竖盘指标差的检校

竖直角是计算高差及水平距离的元素之一，在三角高程测量与视距测量中均需测量竖直角。竖直角测量时，要求竖盘指标位于正确的位置。本实验进行竖直角的观测与竖盘指标差的检校，以使学生了解用电子经纬仪进行竖直角测量的过程，掌握竖直角的测量方法，弄清竖盘指标差对竖直角的影响规律，学会对竖盘指标差进行检校。

一、实验性质

综合性实验，实验时数安排为 2 学时。

二、目的和要求

1）了解电子经纬仪竖盘构造、竖盘注记形式；弄清竖盘、竖盘指标与竖盘指标水准管之间的关系；了解电子经纬仪竖盘零位的设置方法。
2）能够正确判断所使用经纬仪竖直角计算的公式。
3）掌握竖直角观测、记录、计算的方法。
4）了解竖盘指标差检验和校正的方法。

三、仪器和工具

1）从仪器室借领：电子经纬仪 1 台、三脚架 1 个、标杆 1 根。
2）自备：草稿纸、铅笔、计算器。

四、方法步骤

1. 竖盘指标差的检验

检验方法：经纬仪安置好（对中、整平）开机后，用望远镜盘左位置照准任一清晰目标，读取观测读数 L；用望远镜盘右位置照准同一目标，读取观测读数 R。

如果天顶方向为度盘 0° 位置，则指标差 $x = \dfrac{L+R-360°}{2}$；如果水平方向为度盘 0° 位置，则指标差 $x = \dfrac{L+R-180°}{2}$ 或 $x = \dfrac{L+R-540°}{2}$。若 $|x| \geqslant 10''$，则需对竖盘指标零点重新设置，此时应报告指导教师后再进行处理。

2. 竖直角观测

1）竖直角在开始观测前就应根据测量需要进行初始设置。
2）在各组给定的测站点上安置电子经纬仪，对中、整平。
3）用望远镜盘左位置瞄准某一选定的目标，用十字丝中丝切于目标顶端，读取竖盘值 L 并记录，然后在记录表格中计算盘左上半测回竖直角值 $\alpha_{左}$。
4）用望远镜盘右位置瞄准同一目标，利用相同方法进行观测、记录，并在记录表格中计算盘右下半测回竖直角值 $\alpha_{右}$。
5）计算竖盘指标差 x，在满足限差（$|x| \leqslant 10''$）要求的情况下，计算上下半测回竖直角的平均值，即一测回竖直角值。
6）利用相同方法进行第二测回的观测。在各测回竖直角值的互差（限差±25″）满足要求的情况下，计算同一目标各测回竖直角的平均值。

7）在测角模式下测量竖直角还可以转换成斜率百分比。按 V%键显示器交替显示竖直角和斜率百分比（斜率百分比 $= \tan\alpha \times 100\%$ ）。斜率百分比范围从水平方向至±45°（±100%），若超过此值则仪器不显示斜率值。

五、注意事项

1）在观测过程中，对同一目标应用十字丝中丝切准同一部位。

2）同一目标各测回竖直角指标差的互差，用电子经纬仪应小于±10″，超限应重新测量。

3）校正时，盘右位置竖盘正确读数，对于竖角计算公式为 $\alpha_{左} = L - 90°$、$\alpha_{右} = 270° - R$ 的仪器，盘右位置竖盘正确读数用 $R = 270° - \alpha_{均}$ 计算；对于竖角计算公式为 $\alpha_{左} = 90° - L$、$\alpha_{右} = R - 270°$ 的仪器，盘右位置竖盘正确读数用 $R = 270° + \alpha_{均}$ 进行计算。

4）检校应反复进行，直到满足要求为止。

实验 9　钢尺量距

水平距离和方位角是确定地面点平面位置的主要参数。距离测量是测量的基本工作之一，钢尺量距是距离测量中操作简便、成本较低、使用较广的一种方法。本实验通过使用钢尺丈量距离，使学生熟悉距离丈量测定的工具、仪器等，正确掌握其使用方法。

一、实验性质

验证性实验，实验时数安排为 2 学时。

二、目的和要求

1）熟悉距离丈量的工具、设备。
2）掌握用钢尺按一般方法进行距离丈量的方法。

三、仪器和工具

1）从仪器室借领：钢尺 1 把、测钎 1 束、花杆 3 根、小铁钉 4 个。
2）自备：铅笔、计算器。

四、方法步骤

1. 定桩

在平坦场地上选定相距约 80m 的 A、B 两点，打下木桩，在桩顶钉上小铁钉作为点位标志（若在坚硬的地面上可直接画细十字线作为标记）。在直线 AB 两端各竖立一根花杆。

2. 往测

1）后尺手手持钢尺尺头，站在 A 点花杆后，单眼瞄向 A、B 花杆。
2）前尺手手持钢尺尺盒并携带一根花杆和一束测钎沿 A→B 方向前行，行至约一整尺长处停下，根据后尺手指挥，左、右移动花杆，使之插在 AB 直线上。

3）后尺手将钢尺零点对准点 A，前尺手在 AB 直线上拉紧钢尺并使之保持水平，在钢尺一整尺注记处插下第一根测钎，完成一个整尺段的丈量。

4）前后尺手同时提尺前进，当后尺手行至所插第一根测钎处时，利用该测钎和点 B 处花杆定线，指挥前尺手将花杆插在第一根测钎与 B 点的直线上。

5）后尺手将钢尺零点对准第一根测钎，前尺手利用相同方法在钢尺拉平后在一整尺注记处插入第二根测钎，随后后尺手将第一根测钎拔出收起。

6）利用相同方法依次丈量其他各尺段。

7）到最后一段时，距离往往不足一整尺长。后尺手将尺的零端对准测钎，前尺手拉平拉紧钢尺对准 B 点，读出尺上读数，读至 mm 位，即余长 q，做好记录。然后，后尺手拔出收起最后一根测钎。

8）此时，后尺手手中所收测钎数 n 即 AB 距离的整尺数，整尺数乘以钢尺整尺长 l 加上最后一段余长 q 为 AB 往测距离，即 $D_{AB} = nl + q$。

3. 返测

往测结束后，再由 B 点向 A 点利用相同方法进行定线量距，得到返测距离 D_{BA}。

4. 根据往返测距离 D_{AB} 和 D_{BA} 计算量距相对误差

$$K = \frac{|D_{AB} - D_{BA}|}{\bar{D}_{AB}} = \frac{1}{M}$$

根据容许误差 $m_容 = \frac{1}{3000}$，若精度满足要求，则 AB 距离的平均值作为两点间的水平距离：

$$D_{AB} = \frac{D_{AB} + D_{BA}}{2}$$

五、注意事项

1）钢尺必须经过检定才能使用。

2）拉尺时，尺面应保持水平、不得握住尺盒拉紧钢尺。收尺时，手摇柄要顺时针方向旋转。

3）钢卷尺尺质较脆，应避免过往行人、车辆的踩、压，避免在水中拖拉。

4）对于限差要求，量距的相对误差应小于 $\frac{1}{3000}$，定向的误差应小于 $1°$。超限时应重新测量。

5）钢尺使用完毕，擦拭后归还。

实验 10　交会定点*

交会定点是加密控制点的一种常用方法，同时是在复杂地形条件下测试点位坐标的方法。本实验用电子经纬仪进行前方交会法测量，以使学生了解该项测量的操作步骤。

一、实验性质

综合性实验，实验时数安排为 2 学时。

二、目的和要求

1）进一步掌握电子经纬仪的安置方法，学会使用电子经纬仪。
2）掌握交会定点的测试方法。

三、仪器和工具

1）从仪器室借领：电子经纬仪 1 台、钢尺 1 把、三脚架、标杆。
2）自备：草稿纸、铅笔、计算器。

四、方法步骤

1）在空地上选择两个已知坐标点 A、B。采用前方交会法测量 C 点的坐标，如附图 1 所示。

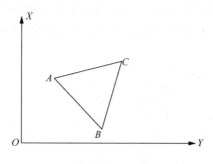

附图 1　前方交会法

2）采用测回法测量△ABC 的 A、B 两个内角。
3）采用钢尺测量△ABC 三边的长度。
4）计算 C 点的坐标，完成计算表格。

五、注意事项

1）要严格按照测回法的操作步骤进行。
2）养成边测边算的习惯，若发现某项指标超限则应立即进行重测。

实验 11　钢尺配合经纬仪进行控制测量*

　　钢尺配合经纬仪进行控制测量是工程测量在条件受限的情况下采用的基本控制测量方法。本实验利用钢尺配合电子经纬仪进行控制测量，以使学生了解导线控制测量的基本操作步骤、计算过程及成果处理。

一、实验性质

综合性实验，实验时数安排为 4 学时。

二、目的和要求

1）学会在地面上用经纬仪标定直线及用普通钢尺精密丈量距离的方法。
2）学会导线外业的基本测量工作。

三、仪器和工具

1）从仪器室借领：电子经纬仪 1 台、三脚架 1 个、30m 钢尺 1 把、测钎 4 根、小铁钉 4 个。
2）自备：计算器、铅笔、小刀、计算用纸。

四、方法步骤

1）在实习场地上选定比较平坦、相距 40m 的边长的三角形或四边形构成一闭合导线 *EABCD*（相邻点之间要求通视良好），打入木桩（木桩上钉小铁钉或画十字线作为点位标志，木桩高出地面约 2cm）或设立标志点（在水泥地面画十字线设置标志点），如附图 2 所示。

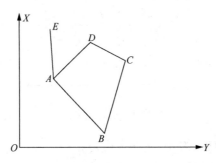

附图 2　设置标志点

2）导线边长测量。用检定过的钢尺丈量相邻两木桩之间的距离。丈量组一般由 5 人组成，2 人拉尺，2 人读数，1 人指挥兼记录。丈量时，拉伸钢尺置于相邻两木桩顶上，并使钢尺有刻划线一侧贴切十字线。后尺手将弹簧秤挂在尺的零端，以便施加钢尺检定时的标准拉力（30m 钢尺，标准拉力为 100N）；钢尺拉紧后，前尺手以尺上某一整分划对准十字线交点时，发出读数口令"预备"，后尺手回答"好"。在喊"好"的瞬间，两端的读尺员同时根据十字交点读取读数，估读到 0.5mm 记入记录表中。每尺段要移动钢尺位置丈量 3 次，3 次测得结果的较差视不同要求而定，一般不得超过 3mm；否则要重量。如果在限差以内，则取 3 次结果的平均值作为此尺段的观测成果。本实验不考虑 3 项改正问题，每个尺段相加即总边长。每个边应往返丈量。

在记录表中进行成果整理和精度计算。直线丈量相对误差要小于 $\dfrac{1}{3000}$。如果丈量成果

超限，要分析原因并进行重测，直至符合要求。

3）经纬仪观测水平角，每个角度用测回法观测一测回，半测回间限差为18″，要观测闭合多边形内角，闭合差限差为$\pm 40''\sqrt{n}$。

五、注意事项

1）本实验内容多，各组同学要互相帮助，以防出现事故。

2）借领的仪器、工具在实验中要保管好，防止丢失。

3）钢尺切勿扭折或在地上拖拉。用后要用油布擦净钢尺，然后卷好放入盒中。

实验 12 经纬仪测绘地形图

经纬仪测绘地形图是传统地形图测绘方法。本实验采用电子经纬仪进行地形图碎部测量以使学生进一步熟悉电子经纬仪的使用，并熟悉经纬仪测绘地形图的操作步骤、计算方法、绘图过程。

一、实验性质

综合性实验，实验时数安排为 2 学时。

二、目的和要求

1）熟悉经纬仪测绘法测图的施测过程。

2）掌握用经纬仪测绘法施测碎部点的方法。

三、仪器和工具

1）从仪器室借领：电子经纬仪 1 台、三脚架 1 个、水准尺 2 根。

2）自备：计算器、铅笔、小刀、橡皮、分规、三角板、草稿纸。

四、方法步骤

1）在选定的测站上安置经纬仪，选择 1 号点作为真北方向。

2）经纬仪盘左位置照准起始方向后，水平度盘置零。

3）用经纬仪望远镜的十字丝中丝照准所测地形点视距尺上的"便利高"分划处的标志，读取水平角、竖盘读数（计算出竖直角）及视距间隔，算出视距，并用视距和竖直角计算高差和平距，同时根据测站点的假定高程计算出此地形点的高程。

4）完成计算表格，根据计算结果在图纸上绘出地物地貌特征点。

5）用同样的方法可将其他地形特征点测绘到图纸上，并描绘出地物轮廓线或等高线。

6）人员分工如下：1 人观测、1 人绘图、1 人记录和计算、1 人跑尺，每人测绘数点后，再交换工作。

五、注意事项

1）在此测图方法中，经纬仪负责全部观测任务。

2）起始方向选好后，经纬仪在此方向上要严格置零。观测期间要经常进行检查，发现问题应及时纠正或重测。

3）在读竖盘读数时，要使竖盘指标水准管气泡居中并应注意修正，因为竖盘指标差对竖直角有影响。

4）记录、计算要迅速准确，保证无误。

5）测图中要保持图纸清洁，尽量少画无用线条。

6）仪器和工具比较多，人员要各负其责，保证既不出现仪器事故，又不丢失测图工具。

7）测点高程采用假定高程，碎部点均采用"便利高"法观测。

8）跑尺者与观测者要按预先约定好的旗语手势进行作业。

实验 13　全站仪的认识与使用

随着测绘技术不断进步和仪器逐步国产化，全站仪逐渐被设计、施工、监理、检测单位应用，作为经纬仪和测距仪的综合替代产品，全站仪在工程建设中发挥着越来越重要的作用。本实验介绍全站仪的安置方法及操作方法，以使学生掌握全站仪的基本功能和操作步骤。

一、实验性质

验证性实验，实验时数安排为 2 学时。

二、目的和要求

1）认识全站仪的构造及功能键。

2）熟悉全站仪的一般操作。

三、仪器和工具

1）从仪器室借领：全站仪 1 台、棱镜 1 套、测伞 1 把、记录板 1 块。

2）自备：铅笔、小刀、草稿纸。

四、方法步骤

1）安置仪器。

① 在测站点 A 安置全站仪，对中、整平。如果使用外接电源，则用电缆线连接电源与全站仪。

② 在测点安置三脚架，进行对中、整平，并将安装好棱镜的棱镜架安装在三脚架上。通过棱镜上的缺口使棱镜对准望远镜，在棱镜架上安装照准用觇板。

2）检测。开机，检测电源电压，判断是否满足测距要求。

3）熟悉按键面板及基本功能。

4）熟悉仪器显示符号意义。

5）熟悉 3 种基本测量模式。

① 角度测量模式。

② 距离测量模式。

③ 坐标测量模式。

五、注意事项

1）不同厂家生产的全站仪，其功能和操作方法会有较大差别，实习前应认真阅读其中有关内容或全站仪的操作手册。

2）全站仪是贵重的精密仪器，在使用过程中要十分细心，以防损坏。

3）在测距方向上不应有其他的反光物体（如棱镜、水银镜面、玻璃等），以免影响测距成果。

4）不能把望远镜对准太阳或其他强光，在测程较大且阳光较强时要给全站仪和棱镜分别遮阳。

5）连接及去掉外接电源时应在指导教师的指导下进行，以免损坏插头。

6）在日光下测量时应避免将物镜直接瞄准太阳。若在太阳下作业应安装滤光器。

实验 14　用全站仪进行平面控制测量

本实验用全站仪进行平面控制测量，应用全站仪的坐标测量功能进行未知控制点的坐标测量，测量完毕后进行误差评定和测值修正。

一、实验性质

综合性实验，实验时数安排为 3 学时。

二、目的和要求

1）认识全站仪的构造及功能键。

2）熟悉全站仪的一般操作。

三、仪器和工具

1）从仪器室借领：全站仪 1 台、棱镜 1 套、测伞 1 把、记录板 1 块。

2）自备：铅笔、小刀、草稿纸。

四、方法步骤

1）在实习场地上选定比较平坦、相距 40m 的边长的三角形或四边形，构成一闭合导

线 *EABCD*（相邻点之间要求通视良好），打入木桩（木桩上钉小铁钉或画十字线作为点位标志，木桩高出地面约 2cm）或设立标志点（在水泥地面画十字线设置标志点）。

2）测量 *B*、*C*、*D* 点的坐标。以 *A* 为测站点、*E* 为后视点，测量 *B* 点的坐标。依次类推，测量 *C*、*D* 点的坐标。

3）闭合测量 *A* 点的坐标。以 *D* 为测站点、*C* 为后视点，测量已知点 *A* 的坐标值，并与已知值进行比较，计算坐标闭合差 f_x、f_y，并计算距离的相对误差，相对误差要小于 $\dfrac{1}{5000}$。

4）若闭合差在容许范围内，则进行误差反向分配，分配的原则是按累计距离成正比进行分配。

五、注意事项

1）本实验内容多，各组同学要互相帮助，以防出现事故。

2）借领的仪器、工具在实习中要保管好，防止丢失。

3）钢尺切勿扭折或在地上拖拉。钢尺用后要用油布擦净，然后卷好放入盒中。

4）在日光下测量时应避免将物镜直接瞄准太阳。若在太阳下作业，则应安装滤光器。

实验 15　用全站仪进行数字化测图

本实验主要用全站仪进行地形图测绘中的碎部测量，应用全站仪的坐标测量功能进行碎部点的坐标测量，测量完毕后用数字化成图软件绘制地形图。

一、实验性质

综合性实验，实验时数安排为 3 学时。

二、目的和要求

1）认识全站仪的构造及功能键。

2）熟悉全站仪的一般操作。

三、仪器和工具

1）从仪器室借领：全站仪 1 台、棱镜 1 套、测伞 1 把、记录板 1 块。

2）自备：铅笔、小刀、草稿纸。

四、方法步骤

1）在选定的测站上安置全站仪，选择 1 号点作为后视方向。

2）全站仪盘左位置照准起始方向后，水平度盘置零，后视 1 号点，测量仪器高，固定棱镜高，在全站仪内输入棱镜高、仪器高、测站点坐标、后视点坐标。

3）选择测区内的碎部点，在碎部点上置棱镜，全站仪对准棱镜，测量该点坐标，记录测量结果和点号，并在示意图上标出测点位置。

4）将测量结果整理为数据文件，利用成图软件绘制地形图。

5）人员分工是1人观测、1人绘图、1人记录和计算、1人跑尺，每人测绘数点后，再交换工作。

五、注意事项

1）在此测图方法中，经纬仪负责全部观测任务。

2）起始方向选好后，经纬仪在此方向上要严格置零。观测期间要经常进行检查，若发现问题则应及时纠正或重测。

3）在读竖盘读数时，要使竖盘指标水准管气泡居中并应注意修正，因为竖盘指标差对竖直角测量结果有影响。

4）记录、计算要迅速准确，保证无误。

5）测图中要保持图纸清洁，尽量少画无用线条。

6）仪器和工具比较多，人员要各司其职，保证既不出现仪器事故，又不丢失测图工具。

7）测点高程采用假定高程，碎部点均采用"便利高"法观测。

8）跑尺者与观测者要按预先约定好的旗语手势进行作业。

实验16　用全站仪进行建筑物的轴线测设

在建筑物及构筑物的施工中，往往要将已知的水平角和水平距离、已知点的位置按设计施工图纸的要求在地面上测设出来，以便指导施工。本实验用全站仪进行建筑物的轴线测设，以使学生对测设工作有更全面的了解，掌握用全站仪放样坐标的方法，加深对测量工作在工程中应用的认识，提高测量的综合能力。

一、实验性质

综合性实验，实验时数安排为3学时。

二、目的和要求

1）进一步巩固全站仪的基本操作。
2）掌握用全站仪按给定坐标测设点位的方法。

三、仪器和工具

1）从仪器室借领：全站仪1台、单棱镜（包括对中杆）2套、小钢卷尺1把、测钎4根、木桩和小铁钉若干个、斧子1把、记录板1块、测伞1把。
2）自备：铅笔、三角板、计算器。

四、方法步骤

1. 测设内业计算

按附图 3 布置的导线点 N8、N9，计算利用 N8、N9 进行测设的拨角（基线 N8—N9 与放样点的水平夹角）和距离（N8 点到放样点的水平距离），填入附表 2 中。

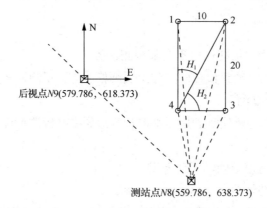

附图 3　测设设计图（单位：m）

附表 2　放样内业计算表

放样点	坐标 N/m	坐标 E/m	拨角 ° ′ ″	距离/m	备注
1	595.231	635.514			
2	595.231	645.514			
3	575.231	645.514			
4	575.231	635.514			

2. 测设及结果核查

选择一块 50m×50m 的场地，并在场地内选择 N8、N9 参考点。按内业计算的数据进行放样，或者采用全站仪放样模块进行放样，并将放样点标记出来。

3. 放样结果核查

全站仪置于 4 点，对中整平后进行测量，对放样结果进行复核，将测量的放样结果填入附表 2 中。

五、注意事项

1）测设数据经校核无误后才能使用，测设完毕后还应进行检测。

2）在测设点的平面位置时，将计算值与检测值进行比较，检测边长 D 的相对误差应小于等于 $\dfrac{1}{2000}$。检测角度的误差应小于等于 60″。

3）全站仪的仪器常数，一般在出厂时经严格测定并进行设置，故一般不要自行设置此项，其余设置应在指导教师的指导下进行。

4）在关闭电源时，全站仪最好处于主菜单显示屏或角度测量模式，这样可以确保存储器输入、输出的过程完整，避免数据丢失。

5）全站仪内存中的数据文件可以通过 I/O 接口传送到计算机，也可以从计算机将坐标数据文件和编码库数据直接装入仪器内存，有关内容可参阅仪器操作手册。

实验 17　高程测设与坡度线测设*

在工程建筑的施工中，需要测设由设计所指定的高程，如在场地平整、基坑开挖、确定坡度和定桥台桥墩的设计标高等场合，用水准仪进行高程测设是工程单位广泛使用的方法。本实验利用电子水准仪进行高程测设与坡度线测设，以使学生掌握用水准仪测设高程的方法，为今后解决专业工作中的问题打下基础。

一、实验性质

综合性实验，实验时数安排为 2 学时。

二、目的和要求

1）掌握用水准仪测设高程的基本方法。
2）会测设一条给定的坡度线。

三、仪器和工具

1）从仪器室借领：电子水准仪 1 台、水准尺 2 根、皮尺 1 把、木桩若干个、斧子 1 把、记录板 1 块、测伞 1 把。
2）自备：铅笔、计算器。

四、方法步骤

1. 用水准仪进行高程的测设

1）在与给定的已知高程点 A 与待测点 P（可在墙面上，也可在给定位置被钉在大木桩上）距离适中的位置架设水准仪，在 A 点上竖立水准尺。

2）仪器整平后，瞄准 A 尺读取的后视读数 a；根据 A 点高程 H_A 和测设高程计算靠在所测设处的 P 点桩上的水准尺上的前视读数 b：

$$b = H_A + a - H_P$$

3）将水准尺紧贴 P 点木桩侧面，水准仪瞄准 P 尺读数，靠桩侧面上下移动调整 P 尺，当观测得到的 P 尺的前视读数等于计算所得 b 时，沿着尺底在木桩上画线，即测设的高程 H_P 的位置。

4）将水准尺底面置于设计高程位置，再次做前后视观测，进行检核。
5）利用相同方法可在其余各点桩上测设同样高程的位置。

2. 用水准仪进行坡度线的测设

1）指导教师在场地进行布置，给定已知点高程、设计的坡度 i。

2）在地面上选择高差相差较大的两点 M（M 为给定高程 H_M 点）、N。

3）从 M 点起沿 MN 方向上按距离 d 钉木桩，直到 N 点。根据已知点高程 H_M 设计坡度 i 及距离 d 推算各桩的设计高程：

$$H_i = H_M + id_n$$

式中，n 为桩的序号。

4）在适当的位置安置水准仪，瞄准 M 点上水准尺，读取后视读数 a 求得视线高 $H = H_M + a$。

5）根据各点的设计高程 H_i 计算各桩应有的前视读数 $b = H - H_i$。

6）水准尺分别立于各桩顶，读取各点的前视读数 b'，对比应有读数 b，计算各桩顶的升、降数，并注记在木桩侧面。

3. 测设结果的检查

变换仪器高度，按照水准测量的方法测量放样点的高程，记录在实习报告中。

五、注意事项

1）读数与计算时，要认真细致，互相核准，避免出错。

2）当受到木桩长度的限制无法标出测设的位置时，可定出与测设位置相差一数值的位置线，在线上标明差值。

实验 18　道路中线测设*

公路工程与铁道工程的曲线路段在施工时首先需要利用控制 ZY、YZ、JD 等测设圆曲线上的中线点位。本实验任务是测设某圆曲线的中线上的 10m 点。在测设圆曲线时，首先要对曲线要素和测设参数进行计算，计算完成后进行实地测设，测设完毕后还应进行复核。

一、实验性质

综合性实验，实验时数安排为 3 学时。

二、目的和要求

1）进一步巩固经纬仪的基本操作。

2）掌握用全站仪按给定坐标测设点位的方法。

三、仪器和工具

1）从仪器室借领：电子经纬仪 1 台、钢尺 1 把、测钎 4 根、木桩和小钉若干个、斧子 1 把、记录板 1 块、测伞 1 把。

2）自备：铅笔、三角板、计算器。

四、方法步骤

1. 实习准备

在实习前，应按相应已知条件复核相关数据。在实习过程中，首先选择一块平坦的场地，初步确定 ZY 点和 JD 点的位置，两点之间的距离为 17.32m，如附图 4 所示。

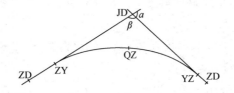

附图 4　确定 ZY 和 JD 点

已知某道路工程，中线交点 JD 的里程桩为 K35+613.33，其偏角 $\alpha=60°00'$，圆曲线设计半径 $R=30$m。

附表 3 中提供了圆曲线各种测设参数，测设前对各测设数据进行验算。

附表 3　圆曲线各种测设参数表

已知参数	转角：$\alpha=60°00'$		设计半径：$R=30$m		
	交点里程：JD 里程=K35+613.33		整桩间距：$l_0=10$m		
特征参数	切线长：$T=17.32$m		弧长：$L=31.42$m		
	外矢距：$E=4.64$m		切曲差：$D=3.22$m		
主点里程	ZY 点里程：K35+596.01		YZ 点里程：K35+627.43		
	QZ 点里程：K35+611.72		JD 点里程：K35+613.33（验算）		
	详细测设参数		切线支距法		偏角法
点名	桩号里程	累积弧长/m	原点：ZY X 轴：ZY—JD		测站：ZY 起始方向：ZY—JD
			X/m	Y/m	θ（°′″）	c/m
ZY	K35+596.01	0				
1	K35+600.00	3.99	3.98	0.26	3 48 37	3.99
2	K35+610.00	13.99	13.49	3.20	13 21 34	13.86
QZ	K35+611.72	15.71	15.00	4.01	15 00 07	15.53
3	K35+620.00	23.99	21.51	9.09	22 54 31	23.35
YZ	K35+627.43	31.42	25.98	15.00	30 00 14	30.00

2. 主点的测设

1）在场地上选取 JD 点，设定 ZY（或 YZ）的方向。

2）在 JD 点安置经纬仪，完成对中整平。

3）望远镜瞄准 ZY 点方向，用钢尺丈量水平距离 T，标定 ZY 点。

4）按 α 角的关系定出 YZ 方向，按 3）中的方法标定 YZ 点。

5）用望远镜对准转折角 $\beta = 180° - \alpha$ 的角平分线方向，丈量水平距离 E，标定 QZ 点。

3. 圆曲线的详细测设

下面以偏角法为例说明测设步骤。

1）经纬仪安置于 ZY 点，对中整平，后视 JD 点，使水平度盘读数为 $0°\ 00'00''$。

2）转动照准部，使水平度盘读数为 θ_1，自 ZY 点起，在视线方向上丈量水平长度 c_1，定出 1 点，插下测钎。

3）转动照准部，使水平度盘读数为 $\theta_1 + \theta_0$，钢尺自 ZY 点起沿视线丈量 c_2，定出 2 点，插下测钎。依次类推，测设其余各点。

4）测设终点 YZ，检查闭合差。以偏角 $\theta_{YZ} = \dfrac{\alpha}{2}$、弦长 c_{YZ}，测设 YZ 点，其闭合差限差为：半径方向+0.1m，切线方向 $+\dfrac{L}{1000}$。

4. 放样点的检查

用钢尺量测两种方法得到的放样点的位置差，填在实习报告中。

五、注意事项

1）在圆曲线的测设之前要完成好相应内业计算工作，并仔细复核计算结果。
2）实习过程中注意检查是否超限，若超出规范限制，则应立即重测。

附录 3　测量实习指导

一、实习概况

测量实习是工程测量学理论教学和实验教学之后的一门独立的实践性教学环节，目的如下。

1）进一步巩固和加深对测量基本理论和技术方法的理解和掌握程度，并使之系统化、整体化。

2）通过实习，提高使用测绘仪器的操作能力、测量计算能力和绘图能力，掌握测量基本技术工作的原则和步骤。

3）掌握控制测量和大比例尺地形图测绘的基本技能，熟悉数字化地形图的成图步骤。

4）在各个实践性环节培养应用测量基本理论综合分析问题和解决问题的能力，培养严谨的科学态度和工作作风。

根据实际情况，结合各专业的教学计划和教学大纲，本实习指导适合土建类专业的"测量实习"课程，也适合土建类专业的"工程测量""土木工程测量"课程的集中周实习。

本实习指导的学时数安排为 40 学时，学生在 4～5 天内完成所有实习内容，并按要求提交实习成果。

二、实习任务

1. 控制测量

控制测量包括平面导线测量和高程水准测量，具体要求如下。

1）导线测量：采用闭合导线或附合导线，导线点为 10 个以上（不包括所需的已知点），相邻导线点之间的长度不少于 40m，按图根导线网的相关要求进行。采用全站仪进行控制测量。

2）水准测量：采用闭合水准路线或附合水准路线，水准点为 10 个以上（不包括所需的已知点），水准路线总长度在 500m 以上，按四等水准测量的相关要求进行。采用自动安平水准仪进行测试（两次仪器高法）。

两种控制测量选用一套控制点，均匀分布在地形图的测区范围内，相邻点之间通视良好，控制点应用红色油漆或水泥钉做好标记，注明编号。每个小组独立布设控制点，小组之间布点不得重合。

起算点可以在附件 2、3 的已知点中选取其中的 2 个或 4 个。

2. 测绘地形图

采用经纬仪测图法，测量各碎部点的 X、Y、H 坐标。本次实习采用的比例尺为 1∶500、正方形图幅（500mm×500mm）。测区为 250m×250m，图幅采用西南角千米数编号法（数据取至 0.01km）。测区内所有地物和地貌均要测绘在地图上，不得留白。

3. 数字地图的绘制

利用专业软件绘制地形图。根据外业测量的点位坐标和示意图，将测区内所有地物、地貌绘制出来。若发现外业采集数据不足，则需要进行补测。绘制好数字地形图后，提交打印的纸质地图。

三、实习基本过程

1）实习动员，领仪器工具，落实计划。
2）测区实地踏勘，选点（导线点、水准点）。
3）测图控制测量外业：导线测量（测角、量边）、四等水准测量。
4）控制测量内业：平面导线计算、水准测量内业计算、控制点坐标与高程成果计算。
5）测图准备：控制点复核、展绘控制点。
6）地形图测量：测量碎部点、计算测量点坐标、手绘示意图。
7）数字化地图的形成：绘制地物地貌、整饰地形图。
8）编写实习报告。

9）实习总结。

10）归还仪器、工具，上交测量成果。

四、实习工作要求

实习是综合性实践教学，有明确计划性。实习外业工作在校园里开展，车辆和行人干扰因素较多。实习工作以小组为单位，独立作业，工作强度大。为了保证完成教学任务，必须有高度组织纪律性，协调一致完成各项实习工作。

1）各小组根据实习安排，制订工作计划并认真执行。

2）每位学生按照组长的安排，充分准备，认真完成每天的实习任务。

3）遵守纪律，严格考勤制度。

4）注意安全，爱护仪器工具，防止事故。

5）团结协作，主动积极地做好各项工作。

五、实习内外业工作注意事项

1）外业记录。原始记录应清楚、整齐，不得涂改。如果记错可以用横线划掉，将正确数字写在上方。

观测角度的最后成果，写成度、分、秒形式。水准测量高差精确至 mm；光电测距或钢尺量距精确至 mm。计算数据时采用"四舍六入"，遇"五"采用"奇进偶不进"的原则。

2）控制测量内业计算。每人要独立完成内业计算，并在组内进行校核。计算成果包括导线计算、水准路线内业计算，最后整理一份控制点点位成果表。

3）地形图测绘。测图前应检查测站点及定向点在图纸上展点的正确性，确定无误后才能进行测图。图内的碎部点数量要达到要求，注记高程的碎部点最大点距为2～3cm，绘图线条标准、清晰，注记完整、修饰后版面整洁美观，字样端正。

4）各环节的测试限差参照《工程测量标准》（GB 50026—2020）选取，地形图的图示采用《国家基本比例尺地图图式 第1部分：1∶500 1∶1000 1∶2000 地形图图式》。

5）在实习过程中注意对仪器的保护，每天实习完毕后组长要清点仪器，检查是否有损坏。在实习完毕后，实验室管理人员将对实验仪器进行严格检查，若有损坏，则按实验室相关管理规定进行赔偿。

六、实习仪器及耗材

1）水准仪（包括三脚架1个、水准尺1根）。

2）经纬仪（包括三脚架1个）。

3）全站仪（包括棱镜、三脚架）。

4）红色油漆和水泥钉，自备，由班长或学习委员负责。

5）普通计算器、温度计、拉力计，自备，每个小组1个。

6）记录用表格、计算用表格，由每个小组按教材表格样式自行绘制并打印。

七、实习组织

1. 组织机构

1）由指导教师、班长和学习委员（或科代表）统一组织和协调，下设实习小组。

2）实习小组由 5～8 人组成，设组长 1 人。

3）每天的外业实习工作由小组成员轮流担任责任组长。

2. 职责

1）班长：检查全班各组考勤和各小组实习进度，协助解决实习有关事宜。

2）学习委员或科代表：检查各组仪器使用情况，收集各小组的实习成果。

3）组长：提出制订本组的实习工作计划，安排责任组长。收集保管本组的实习资料和成果。编制实习工作计划表，内容包括日期、实习内容、责任组长。负责保管及安全检查本组仪器、保管本组实习内业资料。

4）责任组长：执行实习计划，安排当天实习的具体工作，登记考勤，填写实习日志。实习日志内容包括当天实习任务、完成情况、存在问题、小组出勤情况。

八、应提交的实习成果

1）实习报告封面及内容（每组 1 份），具体如下。

① 封面，封面"组员姓名"不包括组长。

② 概述：承担的实习任务、时间、地点，实习测区概况（地貌、地物情况，控制点分布告情况），完成实习任务的计划及完成情况。

③ 外业工作情况：控制点的选定、观测，测图的方法及质量说明，整个实习过程使用仪器的情况说明。

④ 实习主要成果的质量统计：角度、距离、高程测试的误差，返工次数，测绘结果与实际地物、地貌的差异性等。

⑤ 实习的分工安排及方法小结。

⑥ 实习总结：整个实习过程的工作及完成情况总结、实习经验和教训、实习建议。

2）外业观测原始记录（每组 1 份）：水准观测记录、全站仪控制测量记录计算表、碎部测量记录。

3）计算成果（每组 1 份）：水准路线计算成果、导线计算成果、控制点各参数计算结果汇总表。

4）图件（每组 1 张）：地形图示意图、电子地形图。

5）实习日志（每组 1 份，实习每天均要求责任组长填写实习日志）。

6）个人实习总结（每人 1 份）：每位参加实习的同学就实习的主要工作、成果、实习体会等进行总结。

以上各项成果按顺序装订成册。

参 考 文 献

陈彦恒，耿文燕，2017. 工程测量练习题与实训指导书[M]. 成都：西南交通大学出版社.

李章树，刘蒙蒙，赵立，2018. 工程测量学[M]. 北京：化学工业出版社.

梁启勇，2019. 公路工程测量[M]. 2版. 北京：人民交通出版社.

刘蒙蒙，李章树，张璐，2019. 工程测量实验与实训[M]. 北京：化学工业出版社.

覃辉，马超，朱茂栋，2019. 土木工程测量[M]. 5版. 上海：同济大学出版社.

张文君，刘成龙，2015. 工程测量学实践与新技术综合应用[M]. 北京：科学出版社.

周建郑，2017. 建筑工程测量[M]. 4版. 北京：中国建筑工业出版社.

住房和城乡建设部，国家市场监督管理总局，2021. 工程测量标准：GB 50026—2020[S]. 北京：中国计划出版社.

住房和城乡建设部，国家质量监督检验检疫总局，2012. 工程测量基本术语标准：GB/T 50228—2011[S]. 北京：中国计划出版社.